THE TRANSHUMAN CODE

超人类密码

［瑞士］卡洛斯·莫雷拉（Carlos Moreira）
［加］戴维·弗格森（David Fergusson）◎著
张羿◎译

HOW TO PROGRAM
YOUR FUTURE

中信出版集团 | 北京

图书在版编目（CIP）数据

超人类密码 /（瑞士）卡洛斯·莫雷拉，（加）戴维·弗格森著；张羿译 . -- 北京：中信出版社，2021.1

书名原文：The transHuman Code: How To Program Your Future

ISBN 978-7-5217-2566-7

Ⅰ. ①超… Ⅱ. ①卡… ②戴… ③张… Ⅲ. ①人类学—研究②未来学—研究 Ⅳ. ① Q98 ② G303

中国版本图书馆 CIP 数据核字 (2020) 第 249535 号

超人类密码

著　　者：[瑞士] 卡洛斯·莫雷拉　[加] 戴维·弗格森
译　　者：张羿
出版发行：中信出版集团股份有限公司
（北京市朝阳区惠新东街甲 4 号富盛大厦 2 座　邮编　100029）
承 印 者：中国电影出版社印刷厂

开　　本：880mm × 1230mm　1/32　　印　　张：14　　字　　数：251 千字
版　　次：2021 年 1 月第 1 版　　印　　次：2021 年 1 月第 1 次印刷
京权图字：01-2020-7495
书　　号：ISBN 978-7-5217-2566-7
定　　价：69.00 元

献给 安妮和特蕾西，你们知道为什么。

目录

前言

如何阅读这本书

我们知道：这个世界最不需要的就是另一本关于技术的书。所以让我们从一开始就把事情说清楚。虽然这本书中有大量篇幅向你介绍一些来自当今世界上最重要行业的最强大的技术，但这并不是一本关于技术的书。这是一本关于人类的书，它讲述了人类如今正在发挥的作用，最重要的是，人类必须发挥越来越大的作用，以确保我们共同的价值观仍然在我们的控制之中，这种价值观就是让生活有价值。当然，技术会一直存在。我可以毫不夸张地断言，技术是最强大的有形力量之一，即便技术不是最强大的有形力量，它也足以改善我们的生活。但只有当我们明智地使用它，对它进行编程，并与之合作时，我们才能做到这一点。说技术是魔鬼，或技术最终会毁灭我们，都是很严厉的说法。技术能毁灭我们吗？有可能。这会发生吗？除非几十亿人允许它发生。当然，这是假设我们正在关注某些技术现在（并将会）对我们产生的影响。洞察力和警惕性对于我们走向最好的未来至关重要。我们无须对此感到紧张，但我们应该欣然承认，有时候，一开始令人感到兴奋和方便的东西最终会变成“披着羊皮的狼”。我们将技术看作一种解决方案，但有时，我们最终创造出的是病毒。

虽然人类并不总是为自己做出最好的决定，我们在与技术相关的方面很容易只见树木不见森林，但我们仍然在学习，仍然在适应，仍然在一起努力使事情走上正轨。历史已经清楚地证明：我们是容易犯错误的，但我们一直雄心勃勃。尽管我们会犯错，甚至犯严重的错误，但是我们仍在为更高质量的生活而奋斗。我们相信，这种与生俱来的动力使我们始终能够进行自我纠正。这本书也正是得益于这条真理的力量，但我们需要尽快着手应用它。如果我们在这个与科技合作的时代不知道如何明智地前进，那么我们很可能意识到的是，我们的潜力——即我们所能做到的一切，都将被缩减到以前从未经历过的水平。正如我们在技术方面相互联系、相互依赖一样，在未来几年里，一系列错误的决定、错误的应用和错误的消费可能导致长达数十年的倒退，在这一过程中，人类的聪明才智和情感将被技术取代。我们不知道该如何应对，因为我们以前从未遭受过这种程度的威胁。如果我们不能做自己，我们要怎么办？总之，今天更重要的问题并非“我们能活下来吗”，而是“我们还会繁荣吗”。总的来说，答案仍然取决于我们自己。

从现在开始，你最好把这本书看作一本对话类的书，它讲述了我们作为共同体应该参与的最重要的对话，因为我们的目标是利用技术的力量为可能的最好的未来编写脚本。这本书并不是为了提供解决方案。当如此多的需求需要我们面对并采取大规模的协作时，提供解决方案无异于天方夜谭。我们仅仅是两个见多识广的人，旨在为制订我们最终（在某些情况下甚至是迫切）需要的解决方案启动必不可少的创新和协作。

首先，我们想提供一个人类在技术方面已经达成一致意见的中心点——由以下 7 项宣言构成的“超人类密码宣言”，它可以被视为人类的关键技术宣言。

1. 隐私。保护每个人的隐私，对于实现我们未来的全部潜力至关重要。因此，通过互联网传送或存储在接入互联网的设备中的个人数据，应该归个人所有，并完全由个人管理。
2. 同意。尊重每个人的权威和自主权，对于实现我们未来的全部潜力至关重要。因此，个人数据不应被任何实体或个人用作研究资料、理论依据、诱饵或者商品，除非数据的所有者在知情的情况下明确表示同意，而且这一意向可以撤销。

3. 身份。重视每个人的身份，对于实现我们未来的全部潜力至关重要。因此，世界各地的每个人都有权拥有政府颁发的数字身份，用于出示和验证身份，这个数字身份只能由其所有者进行验证和使用。
4. 能力。提高人类能力，对于实现我们未来的全部潜力至关重要。为此，经批准后安全且负责任地整合个人信息和资源，以提高我们个人的能力是技术发展的一个基本目标。
5. 伦理。改善人类状况，对于实现我们未来的全部潜力至关重要。因此，一套反映人类最高价值观的普遍道德准则将支配技术的发展、实施和使用。
6. 美德。倡导全人类最崇高的美德并在此基础上进行创新，对于实现我们未来的全部潜力至关重要。因此，无论技术多么先进，它都永远不会取代任何地方任何人的精神目标、道德权利与责任。
7. 民主。实现人类愿景、创造力和教育的民主化，对于实现我们未来的全部潜力至关重要。因此，技术仍将是人类最伟大的合作者，但永远不会代表人类本身。

人类最终追求的解决方案必须协同开发和实施。如果全世界对于我们旨在保护和加强的固有人类价值观没有达成共识，如果我们不能就有关保护和促进这些价值观的最关键决定达成一致意见，那么人类的进步就会因太过支离破碎而无法推动我们前进。即便我们真的能找到我们需要的解决方案，我们在有生之年也无法达成。

相反，如果我们（至少是我们大多数人）能够就人类的本质达成共识，那么历史表明，我们将会寻求并找到我们的最佳答案，就好像它们是我们生存所必需的一样。在某种程度上，它们的确如此。

你可能会想：应该如何回答人类关于技术未来的关键问题？我们提出的建议可以在本书的书名中找到：超人类密码。在我们解释它的意思之前，如果不先解释一下它不代表的意思，那就是我们的疏忽了。让我们澄清一下，这本书不是支持所谓的“超人类主义”的。“超人类主义”认为，人类不是一个完全发展的物种，因此，随着时间的推移，人类应该被更先进的仿生物种所取代，有些人称之为类人机器人。如果你看过 HBO 电视网的电视剧《西部世界》或瑞典科幻剧《真实的人类》，你就会知道，这类电视剧总是在一个超人类主义盛行的地球上，探索人类和类人科技物种之间剑拔弩张的关系。这个未来不是我们所相信的，我们也不认为它符合人类的最大利益。

虽然有些人认为人工智能是未来的神，但我们认为，果真如此的话，那么人工智能就是我们必须赋予其人性的神。我们仍然在为自己而不是为技术创造一个繁荣的世界。因此，当我们在本书中谈到“超人类”的未来时，特别是当我们使用“超人类密码”这个短语时，我们只是承认人类正在被技术改变的现实。在我们看来，“transHuman”（意为“超人类”，大写字母“H”用来提醒我们优先考虑的事情）这个词仅仅表明了我们的信念，即我们最好的未来将来自人与技术的关系转型，而不是来自我们屈服于一个“更好”、更仿生的物种。事实上，我们相信，《西部世界》式的未来会比我们想象的更加暗淡和悲哀。最不人道的情况莫过于此。

为了避免这种命运，并开创我们所能想象的最光明、最完美的人类未来，我们必须致力于植入或编码具有人类价值和属性的技术，以促进和保护人类物种，就像今天这样。换言之，我们必须制定一个多方面、多行业的战略，将人类的本质通过编程植入我们创造、拥抱和消费的人工智能中。

这并不是说人工智能没用。明智地使用人工智能会给我们带来最大的机会，人工智能不仅可以将人类的本质融入未来的所有进步中，而且也是用来确定人类最重要的本质的一种理想的资源。

人类自身已经被编入了这个星球上最伟大的“代码”。法国散文家沃夫纳格（Vauvenargues）写道：“简单的事实可以摆脱宏大的推测。”[1] 这便是一本关于“人类是地球上最伟大的技术”这一简单事实的书。如果我们当中有足够多的人接受这一事实，我们就有真正的机会终结癌症、饥饿和艾滋病等全球性灾难。创新将蓬勃发展，民主将起主导作用，同情心将会延伸至更远的地方。

如果你怀疑这个事实，那么请试想，你的身体是由大约 7×10^{27} 个原子组成的。你体内有 37 万亿个细胞，其中 5 万个会在你读这句话的时间里死亡并被替换掉。如果把你的 DNA（脱氧核糖核酸）链展开，它的长度约为100亿英里①，这相当于从地球往返冥王星的距离。你的心脏一天跳动 10 万次，产生的能量足以驱动一辆半挂卡车行驶 18 英里。它一年泵入你身体的血液约 300 万升，产生的能量可以驱动同样的半挂卡车往返月球。如果把你的动脉、静脉和毛细血管首尾相连，那么它们的总长超过 6.2 万英里，足以环绕地球 10 圈半。你的眼睛可以分辨多达 750 万种不同的颜色。你的鼻子可以分辨 1 万亿种不同的气味。还有你的控制中心——大脑，它由 1 万亿个神经元驱动，以复杂而又和谐的方式运行，当今最伟

① 1 英里 ≈1.609 3 千米。——编者注

大的神经科学家估计，我们只了解人脑 5% 的工作原理。[2]

或许，我们对 DNA 的工作原理了解得更少。“一些无法解释的事情在表面之下发生，形成了 DNA 无所不知的智能，”美国著名灵性导师迪帕克·乔普拉（Deepak Chopra）在他的畅销书《量子疗法》中解释道，“DNA 位于每个细胞的中间，完全不在舞台上，却能编排舞台上发生的一切。DNA 如何既是问题，又是答案，而且还能默默地观察着整个过程？”[3]

德国物理学家维尔纳·吉特（Werner Gitt）博士写道：“毫无疑问，现存最复杂的信息处理系统是人体。如果我们把全人类的信息过程，即有意识的和无意识的过程，放在一起，那么我们每天就要处理 10^{24} 比特的信息。全世界所有图书馆中存储的人类知识总量为 10^{18} 比特，而这个天文数字是其 100 万倍。”[4]

而所有这些都仅仅是物质层面的科学。

我们甚至还没有触及这个星球上每个人的艺术和精神复杂性的表面，也没有触及爱、渴望、梦想和解决问题的能力。人类现在是，并将永远是世界上已知的最伟大、最先进的技术。那么，把理解、改善和利用人类作为今天的最高优先事项，难道不是最有意义的吗？

这就是我们在接下来几页中的目标。

通过向你介绍今天出现的一些最重要的发展，我们将让你更清楚地了解它们的影响，并由此引发需要开启的对话，我们希望，我们共同开发的超人类密码，将使我们能够从现在起保持在所有技术进步的顶点和轴心位置。迄今为止，人类通过技术进行的变革在很大程度上是鼓舞人心却被动进行的，对地球上大多数人而言，这些只是一厢情愿的想法或充满希望的愿景。既然我们已经看到并感受到我们与技术联姻的不稳定性，我们就必须更多地参与进来，并开始管理我们的未来，这样我们就不会被自己的创造物所支配。

为了将接下来的章节所涉及的主题联系起来，我们建议使用亚伯拉罕·马斯洛的人类需求层次理论（见后文）作为总体框架，以此帮助我们确定对话的优先顺序，从而确定我们做出努力的优先顺序。

这仅仅是一个概念平台，当我们继续书中的对话时，它可以指导我们根据人类优先事项创建、实施和采用技术，虽然我们不会为将要讨论的主题中的技术优先顺序提供论据，但我们确信，围绕这一活动进行协作研讨是至关重要的，我们希望在强调马斯洛人类需求层次理论这样的框架时，我们的优先事项将始终定位于我们思想发展的最前沿。

我们如果能够为本书所涉主题的所有技术工作编写适当的超人类密码，就将大大有助于人类处于宇宙的中心，我们的繁荣就将继续。因此，对于书中涉及的每个主题，我们都会描述事物的当前状态，然后围绕最重要的考虑因素（涉及我们的策略和应用）进行讨论，指出已经出现的关键发展

（卓有成效的、徒劳无功的以及适得其反的发展），并提出应该采取的关键步骤，以确保满足人类的需求，推动人类的进步。为了给这些关键步骤提供一个持续的背景，我们将根据马斯洛的需求层次结构，使用深色的金字塔图标来表示卓有成效的工作将如何具体服务于人类的需求。我们还将简述今天需要回答的最紧迫的问题。希望你能使用它们，发推特讨论它们，撰写关于你的解决方案的文章，在你的餐桌旁边和会议室里谈论它们，将它们发布到讨论区，或者转载到我们的网站（www.transHumancode.com），在那里我们已经就我们在书中涉及的每个主题以及其他许多主题进行了具体的公开讨论。

我们强烈建议，这些对话应当超越个人层面，触及世界各地的主要决策机构，诸如政府、公司、非营利组织、非政府组织等，否则这就是我们的失职。我们与联合国和世界经济论坛的长期合作告诉我们，变革、创新和改进虽然始于个人层面，但一旦有主要机构参与，就可以迅速扩大规模。如果你的工作能让你接触这些机构，或者能在它们内部产生影响，那么我们鼓励你把这本书中出现的关键对话带给它们。

最后是关于你手中这本书的功能说明。我们邀请你直接参与超人类密码的开发。迄今为止，我们使用的主要技术平台，例如脸书、谷歌、推特、苹果等，它们的代码都是由一小部分人开发的。超人类密码将会截然不同。它将由全人类，即我们所有人，潜在的几十亿人在彼此的对话和合作中进行开发。它是包含一切的代码，是我们大家的代码。你是否懂编程并不重要，事实上，你是否了解任意一项技术的工作原理都无关紧要。你可以在决定我们不仅想要而且需要什么样的技术方面发挥重要作用。换言之，如果你是人类，你应该参与关于我们将创造什么、消费什么，以及我们为什么要这样做的决策。这必须是生活在世界各地的所有职业、所有收入水平、所有年龄段的人的合作。如果你的生活被技术影响，那么你就有足够的发言权。我们可以由此建立本质上属于所有技术创新的 GitHub（一个面向开源及私有软件项目的托管平台）或维基百科。这是一个完全开源的过程，是我们现在和未来与技术合作的明智的、综合的、协作的编码过程。

本书中出现的机会分为两类：一是实际地为创造超人类密码做出贡献（进行编写代码或实现代码的工作），二是在哲学上为创造超人类密码做出贡献（确定编入你使用的技术中的代码应该保护和提升哪些内容）。我们也希望你发现参与是唯一的选择，如果你现在尚未发现的话，我们也希望你在后文中能发现这一点。

01

技术的
顶点和目的

很不幸，我们很容易忽视我们在宏大的生态系统中的卓越地位，尤其是在一个容易依赖技术引领我们走向我们渴望的未来的时代。我们真的相信技术（请注意，是我们创造的技术）可以变得比我们更复杂和必要吗？被创造的东西真的能取代它的创造者吗？

这是一个你必须自己回答的问题。我们都是如此。我们必须共同决定，我们是在宏伟技术的帮助下为人类建设更美好的未来，还是以牺牲人类为代价建设一个更好的技术的未来。没有比这更简单的方法了。未来仍在我们手中，但出现一个我们无法控制的未来是可能的，果真如此的话，我们只能反躬自责。

事实上，我们以前也经历过类似的情况，结果总是事与愿违。我们集体做出了错误的选择，或者说，我们没有及时做出正确的选择。我们没有把人性放在首位，而是提升了对技术的承诺。我们让技术引领我们，技术却让我们误入歧途。这种看似细微的疏忽总是把我们的生活变得更糟糕。

1895 年，德国机械工程师威廉 · 伦琴（Wilhelm Rontgen）发现了 X 射线。他的发现让法国化学家皮埃尔 · 居里和玛丽 · 居里 3 年后发现了放射性元素。居里夫妇发现放射性元素的 10 年后，新西兰物理学家欧内斯特 · 卢瑟福（Ernest Rutherford）和英国放射化学家弗雷德里克 · 索迪（Frederick Soddy）发现铀的放射性是原子分裂的结果。仅仅这 3 项发现——X 射线、放射性和原子分裂，就推动了科技在世界范围内的发展，而科技的发展反过来又永久地改变了人类历史的进程，可是因为我们没有保持警惕，结果也有坏的一面。

伦琴、居里夫妇、卢瑟福和索迪都获得了诺贝尔奖，而且索迪在放射性方面的工作引起了全世界对核反应的关注，这也成为科幻作家 H. G. 威尔斯于 1914 年出版的未来主义小说《解放全世界》的主要灵感来源，这部小说描绘了战争时从飞机上空投原子弹的场景。20 年后，威尔斯想象的原子弹在德国的一个秘密实验室里变成了现实。匈牙利物理学家利奥 · 西拉德（Leo Szilard）致信美国总统富兰克林 · 罗斯福，向他通报了德国的计划，并敦促美国开始发展自己的核武器。西拉德邀请阿尔伯特 · 爱因斯坦在这封信上签名，这让这封信更有分量。曼哈顿计划由此诞生。

6 年后，1945 年 8 月 6 日和 9 日，美国分别在广岛和长崎投下了秘密武器——原子弹，迅速结束了第二次世界大战。人类损失惨重，但事实上，人类遭受的持久伤害早在 1945 年夏天之前就已经开始了，恰好在 50 年前的 1895 年，当时的一系列科学发现让我们把技术提升到了人类之上。

在我们兴奋而又轻率地奔向未来的过程中，我们的前辈一路乘着技术浪潮，来到了核战争这一无可挽回的威胁面前。这一认识促使爱因斯坦最终哀叹道："让我害怕的是，我们的技术已经超越了我们的人性，这一点已经变得非常明显。"

今天的情况貌似不同，但其利害关系的重要性并不亚于 X 射线和原子分裂的发现。人类再一次面临着选择在自己的故事中扮演主角还是对手的问题，而这个故事的结局还没有写就。

我们当前的技术高峰之前的进步浪潮，与 20 世纪之交的那一波同样值得注意：1973 年，罗伯特·梅特卡夫（Robert Metcalfe）发明了以太网；1975年，温顿·瑟夫（Vinton Cerf）和罗伯特·卡恩（Robert Kahn）发明了互联网；1976 年，乔布斯和沃兹尼亚克发明了第一台个人电子计算机；1990 年，蒂姆·伯纳斯·李（Tim Berners-Lee）发明了万维网。这些激动人心的进步催生了第一个浏览器、第一个搜索引擎、第一个社交网络、第一部智能手机和第一个手机应用。随着虚拟现实、区块链、数字货币、人工智能和机器人等技术的发展，技术正在进一步加速发展。

我们又一次处于临界点，我们面临的选择与原子弹造成破坏之前我们要做出的决定一样。我们不能再天真了。为了做出正确的决定，至少是从一开始就做出正确的决定，我们必须首先提醒自己，我们每个人拥有的身体、思想和灵魂比世界上一切东西都先进。正是人类这一资源为我们提供了最大的灵感，并对所有人最好的未来做出了最伟大的诠释。

我们必须记住，目前存在的以及将来会存在的所有技术，都是我们自身完善的技术体系的产物。如果我们在这个浩瀚的宇宙中拥抱我们的主要价值，然后收获人类的巨大资源，我们就能确保在未来的日子里实现大多数人最深切希望的。如果我们忽视了这一点，那么我们失去的将不仅仅是生命，而是我们生存的理由。

《连线》杂志创始主编凯文·凯利（Kevin Kelly）称科技是“人类的催化剂”。[1] 这种加速效果让我们兴奋不已。当苹果发布最新款 iPhone（苹果手机）时，我们一起庆祝。人工智能机器人、虚拟现实和自动驾驶汽车的新闻让我们大开眼界。目前，科技是全球最热门的话题和最热门的投资领域，而且这一趋势在短期内似乎不会降温。许多曾经只存在于科幻小说中的场景如今已成为现实。这既令人着迷，又让人充满希望。未来，我们会看到教育、医疗和电力等行业的效率达到前所未有的水平，还会看到对抗癌症和饥饿等全球性问题的更伟大的胜利，甚至是永久的胜利。

但正如埃里克·韦纳（Erik Weiner）在《洛杉矶时报》的一篇专栏文章中所指出的那样，目前仍存在冲突。他写道："我们生活在便利的时代，这一理念是硅谷推销的核心，我们热衷于此。我们认为便利不仅是一种美好，也是一种期望，一种权利……但我们往往没有意识到便利生活的全部成本。"[2]

今天的技术世界是由几十万人的思想和资源来建立和管理的。因此，在我们生活的社会里，最富有的 1% 的人现在积累的财富比世界上其余人的总和还要多，他们中的大多数人都是通过科技发家致富的。我们对技术的让步，让我们在不知不觉中把经济授权给了 1% 的人，而不是创造一个为所有人、子孙后代和地球的繁荣而运行的经济。如果我们不共同记住全人类固有的价值，并开始把人们的权利放在追逐利润之上，这种不平衡就会加速。

物联网是全球所有互联设备的集合，通过物联网的快速发展，国际社会有机会利用 75 亿人的思想和资源，到 2020 年，有超过 500 亿台设备相互连接。想想这意味着什么。目前世界上最高效的超级计算机是 IBM（国际商业机器公司）和美国能源部橡树岭国家实验室的那台名为 Summit 的超级计算机，价值数十亿美元，堪称技术奇迹。它总共拥有 20 万个 CPU（中央处理器，即计算机的大脑），运算速度达到了

200 petaflops（千万亿次），即每秒完成大约 200 千万亿次计算。相比之下，IBM 的研究人员估计，一个人的大脑每秒可以处理 36.8 千万亿次浮点运算，约为 Summit 的计算能力的六分之一。[3] 换言之，6 个人共享资源就相当于一台 Summit。想想这对于人类大规模快速创造、创新和解决问题的能力意味着什么。按照万维网创建者蒂姆·伯纳斯·李爵士的最初设想，如果我们能够利用技术来获取所有人的处理能力，我们就能激发相当于 10 亿台 Summit 超级计算机的能量。可以毫不夸张地讲，我们能为大多数人设想的最好的未来比我们想象的更容易实现。我们只需要寻求比短期便利更多的东西。

我们渴望的解决方法和改进措施都在我们的掌握之中，其中许多在我们的有生之年就有望实现。对此，我们需要采取必要步骤，巩固自己在超人类权威和责任中的地位，一步一个脚印地对待每一个技术进步，包括那些已经完成的和未来的技术进步。

凯文·凯利写道：“我们今天生活中每一个重大变化的核心都是某种技术。”[4] 决定世界如何变化的首要问题是我们将如何使用技术，而不是我们将使用什么技术。技术将作为主要的催化剂和主导力量继续存在。它正在并将继续成为我们生活中越来越重要的一部分。如果我们知道我们在宇宙生态系统中的地位处于顶端，那么这将是一个非常令人兴奋的消息。关键的问题是，我们是继续让技术削弱我们的卓越地位，还是重申自己作为技术的创造者和完美主义者的地位？我们的职责是确保被创造、接受和扩散的东西总是首先培养出更优秀、更健康的人类。

凯利解释说："我们不同于我们的动物祖先，因为我们不仅仅满足于生存……这种不满足激发了我们的创造力和成长。"[5] 我们必须做出的决定是明智地管理我们至高无上的聪明才智和蓬勃发展。我们必须不断问自己："什么是主流？是人性还是技术？"我们必须在全世界范围内采取必要的措施，确保我们的答案是人性，而且永远都是人性。

有些人认为，我们应该无条件地把对人类未来的控制权交给机器。他们把自己的信念建立在所谓的"技术奇点"上，技术奇点假设，已经出现的人工智能最终会引发一场智能爆炸，产生一种强大的计算机超级智能，其质量将远远超过人类的所有能力。科幻作家弗诺·文奇（Vernor Vinge）在他的文章《即将到来的技术奇点》中说，这将标志着人类时代的终结，因为新的超级智能将继续进行自我升级，并以人类无法理解的速度前进。[6] 换言之，我们将成为机器的奴隶。

这一假设的重大缺陷在于，它没有考虑人类的精神和道德特征，而正是这些特征将我们与地球上的其他物种区分开来，这些特征包括直觉、同理心、远见、信念，以及凯利所说的独创性，它们来源于人类永远渴望"更好"。埃隆·马斯克（Elon Musk）最近承认，人类被低估有一个关键的原因。[7]

机器人永远不会知道患上癌症或因饥饿失去孩子的感觉。人工智能永远无法理解分娩、海上的日落或实现10年梦想的宏伟场面。计算机程序永远无法与人类的复杂性相比，因为人类具有广泛的情感和部落特征。

最好的技术可以做的是，根据我们的管理、我们的设计、我们的编程来确定工作的优先顺序。关键是确保我们分配给它的优先事项和我们赋予它的管理方法符合全人类的最佳利益。对此，我们该怎么做？总的来讲，解决办法是将人类的核心属性，即那些使我们与地球上的每一种生命形式区别开来的属性，编入我们创造的技术中；将人类智慧代码写入人工智能技术，以便让产品为我们服务，而不是让我们屈从于它。

技术只有在我们允许的范围内才能自由发展。到目前为止，我们在管理技术自由方面一直很迟钝。操纵美国总统大选或许是一个转折点。至少，它为全球敲响了警钟。但我们必须掌握的真相要微不足道得多：我们都是脸书平台操纵能力的同谋。我们创造了它，多年来一直欣然接受它，赋予它力量，无论是有意的还是无意的。

苏珊·福勒（Susan Fowler）在为《名利场》杂志撰写的文章中描述了人类相互矛盾的努力，这些矛盾使得科技引发了一场反人类的大规模秘密叛变。在她担任优步程序员的头几周，一位同事低声劝说她在编写代码时记住司机。福勒承认，直到几周后她才完全理解这种设计的意义，当时她无意中听到两名同事在讨论操纵司机奖励的方法，以此欺骗司机加班。福勒写道："不久之后，一波降价浪潮冲击了旧金山湾区的司机。当我和司机们交谈时，他们描述了优步是如何将车费保持在一个精心设计的最佳位置的——高到让他们有理由出来开车，但又低到让他们勉强只能支付燃油费和维修费。"[8]

2012 年 1 月的一个星期里，脸书从大约 70 万名用户接收到的新闻推送中删除了 10% 到 90% 的积极情绪内容。这一行动是脸书和美国学者正在进行的一项秘密研究的一部分，他们都想知道，用户的情绪是否会被朋友通过社交网络表达的情绪所影响。他们的最终目标是确定是否有可能操纵用户接收到的推送，从而使他们更快乐，理论上，这会让他们在脸书上停留更长时间，让他们接触更多的广告，从而增加脸书的收入。据《卫报》专栏作家斯图尔特·杰弗里斯（Stuart Jeffries）称，这项研究发现："减少某人接收到的新闻推送中积极情绪内容的数量，会导致他们在自己的状态更新中使用的积极词汇的数量显著下降，而消极词汇的数量略有增加。"[9] 换言之，这项研究证明，如果脸书愿意的话，它可以影响用户的情绪，从而达到赢利的目的。

正如你所想象的那样，当脸书进行测试的消息被泄露时，用户的反应不太愉快。杰弗里斯解释道："脸书可能想让我们在它的网站上更快乐，这样我们就能待得更久，这让人很反感……这样马克·扎克伯格就可以买更多的游艇了。”虽然杰弗里斯认为这是“一种令人厌恶的商业模式”，但他承认这种做法在各类技术平台上并不是新鲜事。他援引《伦敦书评》的作者托马斯·琼斯（Thomas Jones）的话提醒我们：“脸书的目的是搜集、组织和存储尽可能多的个人信息，以便向广告商推销，并筛选和分层……我们不是脸书的用户，而是它的产品。”[10]

正如琼斯所言，让“日常生活方方面面地媒介化和商品化”，并不只有脸书这么做。从手机、搜索引擎到门铃、安全摄像头和声控扬声器，你使用的几乎所有技术工具都是这么做的。我们生活在一个由技术驱动的世界里，这个世界的真相让我们像杰弗里斯一样不禁要问：我们是否已经成了“被切除脑叶的实验室老鼠”，可以被改变情绪以增加公司收入？[11]事实上，正在争夺网络控制权的为数不多的几家大型平台公司——脸书、亚马逊、谷歌和推特，并不是为了影响我们的情绪而进行这项活动的。大多数情况下，这些公司都希望我们在使用它们的产品时打起精神，以便为我们推送更多我们想要的东西。这当然是提供良好客户服务的基础，为客户提供服务的最佳方式莫过于尽可能多地了解客户。然而，这种方法引发了一些更关键的问题。

◆ 如果搜集到的关于你的信息并不能说明全部情况该怎

么办?

◆ 如果你寻找的东西不仅仅是一天十几个数字印记该怎么办?

◆ 最重要的是，这些公司掌握关于你的信息之后还能做些什么?

在一个日益受到我们所使用的技术影响的世界里，我们使用的技术越多，失去的做人的自由就越多。

对现代科技公司而言，它们的一大法宝就是把你的身份、个人数据和行为搜集、翻译，并卖给其他公司的营销人员，后者需要这些信息来向你推销产品。这种算法被称为“行为定向”，它有效地利用技术对你的行为的翻译来影响你未来的决策。这从表面上看是无害的，在现代，这似乎不过是一种精明的营销策略。简单的结论是，我们不必让它影响我们——也许你根本不相信它会影响我们。不幸的是，这种用技术赢利的普遍做法不仅改善了公司的营销工作，还改变了我们对自己的看法，这直接影响着我们的行为方式，以及我们会变成什么样的人。

2016 年,《哈佛商业评论》的一项研究显示，行为定向广告意味着我们身上带着某些社会标签，我们之所以接受这些标签，是因为我们相信技术得出的结论是准确的，甚至可能比我们自己的结论更准确。[12] 在这项研究中，188 名大学生观看了一则高端手表的广告，他们要么认为自己是这款手表的目标客户，要么认为不是。然后，测试的组织者要求这些学生对自己的消费水平进行评分（他们在测试前也被问到了同样的问题），结果显示，与受试者认为广告不是针对自己的时候相比，受试者在收到自认为是针对他们个人的广告后，会认为自己的消费水平更高。换言之，受试者认为定向广告反映了他们自己的特点。他们接受了这些信息，认为自己是更成熟的消费者，这种对自己看法的转变增加了他们对高端产品的兴趣。[13]

《哈佛商业评论》将这些结果又向前推进了一步。他们进行了另一项研究，以确定广告中自我感知的变化是否会延伸到购买以外的行为。总之，他们成功了。这一次，一组受试者收到了一则关于环保产品的行为定向广告，就像之前一样，随后他们给自己的环保意识评分比先前更高。随后他们被要求向一个环保慈善机构捐款。大多数人在收到定向广告后变得比先前更愿意捐款。换言之，行为定向广告告诉他们“我热爱环保”，从而促使他们做更多的环保行为。[14]

虽然这只是一次范围很小的采样，但它表明，我们给予技术的权限并不是无害的，其结果也不一定是良性的。今天的技术可以塑造我们是谁，我们做什么，我们变成什么人，这一切都出于商业目的，而不是人道主义目的。如果我们想要让世界变得更美好，那么我们每个人都必须改变这种模式。

虽然你可能并不介意适时的产品和服务建议出现在你的收件箱里或屏幕两侧，但你日常对技术让步的含义远远不只是为了更大的便利而接受商业治理。在这一切的核心，在一个极少人能看到的隐蔽的现实背后，你正在把你的人性外包给一小部分公司，这些公司可能是善意的，但它们永远无法充分保护你，永远不能完全代表你，永远无法帮助你实现期许和梦想。在大多数情况下，它们所做的恰恰相反：破坏你的基本自主权。

这个问题比经济问题大得多。我们正在谈论的是，在全球生态系统中，人类生活面临的一个明显的现实威胁。我们是存在的顶峰，头顶着创造的皇冠。这一点是一个不可放弃的结论。但我们在不知不觉中创造了全球历史上最大的敌人——现代的科学怪人。但我们仍然可以控制故事的结局。我们必须心甘情愿且明智地行使这种控制权。

30 年前，当蒂姆·伯纳斯·李爵士发明万维网时，他不是为了赚钱。他的愿景是以开放、不受控制和容易访问的方式促进大学和科学家之间的合作。万维网很快发展成一种工具，提升了人类互相学习、互相帮助、合作改善世界的能力。这是一件美好的事情。然而如今，伯纳斯·李深远的人道主义发明已经发展成一个价值约 2 万亿美元的产业，少数几家平台公司正在争夺其控制权。这使得伯纳斯·李承认网络已经失去了最初的平等主义精神。在 2017 年世界经济论坛上，在与包括我们在内的几位同事的对话中，他明确地告诉我们，他的创造还没有达到预期的效果。最近，在《名利场》的一篇文章中，伯纳斯·李更直截了当地承认互联网“已经失败了，它没有像它应该的那样为人类服务”[15]。

尽管许多科技巨头已经表示，它们的目标是到2020年确保有75亿人能够访问网络并相互连接，但一场全球性的冲突已经出现：这些巨头公司中的许多都要履行对股东和市值的义务。换言之，它们必须将网络转化为私有网络，让用户成为它们的产品，从而实现赢利。这些公司的股东和董事会成员更感兴趣的是如何利用你的社交数据图，而不是帮助你结交更多朋友。它们的许多服务之所以免费或非常便宜，是因为你在用你的人性特征来给他们付钱，这些特征被卖给广告商，除了你本人之外，每个人都能从中获利。当我们最终意识到这一现实时，要解开已经把我们缠绕其中的影响力强大的网络，我们还有许多工作要做。你手中的这本书是一个重要的开始。

在前三次工业革命中，人类首先利用蒸汽机实现生产机械化，然后用电力实现大规模生产，最后利用电子信息技术实现生产自动化。在过去的半个世纪里，第四次工业革命在第三次工业革命的基础上开始发展，德国著名经济学家克劳斯·施瓦布（Klaus Schwab）认为，第四次工业革命的特征是“跨越物理、数字和生物领域的技术融合”。[16]

如果部署得当，这种融合极具发展前景。几十年来一直存在的全球性问题，如获得清洁的水源和治愈某些癌症，现在都可以得到解决。几十年来似乎无法实现的全球性任务，例如普及教育，现在已经成为我们生活中的现实。但就目前情况而言，施瓦布描述的消除各个领域之间的界限在很大程度上导致了对人类资源的滥用，以及失去对未来的掌控。

人类的精神和愿望的本质是自由：做自己的自由，表达个人信念的自由，以及成为我们能成为的最好的自己的自由。事实上，我们不仅是人类，还是进化中的人类。“我们作为集体会变成什么”这个问题为我们世界的未来写下了剧本。技术能否让我们共同成为最好的自己？

人类与技术的不稳定结合给我们每个人都留下了一个生存问题。它正摆在我们面前，在我们的心中激荡。你想要的仅仅是生存，还是真正的繁荣？数千年的人类历史提供了一个显而易见的答案，这个答案将我们与其他所有生命形式区分开来：人类渴望繁荣、进步，渴望变得比现在更好。

我们今天要如何做到这一点还是一个新的领域。但是，我们仍然拥有这个星球上最具创新性的工具，并且共同拥有推动全世界进步的最强大的力量。机会就在这里，或者说近在眼前，等待着你去把握。我们应该如何做选择？让我们从这里开始，逐个按主题具体研究这个问题。让我们开始我们必须进行的讨论，然后得出我们共同的、积极的答案。

构建我们最好的未来

如果我们的意图是确保地区、国家和全球的技术进步都遵循以人为本的目标，那么我们应该如何前进？我们是否仅仅允许发明家、创新者和开发人员去自由创造？我们是否允许选举出来的领导人来决定什么是最重要的，什么是次要的？我们是否将我们的发展限定于那些被证明能促进人性的发展？对于最后这三个问题，答案是肯定的。

对创造者而言，他们必须保持一种无拘无束的自由。我们的思想是一个奇迹。当协作得以蓬勃发展时，其意义将比任何算法所能提供的都更为深远。如果我们不允许自由创造占据主导地位，我们就有可能错过我们迫切想要和需要的解决方案。但是，我们也必须对我们所追求的进步有方向感——不仅是从个人的角度，而且也是从全球的角度。现实是，自由创造总是可能带来风险，即走上一条貌似安全实则危险的道路。

在上一章中，我们举了一个令人震惊的例子，说明自由创新犯了很大的错误。尽管是致命的、不可逆转的错误，但它似乎是一个离题的例子，一个千年一遇的错误。事实上，技术自由创新的风险一直存在。我们以前也曾小心翼翼地躲避着重大灾难，有时会陷入失败，有时会大获成功。

早期的计算机技术相当不人道，而且在很大程度上被大众所误解。直到乔布斯和沃兹尼亚克找到了一种以人为中心的方法，开办了苹果公司，程序员才意识到该技术的实用性。我想我们都认同，这是人类和技术结合的进步。总的来讲，苹果公司的出现消除了人类与机器之间的鸿沟，并将计算机的使用提升到实用的、日常的水平，今天计算机仍在继续发展。

然而，其他通过技术来提升人类生活水平的尝试最多也只能产生好坏参半的结果。我们已经提到了使用相同的基本技术的从 X 射线到核武器的发展。但也有汽车发动机向自动武器的发展，二者都使用燃烧技术。仅在美国，我们就看到了自动武器可能产生的严重负面影响。这里的重点不是支持或反对枪支管制，问题很简单，对于人类和技术如何做到恰当结合，人们并不十分清楚。尽管如此，努力把这件事做好仍然很重要。

我们无法说服每一个被利益所束缚的创新者都去思考他创造的产品的最广泛的影响（尽管我们希望我们可以）。我们也无法说服每一位世界公民在进行每一次行动和投资时都以人为本（同样，这也不会削弱我们的愿望）。然而，我们可以提供一个广泛且被普遍接受的框架，作为我们在这场人类与技术联姻中的主要目标的指南，并确保我们是在保护和推进人类的目标，而不是压制它们。

本书的其余章节将使用马斯洛需求层次理论（见前言）作为框架。虽然我们清楚地认识到，我们欠历史上最著名的心理学家之一马斯洛的债，但我们也相信，将他的层级制度应用于人类与科技的联姻可以带来一个新的视角。无论是否符合事实，它都可以作为一个鼓舞人心的简单指南，指导我们在那些对我们的未来至关重要的话题上做出深思熟虑的决策。

让我们简短地谈一谈亚伯拉罕·马斯洛。马斯洛认为，精神分析过于关注病人，而对健康的人关注不够。他还认为，当时的行为心理学没有充分区分人类行为和动物行为。作为回应，他对人本主义心理学做出了巨大贡献，人本主义心理学因其对人类经验独一无二的价值的认识而产生了影响力。

马斯洛对人本主义心理学（以及一般心理学）的主要贡献是他的动机理论，该理论关注的是人类如何满足他们最重要的需求。[1]

马斯洛将这种需求层次描述为5个主要类别：生理需求、安全需求、社交需求、尊重需求和自我实现需求。这些类别排列成金字塔的形状，金字塔底层是生理需求，顶层是自我实现需求。他最初以一种线性的方式描述了各类需求间的相互作用。他说，人类必须先满足最基本的需求（如食物和水），然后才能关注上层的需求（如尊重或安全）。他最初将这种需求的自然优先级描述为我们与生俱来的“优势”。然而，马斯洛后来在进一步研究后收回了这一说法，他得出的结论是，人类可以同时追求满足不同层次的需求，但人类基本的生存本能让我们更专注于解决可怕的生理需求问题，而不是关注我们的教育或健康。[2] 马斯洛是这样解释需求层次理论的。

1. 生理层次包括维持我们生存的需要，如食物、水、住所、保暖和睡眠。
2. 安全层次包括需要感到安全、稳定和无所畏惧。
3. 社交层次（爱和归属感层次）强调通过发展与朋友和家人的关系来满足社交归属感的需要。
4. 尊重层次包括两点：一是基于个人成就和能力的自尊，二是来自他人的认可和尊重。
5. 自我实现层次强调追求和实现个人所有独特潜能的需要。[3]

现在，马斯洛的需求层次理论仍然是现代心理学的一个重要方面，并已被用于其他许多行业。人类和技术的结合也许是这种应用的最重要的舞台。

如果人类的动机来自满足人类需求，那么我们作为人类的主体，难道不应该利用我们与技术的合作关系来提高每个人满足其需求的能力吗，从我们对生存的最关键的需求到实现超越我们个人经验的事情的愿望？

马斯洛将这个五阶段的模型分为他所说的“缺失性需求”和“成长性需求”。前四个层次通常被称为缺失性需求（D 需求），而最高层次包含成长性需求或存在性需求（B 需求）。

D 需求是由于缺乏而产生的，当这些需求得不到满足时，我们会有强烈的动机去满足它们。它们得不到满足的时间越长，我们的动机就越强烈。如果你饥肠辘辘、口渴难忍，会发生什么？除了找吃的或喝的以外，工作、交谈或做任何事情都变得越来越困难。这是马斯洛研究发现的基本效应（尽管满足较低层次的需求并不总是先于或妨碍追求较高层次的需求）。

B 需求并不是源于缺乏某些东西，相反，它们来自作为一个人成长的愿望。这些需求使我们有别于宇宙中的其他任何生物。我们不仅想要生存，还想要繁荣，包括对自己以外的人产生积极影响。

每个人都有能力和愿望向上层需求迈进，实现最好的自己。不幸的是，进步经常因为未能满足较低层次的需求而中断，无论是由于糟糕的个人选择，还是由于个人无法控制的环境，比如成为孤儿、丧偶、陷入贫困或出生在技术欠发达的国家。帮助后一类人克服这种情况应该是人类利用剩余资源的重点，特别是那些来自技术进步的资源。

最终，生活使我们大多数人在等级结构的不同层次之间变动。然而，地球上每个人的愿望都是达到一个阶段，即一个人可以专注于满足自我实现的需求，最终利用自己的日常经验来超越个人需求，满足他人的需求。[4,5]

鉴于此，我们的建议很简单：让我们使用马斯洛需求层次理论作为通用准则，以确保我们的技术努力满足重要的人类需求，并且不会以牺牲其他需求为代价过度满足某些需求，尤其是那些基本生存所需。人类的目标既不是回到石器时代，也不是乘坐自动驾驶出租车飞越饿殍遍野的城市。

一个更美好的未来世界近在咫尺。工具是可用的，它就在我们身上和我们周围。在最重要的地方达成共识是可以实现的，但我们必须认同明智的指导方针，允许创造性自由在其中蓬勃发展，然后将我们自己单独应用于支持性和创新性的角色。马斯洛需求层次理论为我们共同创造、投资和采用的技术提供了一个简单的、以人为本的框架。它向我们展示了我们应该将创造性和创新性活动的重点放在哪里，以确保我们满足人类的重要需求，同时提供一种责任感，以管理全世界的努力。

本书的其余部分将重点介绍全球范围内符合马斯洛需求层次理论的一些最重要的技术工作。也就是说，它们都满足了人类的需求，使我们能够在以下主要发展类别中更繁荣地发展：水、食品、安全、健康、工作、金钱、交通运输、通信、社区、教育、政府和创新。

如果我们把这些关键的发展领域放在马斯洛的需求层次结构中，它会如图 1 所示。

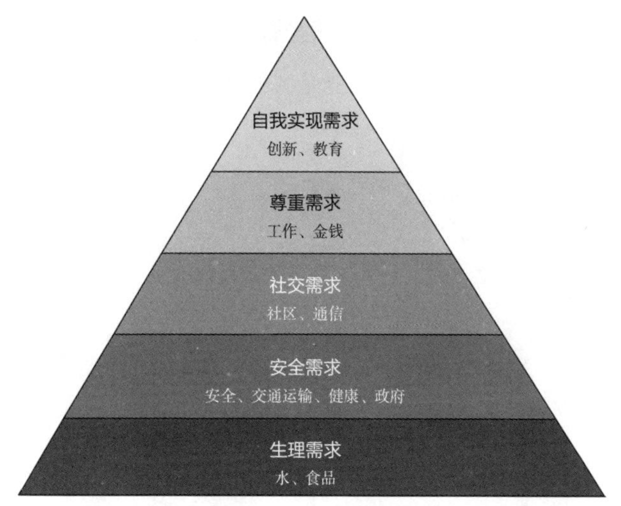

图 1 超人类密码

我们的目标是为全人类创造一个更美好的世界，这就是我们坚持的道路。随着我们与技术的关系牢固地建立起来，真正的问题在于如何利用这种关系，以及它将把我们引向何方。技术可以是人类最好的资源，只要我们记住技术必须为我们所用，并且技术围绕的轴心正是我们自己。

归根结底，我们的最高目标应该是让每个人都有足够的自由去追求富足。如果我们现在不开始寻求人类需要的解决方案，那么在某些行业，即使是一年后，也有可能为时已晚。

技术专家兼投资者维诺德·科斯拉（Vinod Khosla）解释说："看待世界的方式是，地球上大约有7亿人过着丰富多彩的生活，而70亿人想要过上这种生活。我们能用同样的方法完成10倍的事情吗？答案显然是否定的。技术是唯一能让资源成倍增加的东西……这可能是我们让70亿人过上他们都想要的生活的主要途径。"[6]

让我们一起开始这项工作吧。

水

埃塞俄比亚的梅达村位于地球上最热的地方西南 150 英里处，那个最热的地方是一个荒废的哨站，叫作达洛尔，那里的地面温度高达 180 华氏度（约 82 摄氏度），地下温度更高，酸性水在地表下几英寸[①]处沸腾。虽然梅达村的天气全年闷热，但比达洛尔好一些，因此也更适宜居住。但是生活在那里的人们必须在没有商店、没有电力、没有自来水的情境下生存。公益组织“上善若水”的创始人斯科特·哈里森（Scott Harrison）在他让人大开眼界的书《渴》中讲述了一个感人的故事。2014 年，他前往梅达村，了解当地一个名叫莱蒂基罗斯的 13 岁少女自杀的原因。

① 1 英寸 =2.54 厘米。——编者注

莱蒂基罗斯和她的母亲、妹妹以及新婚丈夫住在一间简陋的泥石屋里。她的丈夫是一位英俊的牧师的仆人，名叫阿比比，她母亲安排了她的婚姻。在梅达村生活是一种挑战，特别是对于像莱蒂基罗斯这样的年轻女孩，她们从大约 8 岁开始，就承担起了每隔一天去取水的责任。最近的水源是阿里乌泉，她们需要沿着一条布满碎石的陡峭的悬崖小路走两个小时才能到达，时不时就有村民从 700 英尺①的高处坠落身亡。春天，来自梅达村的女孩们排队等着接取颜色像巧克力牛奶一样的水，水从覆盖着狒狒粪便的大石头上流下来。莱蒂基罗斯每周要取水三次，每次带上 5 加仑②脏水回家，在发达国家，这种水质相当于冲三次厕所或洗两分钟淋浴的水。在她不用去取水的日子里，她努力专注于学业，希望将来有一天用她的所学来帮助她所在的村庄。到 13 岁生日时，她已经完成了相当于三年级的课程。

哈里森描述了与莱蒂基罗斯最好的朋友耶沙雷的会面，莱蒂基罗斯去世的那天，耶沙雷和她一起去了阿里乌泉。

耶沙雷谈到她的朋友时说：“莱蒂基罗斯不一样……她一直梦想着让我们过上更好的生活。她说有一天会离开梅达村，带回来医疗服务、水源和更好的教育。”[1]

耶沙雷回忆说，在那个决定命运的早晨，她们二人在黎

---

① 1 英尺 =0.304 8 米。——编者注

② 1 加仑 ≈3.785 4 升。——编者注

明前就起身，为了早点赶到阿里乌泉，免于排长队，她们没吃早饭。到了中午，二人把各自的陶罐分别装满了 5 加仑水，用老化的绳子把陶罐绑在背上，开始了两个小时的回家路程。下午 3 点左右，她们在一个岔路口分手。

哈里森写道："这是耶沙雷最后一次看到莱蒂基罗斯……在小路上的某个地方，她绊了一跤。或许是因为饥饿，加上她背上的负重（超过她体重的一半），或许是因为她的腿软了，或是她被石头绊倒了。我唯一确定的是，当她跌倒的时候，她的陶罐掉在了地上，摔得粉碎。她花了 10 个小时取到的宝贵的水瞬间就被干涸的土地吸走了。不久之后，一位村里的长者路过这里，看见树枝上挂着莱蒂基罗斯无力的身体，旁边的陶罐摔成了碎片。他悲伤地号啕大哭。"[2]

在与那些最了解莱蒂基罗斯的人交谈之后，哈里森了解到，她无疑是被沮丧和羞愧压垮的，她的家人急需水。这名 13 岁的女孩把绳子套在脖子上，在一棵枯树的树枝上上吊自杀了。

莱蒂基罗斯并不是唯一一个陷入绝望的人，全世界有 6.63 亿人没有生存所需的清洁水。为了应对缺水，许多人饮用的是被污染的水坑和溪流中的水，正是这些水使水源性疾病成为世界头号杀手，导致每天 4 000 名儿童死亡。[3]

在发展中国家，受害最深的往往是妇女和儿童。根据美国疾病控制和预防中心的数据，非洲妇女每年要花 400 亿小时步行取水，20% 的学龄女孩没有上学，这通常是因为快到青春期的女孩没有卫生设施，或是因为取水的责任往往落在家庭中的年轻女孩身上，使得她们无法按时上学。[4] 一直以来，清洁水就像流动的金子一样，在她们脚下未开发的河流中流淌。

寻水之路

今天，我们已经拥有了把火箭发射到太空、让潜艇潜入最深的海底的技术，难道我们不能找到方法来确保地球上每个人每天都有清洁水吗？

今天我们必须要问：让莱蒂基罗斯家这样的家庭无法更容易地获取清洁水的障碍是什么？技术领域的哪些进步可以帮助世界上近 7 亿没有清洁水的人获得清洁水？

为了向地球上的每个人提供清洁水，我们必须推进和实现三个主要目标：一是水的定位和获取，二是水处理和净水，三是水的再利用。

水的定位和获取往往是供水链中的瓶颈。这种情况正在改变。斯坦福大学的研究人员罗斯玛丽·奈特（Rosemary Knight）、杰西卡·里维斯（Jessica Reeves）、霍华德·泽贝克（Howard Zebker）和彼得·基塔尼蒂斯（Peter Kitanidis）的研究结果可以让人们省去钻井这个昂贵的猜谜般的步骤。直到最近，评估地下水位状况的唯一方法还是建造监测井，然后将这些信息与现有井的水位进行比较。但是一项对美国西部水位的深入研究发现，这些数据并非100%可靠，要么是因为现有数据已经过时，质量参差不齐，要么是因为并非所有监测井的数据所有者都愿意共享。这是发达国家的情况。想象一下，发展中国家可用的数据有限且不可靠，那里可能没有资金用于监测干旱和人口较少地区的水井。

斯坦福研究小组与数学原理公司（Principia Mathematica）的威廉·施罗伊德（Willem Schreüder）联手，将注意力从监测井转向了卫星。这些卫星发射电磁波，进而搜集监测数据，并密切关注地表高度的微小变化。这项技术被称为"InSAR"（干涉合成孔径雷达），在历史上一直用于绘制潜在地震、滑坡和火山的图表数据。研究人员假设，InSAR还可以用来建立更清晰的地下水线索，进而提供关于何时何地挖掘的更可靠的信息，由此降低钻多口井的成本。

根据罗布·乔丹（Rob Jordan）在斯坦福大学网站上发布的新闻报道，"在美国宇航局和地球科学学院的资助下，研究人员使用InSAR对科罗拉多圣路易斯谷的15个地点进行了检测"。当他们整理其发现时，他们发现InSAR的数据与从附近的监测井中搜集到的数据相符。换言之，他们的假设是正确的。另一个研究小组使用类似的方法，成功地绘制了亚马孙盆地500多条河流、湖泊和洪水区的地下水位。[5] 里维斯解释说：“如果我们能让这一技术在井间发挥作用，我们就能在不使用大量地面监测仪的情况下测量广大地区的地下水水位。”[6]

乔丹写道：“就像电脑和智能手机必然会变得更快一样，卫星数据只会进一步改善。这意味着有更多更好的数据用于监测和管理地下水。最终，InSAR 的数据可以在测量地下水供应的季节性变化方面发挥重要作用，并有助于确定可持续用水的水平。”[7]

通过卫星发现和追踪地下水的动向可能是在干旱环境中发现水源和持续供水方面的一个重大突破，甚至可能使在埃塞俄比亚的偏远村庄等地钻井变得经济和准确。但是，仅靠少数科学家和研究人员推动这项重要的技术应用是不够的。我们必须联合起来共同改进这项技术，并在全球推广，特别是推广到 7 亿没有清洁水的人生活的地区。然后我们必须继续进一步创新，因为一个工具或应用很少能够解决关键的全球问题。

举个例子，莱蒂基罗斯居住的梅达村不是 InSAR 新应用的候选对象。在《渴》一书中，哈里森解释说，实地研究确定，该地区唯一可开采的地下水将需要“一个耗资 50 万美元以上的大型管道系统……这是我们一直面临的严峻现实之一”。[8]

好消息是，水不仅仅在我们脚下的河流中流淌。在特定季节的某些环境中，水汽飘浮在我们周围的空气中。新技术致力于识别、获取水汽，并将其提供给目前仍然缺水的社区。

其中一种工具被称为“先见之水”（WaterSeer），这是一种利用周围环境将水从大气中提取出来，并将其引入地下室的装置，水在地下室里被冷却并储存起来。在良好的条件下，“先见之水”每天可以从空气中搜集 10 加仑的水。[9]

在世界其他地方，巨大的网状结构能够从雾中吸收水分。这些水分在搜集盘中形成水滴，积聚起来可以立即取用。这种方法最初是在南美洲开发的，但此类项目中规模最大的是在摩洛哥的布特梅兹吉达山的山坡上，那里每天可以搜集 6 300 升水。[10]

这些技术一旦在增加供水方面取得成功，其他问题就会出现，解决这些问题与一开始确定水源的位置同样重要。例如，谁来控制任意特定区域的供水？是政府，是它流经的土地的私人所有者，还是上市公司？谁来维护它？在曾经缺水的地方，农民如何才能学会以负责任的方式在适当的水平上灌溉他们的作物，以免过早地使供水枯竭？

对于最后一个问题，一个可能的答案是，鼓励使用太阳能泵的农民把多余的电力卖给电网，以增加他们的收入，同时增加政府的能源储备，并最终通过限制使用来节约用水。使用太阳能或许还有一个同样重要的附加好处。国际水资源管理研究所估计，将太阳能引入印度 2 000 万口灌溉井，每年可以减少 4% 至 5% 的碳排放。[11]

引进技术来寻找和分配清洁水并不是帮助近 7 亿没有清洁水的人的唯一途径。在某些情况下，脏水或受污染的水如果处理得当，也可以改变社区，根除疾病。世界卫生组织称，“腹泻是 5 岁以下儿童死亡的第二大原因”，每年夺去 50 多万名儿童的生命。该疾病的感染是缺乏清洁饮用水和基本卫生设施所造成的，这使得它既可以预防，也可以治疗。[12] 因此，处理现有供水是主要策略之一。然而，从历史上看，处理受污染的水或淡化海水的成本之高一直令人望而却步。

最近的技术进步正在降低这些成本。例如，备受争议的水力压裂技术①带来的一个意料之外的副产品是对移动式水处理设备的需求。大型企业正投入巨资研发便携式反渗透装置，这将使公司能够处理大量的水，从中提取气体和碎石。随着公司为水处理技术投入越来越多的资金，人们将有可能摆脱目前庞大、集中、昂贵的水处理中心系统。

据英国《卫报》报道，印度的研究人员设计了另一种净化污水的方法，那就是使用纳米技术。该方法使用可以破坏污染物的复合纳米颗粒从水中去除微生物。每个家庭每年的费用仅为 2.5 美元。这些成果表明，低成本的净水技术已经出现在创新者的视野中，最终可能具有商业可行性。[13] 然而，

① 水力压裂技术是目前开采天然气的主要形式，要求用大量掺入化学物质的水灌入页岩层，进行液压碎裂以释放天然气。——译者注

我们也必须质疑，移动净水是否需要具有商业可行性或必要性（例如在水力压裂技术等蓬勃发展的行业中）才能获得资源或具有投资价值。

我们可以找到饮用水。我们可以看到未来正在展开，在这个未来里，处理污水价格实惠且便于转移。但是，我们怎样才能更好地循环利用我们的水资源呢？埃默里大学的水资源中心采用了一种自适应的生态技术，该技术将“污水回收为可用于校园建筑供暖和制冷的可用水”，从而将这所位于亚特兰大的大学的水足迹减少了 40%。[14]

也许，废水循环利用技术正开拓出一个新的领域，一旦能找到并净化水资源，世界上急需清洁水的地区就有可能自给自足。为了实现这种可能性，最好的解决方案是人们共同使用，并且必须延伸到富裕的美国大学校园之外。这不仅是创新的挑战，也是价值和优先次序的挑战。

水处理技术带来新挑战

为世界提供清洁水方面的重重挑战正在被克服，技术正在为新的答案铺平道路；饮用水正在被更快、更有效地找到；对污水的处理正变得更加经济实惠；新方法让废水可以再利用。但是，将技术引入水的获取、处理和再利用，在带来了答案的同时，也提出了越来越重要的新问题。

例如，2006 年，黑客入侵了宾夕法尼亚州哈里斯堡一家水处理厂的计算机系统。他们使用一名员工的笔记本电脑，通过互联网入侵，在工厂的计算机系统中安装了病毒和间谍软件。攻击者来自美国以外的地方，他们并非专门针对水厂（他们只是使用笔记本电脑分发电子邮件和其他电子信息），但如果他们对控制或操纵水厂的系统感兴趣，这就可能会造成严重的破坏，比如增加氯含量，使水不宜饮用。[15] 就在 2018 年，美国还指责俄罗斯政府持续发动针对美国基础设施的网络攻击，其中就包括水资源管理部门。

几乎无力负担这些水处理技术的发展中国家根本没有资金来确保这些技术的安全性，很可能成为黑客的软目标。

美国水务公司协会的执行董事迈克尔·迪恩（Michael Deane）解释了基于计算机的管理系统的发展，如何一方面提高了供水服务的可靠性和质量，另一方面也增加了发生有针对性的或意外的破坏供水网络事件的可能性。他总结道：

> 在饮用水和废水处理领域，网络攻击可能针对 4 种不同的威胁载体：化学污染、生物污染、物理破坏，以及干扰控制重要基础设施的高度专业化的计算机系统（即 SCADA，监控和数据采集系统）。[16]

新技术总会带来新的、更紧迫的问题。对与水相关的技术而言，这一点毫无疑问。在被强迫接受一些答案之前，我们愿意解决这些新问题吗？单是我们集体对这个问题的答案就可以拯救7亿人的生命。

一项新技术的应用起初似乎具有绝对积极的意义。在关注向服务不足的社区提供饮用水的新方法时，这是至关重要的。但是利用这些新技术往往就像推倒第一块多米诺骨牌。因此，我们必须一直看到最后一块多米诺骨牌倒下，准备好检查和回答这两者之间可能出现的所有问题，面对所有挑战。

当西班牙开始海水淡化运动时，人们并不认为这是完全必要的。今天，他们所有的饮用水都是由这个水源提供的——这是一件好事，因为西班牙现在就像撒哈拉沙漠一样干燥。事实证明，西班牙开始进行海水淡化的决定非常关键，而且做出决定的时间足够早。

在节约用水方面，本着同样的精神，中国正在经历一场厕所技术革命（不需要冲水的新厕所），这意味着中国的水资源得到了更高效的利用。在瑞士，超市中的每一种产品都有一个标签，标明生产该产品需要多少水。该国正在提高消费者对明智地使用水资源的重要性的认识。

相比之下，在水处理技术尚未得到广泛应用的服装行业，制成一件棉衬衫需要使用2 700升水。[17]再用这个数据乘以世界上所有衣柜里的棉衬衫数量，你就会发现，更深思熟虑的技术应用可以带来很大的不同。

虽然我们正在朝着清洁用水的正确方向前进，但这是一个缓慢的过程。除非我们谈论的是最新的“生命吸管”产品（它能让徒步旅行者直接从开放水源中饮水），否则供水并不是一个特别吸引人的话题。最新的InSAR研究不会出现在《时尚》杂志或《华尔街日报》中，莱蒂基罗斯的悲剧也不太可能被搬上好莱坞的银幕。不幸的是，我们生活在一个热点至上的世界里，热点掌握着金钱。目前，供水并不是热点，但它应该是，除非我们现在有资源能解决这个问题。

那么我们应该从哪里开始，如何开始?

首先，我们需要进行多国、多学科的讨论，以明智地解决本章提到的问题。

1. 是什么阻碍了像莱蒂基罗斯家这样的家庭更容易获得清洁水?
2. 什么样的技术进步可以帮助世界上近7亿没有清洁水的人获得洁净水?
3. 我们还能做些什么来改进和提升水的定位和获取、水的处理和净化，以及水的再利用?
4. 我们如何确保我们为服务不足地区创建的供水链不会被滥用?
5. 哪些人和实体应该资助、控制和管理新创建的供水链?

6. 我们如何将投资从非关键项目转向关键项目，比如向全人类提供洁净水？

第二，从我们对上述议题的讨论中，我们每个人都必须作为个人，立即决定我们的时间、金钱和创造力的投资方向——不是在未来5年或10年，而是现在。

1. 如果你编写代码，你必须在供水的人工智能技术中写入哪些人类智能，以此来保护生命，不浪费供应链上的投资？你或你认识的人能做到吗？
2. 如果你进行创新，我们还应该考虑其他哪些供水解决方案？你知道谁能提供这些服务吗？
3. 如果你从事建造或制造行业，什么材料可以使供水链的组成部分更可靠？
4. 如果你提供资金，我们如何才能最好地资助人们为地球上的每个人提供清洁水？答案只来自非营利组织吗？

如果要用技术来解决困扰世界上10%的人口的饮水问题，我们就必须公开地、有目的地讨论上述每一个问题。

04

食　品

我们生活在一个一切皆有可能的时代，连实验室里的食品工程和生产也是一切皆有可能。现在几乎所有的食物都可以在实验室里制造出来，比如经生物工程处理的植物、复制的牛肉和鱼蛋白。但这是否意味着这些可能性能够解决全球粮食安全的所有问题？从成本的角度看，这可以吗？几乎没有可能。有时人类的聪明才智才是最好的技术应用。

我们采访了加拿大圭尔夫大学阿雷尔食品研究所主任埃文·弗雷泽（Evan Fraser）博士，他讲述了一个小农业社区的一些尼泊尔农民努力为家人提供食物的故事。尽管这些尼泊尔农民花在田间的时间很长，人力资本支出也很大，但作物产量很低。为了实现类似于粮食安全这样的目标，他们需要帮助这些尼泊尔农民提高产量。

马尼什·莱扎达（Manish Raizada）博士出场了。

莱扎达博士是斯坦福大学培养的植物分子遗传学家，他了解了尼泊尔的农业问题，自认为可以提供帮助。他前往尼泊尔的社区，想知道应用基因技术是否可以提高玉米产量。但是，当他和他的团队踏上尼泊尔的土地，采访完农民并记录了有关当地种植方法的笔记之后，他们就发现，尼泊尔农作物的主要问题既不在于农民没有高产的种子，也不在于他们缺乏灌溉或施肥的技术手段，他们也不需要更先进的联合收割机，这是一个人为问题。

莱扎达博士的团队发现，尼泊尔这个地区的绝大多数农民并不熟悉最佳种植方法。他们不犁地，也不采用垄耕种植，而是采取更传统的方法，将一把把种子撒在泥土里。莱扎达博士的团队知道这种种植方法会导致植株拥挤，使它们无法获得适当的营养、水分和阳光，于是他们建立了一些试验田。他们犁好地，然后把种子（与当地人用同样的种子）以均匀的间隔播种。他们的灌溉和施肥方法与当地人也完全一样。收获季节到来时，莱扎达博士的试验田中种植的玉米增产了 25% 到 40%，这一切都是因为采用了简单的农业最佳种植方法。

莱扎达博士的团队本可以使用最新的技术来提高产量。他本可以采购最新的转基因种子，无论播种间隔如何，种子都能获得丰收，但他没有这样做。相反，他和他的团队采用了更简单的方法。在证实了他们的假设——适当的种植间隔会增加产量之后，他们创造了一个简单的工具包，让当地农民更容易采用垄耕种植。这个工具包里有两根棍子，它们中间连着绳子，用来在地面上标记直线，还有一根中空的棍子，用来一次撒一粒种子，这意味着种植者（其中许多是妇女）不必费力地手脚并用。它简单实惠，显然是人类对技术的应用，即使尼泊尔最贫穷的农民也可以使用这种方法。[1]

脆弱的粮食安全状况

弗雷泽博士说："在粮食方面，世界正处于一个关键的转折点。"[2] 这并不夸张。截至2017年，世界人口数估计为75亿，预测显示，到2050年，地球上将有大约90亿人居住。为了养活未来的所有人口，我们需要将目前的粮食产量提高大约70%，发展中国家的产量需要翻一番。[3] 弗雷泽的一线研究表明，为了满足粮食需求，未来50年世界农业系统需要生产比过去1万年更多的粮食。

但是，在我们着手解决明天的问题之前，我们必须认真地研究今天的问题。在美国、英国、法国和俄罗斯等国家，人均每日热量供应超过3 400卡路里。然而，在非洲和南亚的许多地方，人均每日热量供应不足2 500卡路里。[4] 截至2012年，联合国粮食及农业组织报告称，全球有8.7亿人长期营养不良。[5] 虽然很多人营养不良，但据报道，全球大约有

20 亿人肥胖。[6] 虽然营养不良和肥胖的情况非常严重，但世界上仍有超过 1/3 的食物被浪费。[7]

这里的重点是，决定未来的粮食是否充足的并不是我们生产多少粮食，而是我们如何生产、生产什么，以及公平分配的程度。这些就是我们必须部署的技术的组成部分，而不仅仅是提高产量而已。

弗雷泽分享了一个例子来说明这一点，虽然稍显不公平，但非常准确。“几年前，我带领一组学生去美国中西部旅行，我们来到了一家大型种子公司，参观了它的遗传学工作的总部。我们采访了负责玉米收割和玉米改良的首席遗传学家。他自豪地说：‘我们未来几年的三大优先事项是提高产量，第一，提高产量，第二，提高产量，第三，还是提高产量。我们将从每英亩①300 蒲式耳②提高到每英亩 600 蒲式耳。’”

“现在中西部的大部分玉米要么被用于生产家畜食品，以降低快餐的价格，要么被用于生产单糖、玉米淀粉和玉米糖浆。和我们说话的那个人体重 350 磅③，一手拿着可乐，一手拿着热狗。所以，这个世界最不需要的就是在中西部地区种植更多的玉米。”[8]

数字令人望而生畏，感到挑战重重。我们如何提高粮食产

---

① 1 英亩 ≈4 046.854 5 平方米。——编者注

② 蒲式耳是一个计量单位，在美国，1 蒲式耳相当于 35.238 升。——译者注

③ 1 磅 ≈453.592 4 克。——编者注

量，尤其在灌溉、施肥、投资和作物生产技术有限的地区？哪些技术进步可能有助于减轻发达国家的粮食供应压力？

当然，提高粮食产量的技术方法是存在的，在今天这个进步的时代，这些方法被越来越多地应用。就像其他所有行业一样，数字革命已经来到了农业领域。物联网技术正在改变我们的食品和农业系统。从农场到餐桌，这场革命是颠覆性的。在许多方面，这些颠覆都是积极的。例如，无人机（与卫星技术相结合）现在正在寻找生产作物的最佳地点，以及最佳的土壤条件和取水条件，以此帮助农民提高产量，同时大幅减少用水量。此外，精密的土壤传感器和温度传感器以及尖端的软件平台，为种植者提供了关于土壤和植物水分水平的重要信息，使他们能够对灌溉频率做出明智和准确的决定。这些方法可以改善植物的健康状况，提高总体产量，并最终为消费者提供营养更丰富的食物。

联网的农业设备可能会提高粮食产量，这固然是积极的结果，但仅靠物联网的进步并不能缓解全球饥饿。为什么？因为有数十亿人无法获得这项技术。

当然，这个问题有技术解决方案，这些解决方案不依赖于物联网设备或更先进的机械。例如，基因改造尽管备受争议，但可以用来帮助解决粮食短缺问题。通过从一个有机体中取出遗传物质，并将其插入另一个有机体的永久遗传密码，生物技术产业创造了数量惊人的在自然界中和餐桌上前所未有的有机体，包括带有细菌基因的土豆和玉米、带有比目鱼基因的西红柿、带有牛生长基因的鱼，以及带有人类生长基因的“超级猪”。现在有成千上万种经过基因改造以及其他改造的植物、动物和昆虫正在获得专利，并以惊人的速度被投放到我们的环境和食物供应中。[9]但是改造并不全是坏事，事实上，这是非常有益的。

我们创造出了生长在偏远地区恶劣环境中的超级食物，那里的农民几乎无法获得现代技术。例如，在非洲易发生饥荒的地区，已经可以种植一种经过基因工程改造的营养丰富的谷物——黄金大米，以帮助缓解饥荒和维生素 A 缺乏。黄金大米只是数百万种转基因作物中的一种，这些作物有潜力在恶劣环境中生长，能抵御干旱和虫害，并为社区提供更多的营养。[10]

这听上去不错，对吧？

虽然现代的基因改造可以用来创造终结全球饥饿的食品，但这些技术往往被应用于玉米等营养价值较低的作物。事实上，一些人认为，世界上只有不到 5% 的非玉米作物受益于基因改造。为什么这项技术主要应用于玉米？原因在于消费需求。

虽然玉米是世界各地的人们必不可少的主食，虽然创造一种转基因的、营养丰富的玉米并不难，但世界上大部分玉米不是为直接供人食用而生产的。为什么？因为人们对肉和糖的需求达到了历史最高水平。《时代周刊》2013 年的一篇文章指出："世界上大约 30% 的无冰地表……不是用来种植直接供人食用的谷物、水果和蔬菜的，而是用来饲养我们最终食用的鸡、猪和牛的。"[11] 剩下的大部分土地用于生产含糖产品。这些食物富含热量，但许多全球性的健康问题都是由糖和肉类的过度生产，以及营养丰富的蔬菜和谷物的生产不足造成的。

现代农业生产的碳水化合物是推荐量的两倍（6 份而不是 3 份），而生产的水果和蔬菜还不到推荐量的一半（少于 5 份而不是 10 份）。我们过度生产高脂肪的肉类和糖，主要供给最富有的国家消费，结果导致人们患上慢性营养不良、蛋白质缺乏，以及糖尿病、肥胖症和高血压等疾病。更不用说我们农业微生物群落的恶化了。

应用基因改造来满足我们对错误食物的需求是在短期造成热量增加的原因，但从长远来看，它对人类健康有害。更重要的是，它把这些短期收益集中在有能力应用这些技术的发达国家，最终导致全球热量分配的不平衡。例如，虽然据估计全球粮食供应将允许每人每天摄入 2 850 卡路里的热量，但饥饿仍然困扰着世界部分地区。[12]

科技农业系统带来的风险

利用科技提高粮食产量还可能加剧农业已经对环境造成

的严重影响。根据目前的估计，畜牧业生产消耗了世界上 1/3 的淡水，有些数据表明，在美国，一头奶牛每生产 1 磅可食用肉类，就需要 20 磅饲料。[13,14]（考虑一下这些农业投入能否与世界共享。）但是在不发达国家，畜牧业对环境的影响也很大。发展中国家畜牧业的温室气体排放量占全球的 75%。[15] 联合国粮食及农业组织 2006 年的一份报告称：

> 总体而言，人为温室气体排放主要来自能源，工业，废物，土地利用、土地利用变化和林业（LULUCF），以及农业这 5 个主要领域，畜牧业活动产生的温室气体排放大约占到了其中的 18%。[16]

更不用说使用农业设备或施用化肥所产生的温室气体了。

随着我们应用越来越多的技术来满足日益增长的粮食需求，农业的碳足迹将继续扩大。但是技术也可以帮助我们解决其中的一些问题。近年来，现代的互联机器人技术帮助我们减少了碳足迹。配有全球定位系统机器人传感器的现代拖拉机可以定位它们在田间的位置，并确保按照合适的间隔播种正确的种子。此外，这些机器可以精确地测量庄稼所需的肥料，从而消除浪费，减少过度施肥造成的碳排放。

除了这些进步，机器人还被越来越多地用于苗圃种植、细化剪枝、采摘收获，甚至用于在奶牛场给奶牛挤奶。所以，这些进步除了节约自然资源外，理论上也节约了人力资源。在最好的情况下，这将使农民能够集中精力提高总产量。也就是说，使用机器人技术可能会减少就业，造成更大的收入差距。

除了环境恶化和失业之外，基因改造和高科技机器可能会使我们的全球粮食供应面临其他风险。例如，联网的农场设备使得黑客发起网络攻击成为非常现实的可能威胁。智能拖拉机可能会受到损害，土壤传感器可能被破坏，供水系统可能被恶意软件侵入。简而言之，没有把网络安全放在首要位置的农民、合作社和农业运输商都会面临风险。但即便他们重视网络安全，他们也不是老练的黑客的对手。因此，现代农业中的许多技术切入点可能会危及粮食生产和分销网络，对粮食安全造成不利影响。

如果所有这些风险还不够的话，那么请考虑一下，在使用这种联网农业设备时产生的个人隐私问题。例如，有人注意到，约翰·迪尔（John Deere）正在采集农民的数据，并在此基础上创建农业决策支持工具和拖拉机算法。一旦这些工具和算法被创造出来，它们很可能会被卖给农民和农民的竞争对手，所有这些都是基于最初并不是由约翰·迪尔生成的数据。

现代技术会成为解决粮食安全问题的方案吗?

技术可能有助于提高产量和减少我们的碳足迹，但到目前为止，它似乎并没有减轻粮食安全问题的威胁，没有为全人类创造一个更安全、更清洁、更可持续的食物来源。没有任何迹象表明全球粮食产量会提高70%，或者欠发达国家的产量会翻一番。因此，尽管理论上我们可能拥有消除饥饿和确保所有人长期粮食供应所需的资源和技术，但问题依然存在：这一理论会成为现实吗？

如果我们不是仅仅使用技术来增加产量，而是着眼于增加产量后无意间带来的副产品——分配不公、营养缺乏、温室气体排放、就业机会减少、网络安全问题出现，并以减少这些潜在问题的方式应用技术，结果会如何？有些人就是这样做的，无论是以高科技还是低科技的方式。例如，肉制品行业有一群创新者，他们的目标是减少肉类生产对环境的影响。这该怎么做？他们通过技术创造了一种新食品：人造肉。

2017年8月，硅谷初创公司孟菲斯肉制品公司（Memphis Meats）获得了1 700万美元的A轮融资，它的肉制品是通过细胞农业生产的，在这一过程中，科学家把动物细胞培育成肉类。而且孟菲斯肉制品公司并不是唯一一家试图培育人造肉的公司。它的竞争对手不可能食物公司（Impossible Foods）用分离的植物蛋白、氨基酸和维生素创造它的产品，而且该公司对肉类生产过程的热情超乎想象。2017年8月，不可能食物公司筹集了7 500万美元的投资资金，这笔资金来自微软亿万富翁比尔·盖茨等人。[17] 有了这样的资本注入，在不远的将来，低影响、可持续的肉类生产在经济上是可行的。

虽然高科技的应用可以缓解现代农业的一些问题，但其影响相对较小。此外，我们还需要几年（或许几十年）时间才能在世界上最贫困的地方——粮食安全最没有保障的地方应用这些技术。（这是真的。现代技术方法的应用方式是让拥有资本最多的人群受益，而不是最符合全人类的利益。）鉴于此，很明显，我们关于农业的许多讨论中缺少最基本的人类因素，即人类需求的因素。

在我们采访弗雷泽博士时，他清晰地阐述了这一点："我在这里试图描绘的技术应用前景并不是说，让我们创造更多的转基因玉米。在中西部的玉米地中搞一些基因组技术。提高产量，然后地球上就有了更多的玉米糖浆。我是说，让我们更加细致入微、更加严肃、更加感同身受地利用技术来生产有营养的食品、实现粮食安全和粮食公平。聪明的科学家和聪明的农民总是有办法一起努力想出一个很酷的解决方案。"

或许这就是莱扎达博士的农业和技术方法如此重要的原因。他考虑到了这一需求，尽管他本可以利用技术来提高农作物产量——无论是通过现代遗传学、机器人技术、软件还是其他方式，但他采取了更人性化的方法。他脚踏实地，与当地农民交谈，观察他们的种植方法。他建立关系，寻求创新，以相对低科技的方式帮助农民提高产量。他还组建了一个团队，他们一起将无法编程到机器中的“人类技术”——共情、联系和人类理解，用于解决尼泊尔玉米的低产问题。正如他们所做的那样，解决方案出现了。[18]

在这个技术不断进步的世界里，我们可能会倾向于相信现代方法可以解决一切问题。但是，这些方法在应用上存在的差异，以及将资源分配给人们需要的东西（而非他们急需的东西），让这种信念充其量只是天真的幻想。因此，为了在粮食安全领域取得进展，最聪明的科学家需要与该地区最优秀的农民合作，为威胁粮食安全的长期问题找到文化上可接受、技术上合适且成本效益高的解决方案。

莱扎达博士检查了现场情况，发现问题很明显。同样，当我们从人类角度审视全球农业的现状时，问题也是显而易见的：粮食短缺和不平等、生物多样性的丧失、温室气体的产生，以及威胁粮食供应的网络安全问题。不可否认，现有技术和新兴技术都能解决其中一些问题，然而，它们同时也带来了另一系列问题，其负面影响越来越大。

我们如何更好地保证粮食安全并减少这些潜在的问题？正如我们对饮用水安全的研究一样，让我们展开更全面的对话来回答这些问题。

1. 我们可以通过哪些方式应用更简单的人类技术来加强粮食安全？

2. 发展中国家可以应用什么样的技术来帮助农民提供更高产、更有营养的作物?
3. 发达国家愿意做出哪些改变，转移哪些资源，以确保全球人口获得更大的粮食安全和更合理的热量分配?
4. 我们如何才能减少（甚至消除）对我们农业系统的网络安全威胁?

这些问题可能需要我们当中最富有的人做出牺牲。这可能需要重新分配资源，让资源从支持我们需要的作物，比如玉米和红肉，转向支持我们全球粮食供应的系统。这也可能导致更多的问题。

- 我要做些什么来改变我的饮食方式，改变对错误食物的需求?
- 我的决定如何影响全球各地的邻居?
- 哪些技术可以在全球范围内用于加强粮食安全，我如何投资或促进这些技术?

当谈到将新技术应用于我们的农业系统时，事情从未像现在这样令人兴奋。考虑到世界人口的不断增长和全球对更多营养的需求，风险从未如此之大。与此同时，讽刺、紧张和风险从未如此明显或普遍。

未来的人口是否有充足的食物？这其实并不是我们能够生产多少食物的问题，而是食物的质量和我们如何公平分配食物的问题。[19] 换言之，当我们的农业部门在部署新技术时，我们不应该先问自己如何才能提高产量，而是应该问自己如何才能满足全人类的需求。

05

安　全

在德鲁·阿姆斯特朗（Drew Armstrong）接到警察第一个电话的两个月前，他的网络替身已经过上了百万富翁的生活。在彭博社最近的一篇文章中，德鲁解释说，一个完全陌生的人使用带有他姓名和照片的驾照，两天内在 4 家不同的银行开设了账户，然后使用这些账户从美国银行获得了一张信用卡，同样是用德鲁的名字。此后，此人在迈阿密海滩的德拉诺高级酒店度过了几个夜晚，过着奢华的生活；在全食超市购物；甚至在网上卖了一辆房车，却并未交付指定的车辆，然后把潜在买家汇给他的 3.9 万美元汇到了海外。

一段视频显示，这名男子在富国银行的一家分行冒充德鲁，开设了更多账户。这名陌生人获得了一些重要的文字和数字，窃取了德鲁的身份，在接下来的三年里，德鲁一直在收拾残局。这个人的金融犯罪行为跟随着德鲁从一个国家到另一个国家，因为他们现在共享同一个名字——不仅是同一个名字，而且是同一个身份。在金融界的眼中，他们是同一个人。每次德鲁使用以他的名字开设的信用卡时，他都要告知银行。

在美国，他被拉到一边，他的包被搜查，他经常被审问长达一个小时。最终，德鲁从美国联邦运输安全管理局拿到了一封有防同名编号的信，这让他在旅行中没有受到太大的伤害，但实际上，这是他遇到的最小的麻烦。

这是一场持续不断的噩梦。三年来，德鲁一直生活在一个无法对自己的财务负责的环境中，不断面对着更多的混乱。同时，他填写了一个又一个表格，与各家银行的多个部门交谈，并寻找合适的机构和组织来投诉。总是有更多的文件需要填写或提交。例如，为了关闭美国银行的信用卡账户，他需要下列资料。

- 一份署名声明，声明他就是他所说的那个人。
- 欺诈账户列表。
- 向美国联邦贸易委员会提交承诺书，承诺自己的身份被盗。
- 驾照、护照、社保卡复印件。
- 一份租赁协议和两份电话单。

◆ 司法部的信，以及他向警方提起的刑事诉讼。

◆ 美国银行月结单。

这一切都是为了关闭一个信用卡账户。

身份失窃资源中心的首席执行官伊娃·委拉斯凯兹（Eva Velasquez）说，部分问题在于我们对便利的渴望："我们渴望便利而不是安全。当你遭遇像德鲁那样的经历时，便利就不再那么重要了。"[1]

网络安全漏洞不仅是个人的担忧——全球一些最大的公司因此而经历了股价暴跌，高管因未能安全维护数据而辞职。2014 年，家得宝泄露了 2 600 万个信用卡号码，这一违规行为最终使它向受影响的人们支付了近 1.8 亿美元的赔偿金。[2] 2013 年，30 亿个雅虎用户账户被黑客入侵，导致 41 起集体诉讼。[3] 2012 年，1.17 亿个领英用户账户遭到攻击，这名黑客后来被发现在网络黑市上出售比特币的电子邮箱和密码。[4]

此外还有征信公司艾克飞公司的漏洞：1.43 亿条包含姓名、社会保险号码、出生日期、地址和驾照号码的记录被窃取。黑客攻击的消息传出后，首席执行官理查德·史密斯（Richard Smith）立即辞职，该公司的股价下跌了 35%（并横盘），公司为修补安全漏洞花费了 8 700 万美元。[5]

网络安全不再仅仅是网络安全专家关心的问题。它影响着世界各地的个人和组织。

隐私的泄露

我们似乎每周都能听到关于隐私泄露的新闻，公司努力保持它们的安全技术领先于今天的黑客和网络罪犯的技术。身份失窃造成的隐私泄露并不少见：美国司法统计局估计，2014 年至少有 1 760 万美国人成为身份失窃事件的受害者。[6]

然而，网络安全失效的威胁丝毫没有减弱我们对互联网的依赖。事实上，随着时间的推移，互联网只会越来越深入我们的日常生活。在我们新的智能城市中，所有东西都将由传感器、跟踪器和微芯片实时发射信息，提供有关该特定时刻城市中发生的任何事情的数据：汽车或人的移动，1 000 个商品供应链中的任何一个的状态，宠物或儿童的坠落等。城市中流通的任何东西都可以通过一个复杂的摄像头和传感器网络立即识别出来，它们会向人工智能云发送实时数据，人工智能云将对其进行分析，并将其与触发复杂警报系统的行为进行比较。

不仅全部对象将连接到互联网，它们的各个部分也将连接到互联网，提供实时性能和维护数据。联网汽车将通过云技术接受分析，即使是在行驶过程中也是如此，以确保乘客没有安全风险。汽车将不再需要司机，前者拥有完全的自主权。

这种侵入性的跟踪将不断威胁用户的隐私。尽管如此，标记一切、连接一切、跟踪一切的趋势并没有减弱的迹象，尤其是在安全需求最大的地方，比如公共交通枢纽、政府设施和人口密度高的地区。

随着物联网变得无处不在，我们的所说所做、所思所想都变成互联的，我们如何确保我们的隐私、生活和财产的安全？一些用户开始定义和创建隐私茧房，在其中，他们可以与全球监控系统断开连接，消失在某个默默无闻的地方，或许是他们的车里或家中。一些雇主会寻求在办公室内创造这种不受追踪的空间，让员工保持一定程度的隐私，这种环境在其他时候是不可能体验到的。

但这些隐私茧房将是例外，而不能形成规则。随着我们越来越多的人无论走到哪里都进行虚拟登记，使用手机上设置的账户支付货款，驾驶装有始终被监控的计算机芯片的汽车，我们如何才能保留隐私或在线安全？

我们创建互联网时没有考虑安全性

也许问题的核心在于，最初设计万维网时，我们并没有考虑让其具备安全性：安全根本就不是问题。整个系统是作为把服务器上的人连接到一起的一种方法而整合在一起的，设计者没有理由将他们彼此屏蔽，因此隐私控制和安全设置没有嵌入最初的设计。

显然，人们的担忧正在改变。在过去的10年里，网络安全已经从一个主要被网上业务、企业和政府谈论的边缘话题，变成了首席执行官、董事会和个人的头号问题。一次时机准确的黑客攻击就可能导致一家公司失去全部估值。一个丢失的美国社保号码就可能导致一个人整个人生的剧变。

为了说明这个问题的严重性，我们要知道一个事实：基本上每个人都会或者已经遭到了黑客攻击。这怎么可能？企业仍然没有采取简单的措施来保护个人免受基本威胁，例如：

- 安全电子邮件。
- 安全网站。
- 加密通信。
- 员工的数字身份。
- 应用区块链集成，以分散数据。
- 应用人工智能来预防和分析威胁。

那么，网络安全的核心是什么，围绕技术持续发展的道德规范又是什么呢？

网络安全的核心：人类

TechRepublic（科技共和国网）的丹·帕特森（Dan

Patterson）最近在采访思科公司信任战略官安东尼·格列科（Anthony Grieco）时发表了一番有趣的言论："人类仍然是棘手的网络安全问题。他们也代表了网络安全的潜在解决方案……人类是网络安全的挑战，信任是解决这个问题的一种方式。"[7]

他说的是对的。没有人类的煽动，就不会有网络安全漏洞（到目前为止是这样），监控人类行为（即让错误的人远离安全的在线区域）是网络安全的首要关注点。

但人类又是如何应对网络安全问题的呢？或许，提高信任水平将创造出一种让网络犯罪分子更难操作的关系和环境。例如，在 21 世纪开展业务的公司必须应对客户对在线安全的担忧，只有这样做，它们才能将自己与其他企业区分开来，并与客户和合作伙伴建立信任。

在稍后的访谈中，格列科说道，信任是以多种方式建立的，例如制定漏洞披露政策，或者公开你的安全开发生命周期。更高级的客户可能会问更高级的问题，因此执行保密协议可能会让公司对特定客户更加透明。

格列科说："在某些有限的情况下，甚至可以（通过）关于设计、建筑等的对比建立更深入的伙伴关系……这种对话的趋势是更倾向于公开披露。这些业务的各个方面会更多地走向开放透明，因为市场非常渴望真正了解这个领域正在发生的事情。"[8]

格列科接着说，围绕网络安全的问题不再是一个意识问题。每个人都知道最新的安全漏洞。人们真正关心的是信任——客户和企业，以及参与其中的每个人围绕其网络安全措施建立信任并维持信任的能力。[9]

这场关于信任的对话的首要问题是：我们应该如何驾驭人工智能的进步？

人工智能的伦理

2017 年夏天，埃里克·霍维茨（Eric Horvitz）开启了他的特斯拉轿车的自动驾驶功能。在华盛顿州雷德蒙德，霍维茨不必担心在弯曲的道路上驾驶，这让他能够更好地专注于他和别人共同创办的一家非营利机构的通话。通话的主题是人工智能的伦理和治理。

这时，特斯拉的人工智能让他失望了。

驾驶员侧的两个轮胎都撞上了道路中间凸起的黄色路缘，立刻被撞坏，霍维茨被迫迅速收回对车辆的控制。因为汽车没有保持在路中央行驶，最终霍维茨站在人行道上，看着一辆卡车把他的特斯拉拖走了。

但他最担心的是，利用人工智能的公司需要面对新的道德和安全挑战。霍维茨并不孤单。新的智库、行业团体、研究机构和慈善组织纷纷涌现，它们都关心围绕人工智能设定道德界限。[10]

汽车业充斥着道德难题。请考虑以下几点（它们只是冰山一角）：当自动驾驶汽车应对即将发生的碰撞时，它最应该考虑谁的利益——是本车司机、即将相撞的汽车的司机，还是其中任何一方的保险公司？汽车的人工智能是否应该被编程为最大限度地减少生命损失，即使这意味着牺牲自己的司机来拯救另一辆车中的多条生命？在对汽车进行编程以避免事故时，如何保护私人或公共财产？

正如你所看到的，人工智能所呈现的道德困境一直在继续。这还没有考虑被用于在线广告算法、在线照片的标签，以及相对较新的私人无人机领域的人工智能。

霍维茨给特斯拉打过电话后很快意识到，公司更关心的是责任问题，而不是解决围绕使用人工智能而产生的任何深层道德困境。霍维茨对他的特斯拉轿车的爱并没有减少，他说道："我明白，如果我服药后出现严重皮疹或呼吸困难，我就会向食品和药品监督管理局报告……我觉得这样的事情应该或者可能已经发生了。"[11]

这些是我们所有人都必须回答的问题：企业使用人工智能所要遵循的道德参数是什么？当我们进入这个新世界时，由谁来制定标准？[12]

当然，这些只是合法使用人工智能的例子。更大的网络安全威胁来自将人工智能算法用于非法目的。例如，网络罪犯可以在人工智能的帮助下，分析某些人的行为，预测他们的下一步行动，然后在他们最意想不到的时候攻击他们。

当今和未来的几代人出生在一个技术复杂的世界里，他们对网络安全有着全新的看法，而且往往比前几代人拥有更敏锐的直觉。他们似乎不太可能受到传统网络犯罪策略的侵害。然而，正如社交媒体公司滥用千禧一代数据的最新事件所证明的那样，即使是千禧一代，他们自己以及他们的个人信息也被过度暴露了。

20 年前，我们面临的问题是，在一个一切都在线的世界里，完全的互联是否值得以失去隐私为代价来交换。那时，我们用响亮的“是”回答了这个问题，通过我们的手机和其他智能设备把一切都连接到互联网上，包括我们自己，并引入了一个全新的、至关重要的问题：在一个万物互连的世界里，我们如何帮助个人维护隐私、安全和自主权？

正如最近的社交媒体实践所展现的那样，当巨额利润摆在眼前时，个人和组织会出售数据，甚至是私人数据。我们必须回到对隐私的更强烈的关注上，利用人们的身份来保护他们免受潜在的滥用或个人数据泄露的危害。我们必须建立一个道德屏障，以防止人工智能非法利用与之打交道的人。这就引出了下面几个我们需要回答的主要问题。

1. 如何建立道德安全屏障，以防止人工智能利用

我们？

2. 谁应该对此负责？

3. 这项工作需要经过政府的授权吗？

4. 还是把这项工作留给私营部门？

如果今天的网络安全要为我们提供一种合法的安全感和舒适感，保护我们的基本人类价值观和权利，并使我们能够在一个在线的、万物互联的世界中蓬勃发展，这些问题就必须得到解决。问题的答案可能会在公共、私人和政府部门的合作中找到。我们是否愿意现在就开始这种合作，并继续下去，直到我们找到一个令人满意的解决方案？

06

健　康

可悲的现实是，这个星球上至少有30亿人从未看过医生、没机会看医生，或者看不起医生。他们无法治愈自己的疾病，这是一种犯罪，尤其是在有药可医的情况下。

未来的医疗保健将在很大程度上弥补这一点。我们正处在我们以前认为不可能实现的医学进步的前沿：编辑人类基因的强大工具CRISPR（成簇规律间隔的短回文重复序列）正在变得越来越便宜，癌症治疗变得越来越个体化，困扰人类几个世纪的疾病正在被彻底根除。在不久的将来，围绕技术和健康的主要问题将不再是“我们能做什么”，而是“我们该怎么办”。

在希腊神话的一个故事中，女神厄俄斯是黎明的化身，她深深地爱上了一个名叫提托诺斯的男人。厄俄斯无法想象她的凡间情人死后的未来，于是请求宙斯赐给提托诺斯永生，宙斯答应了。

但是事情并没有像厄俄斯期待的那样顺利，她忘了让宙斯同时赐给提托诺斯永恒的青春。虽然他永生不死，但他逐渐衰老，逐渐消瘦——却不会死。他的余生都在盼望死亡。[1]

如今，我们正走在一条技术道路上，朝着增进健康、延长寿命、提高医疗保健效率和消除疾病的方向前进。但这也是一条充满道德问题和技术挑战的道路，其中最主要的是在生命长度和生活质量之间找到平衡。

> 零落衰败，林已朽矣
> 霁雾如释重负般洒向大地
> 人来了，开垦土地，又长眠于地底
> 无数个夏季之后天鹅死了
> 而我唯有残酷的永生
> 日渐衰老于你的臂弯里[2]
>
> ——《提托诺斯》，阿尔弗雷德·丁尼生（Maat 译）

健康的未来近在咫尺

传统营养学告诉我们要根据食物的金字塔原理进食和锻炼。传统医学告诉我们要利用人体解剖学、生理学、心理学和神经学知识来治疗病人。长期以来，人类健康的两大支柱都是基于对特定疾病的通用治疗方法。这真的是我们能做到的全部了吗？幸运的是，技术让我们加速建立了一种新的科学方法，它被称为营养基因组学，它可能会永远改变我们追求健康的方式。

顾名思义，营养基因组学是研究营养与人类基因组之间关系的科学。根据美国国家环境健康科学研究所的研究，虽然基因对于决定功能至关重要，但“营养会改变不同基因表达的程度，从而调节个体是否能实现其遗传背景所确立的潜能”[3]。《环境与健康展望》杂志的纳撒尼尔·米德（M. Nathaniel Mead）如此解释：

> 最近，这种理解已经扩大到保护基因组免受损害的营养因素……研究人员认识到，只有一部分人口会对特定的营养干预措施做出积极的反应，而有些人则没有反应，还有一些人甚至可能受到不利影响。[4]

这意味着对每个人都有效的通用医疗保健方法是不存在的。对此，米德解释说：“今天的生物学家承认，无论是先天还是后天都无法解释最终控制人类健康的分子过程。在大多数情况下，特定基因或突变的存在仅仅意味着对特定疾病的易感性。这种遗传潜力最终是否会表现为一种疾病，取决于人类基因组与环境和行为因素之间复杂的相互作用。”[5]

个体化医疗保健方法的应用尚处于起步阶段。今天，我们的努力集中在理解米德所说的复杂的相互作用上。在不久的将来，他们将转向通过个体化的营养基因组医学来提供最佳的健康方案。一旦我们汇总了数百万个个体结果，我们就可以专注于提供越来越好的诊断、处方和生活方式的建议。在我们努力实现这一目标的同时，我们还应该致力于确保供应链上每个人的营养基因组信息的安全。

我们仍然可以看到个体化医学的早期益处。改善人民健康的主要后果之一是世界人口的稳定，甚至减少。发达国家已经出现了这种情况，这些国家的儿童出生数量随着大众健康状况的改善而减少。当出生死亡率下降且预期寿命延长时，出生人数就会减少。最近的分析表明，随着第四次工业革命的蔓延，其进步会传播到世界各地，发展中国家也将出现同样的情况。

世界人口数已经达到 75 亿，预计 2050 年将达到 90 亿，但从那时起，人口完全有可能稳定下来。出生率的下降将在人类关注的其他领域产生巨大的改善作用，包括粮食安全和环境污染。

未来健康的另一个关键焦点是医疗领域各个方面的相互联系。据估计，在世界范围内将被接入互联网的数千亿个对象中，大约 20% 将在医疗保健行业。通过连接所有对象、患者和医生，医院将会取得巨大的进步。救护车能够在运输过程中上传数据，比如病人的生命体征和病史，车上护理人员的专长，甚至他们到达医院的时间。这些实时数据将使患者到达医院时得到更及时、更精确的治疗。不仅如此，人工智能算法当患者在路上时就开始做出关乎生死的决定，在患者到达之前向医生、护士和管理人员传达重要的预测。这并不是说不再需要医学医疗专业人员，只是这些专业人员所做的工作看起来会大不相同。在不久的将来，一名医生将会受到比现在更多的技术培训。

医生的未来

人们仍然会去看医生，但方式完全不同。患者将有更多机会在家中获得医疗保健服务，包括定期体检、实时检测结果和基于云端的诊断（根据医生的建议和患者的病历）。云端将使用患者的个人身份信息进行维护和保护，患者将能够与世界各地的医疗专业人员共享自己的记录，从而使合适的专业人员能够在需要时提供建议和干预。

正如你所想象的，这将极大地改变医疗专业人员接受的培训，尤其是医生。今天，大多数有抱负的医生都在学习全科医学，在未来，他们将接受培训，使用人工智能和云技术来获取整个医学领域的综合知识。

医生的角色也会改变，很可能会遭到很大的冲击。医药是一个高收入的行业，如果改变财务状况，无论是个人还是公司，顶层都不太可能接受改变。尽管如此，人工智能可以而且很可能会接管人类医生目前承担的许多职责。机器人将支持更多的操作程序，在某些情况下，它会自己进行操作。

这些技术应用并不像听起来那么危险。请思考，人工智能和互联性结合在一起，将使医生能够使用机器人工具在几千英里之外进行手术。这将改变并挽救那些无法亲自前往接受所需治疗的人的生命。

诊断的未来

随着营养基因组学的广泛应用，医学的重点将从治疗转向早期诊断，先发制人的处方可以最大限度地提高我们的健康水平，避免我们的基因可能带来的疾病。尽管到目前为止，75 亿人接受同样的疼痛和炎症处方对我们而言习以为常，但不断增加的患者数据将从根本上改变医生开具或不开具某些药物的方式。深入研究药物与特定基因组成和神经系统状况的相互作用将使开错药成为历史。

大型制药公司对此会有什么反应？答案很难猜测。我们不应仅从道德的角度来看。谁说更个体化、更分子化的检查（结合我们将获得的关于我们的身体和大脑如何与特定药物、食物和环境相互作用的更详细的信息）不会大大增加我们开具处方的数量？至少，在人类总体上成为一个更健康的物种之前，不难想象，我们需要几个月（或者几年）的时间来扭转我们对自身健康不全面的理解所造成的伤害。

我们治疗心脏病的方法是一个很好的例子，它说明医学仍然存在着不确定的缺乏远见之处。心脏病是包括美国在内的许多国家的头号杀手。然而，大多数情况下，医生主要采用搭桥手术或支架进行治疗。这两种手术都是侵入性的，搭桥手术是一个人可以接受的侵入性最强的手术之一。这种方法令人感到不安的地方在于，美国心脏协会只有大约 11% 的心脏病治疗建议是基于“A 级”证据的，即具有多个随机数据点的证据。此外，他们的建议中有 45% 是基于“C 级”证据的，而“C 级”证据只是专家意见。[6]

虽然现在的医学比一个世纪前有了巨大的进步，但当我们思考如何更好地处理未来的健康问题时，未来 10 年将有大量机会通过对个人数据的深度挖掘，以及通过人工智能整合世界数据，来进一步推动巨大的进步。为什么要再等一个世纪，才能让自己活得更长、更年轻呢？ AliveCor 公司已经在使用人工智能阅读心电图并诊断心律不齐；[7] Zebra 公司正在革新 X 光、核磁共振成像和 CT 扫描；[8] Two Pore Guys 公司正在构建一种手持式数字 DNA 脱氧核糖核酸测试设备，它和实验室设备一样精确，但要简单得多，而且价格也便宜得多；[9] Neurotrack 公司正在使用先进的技术，使医生能够在症状出现之前检测出阿尔茨海默病。[10]

说到长寿，我们一生中的大部分时间都是在黑暗中度过的。如果我们愿意创造和接受更擅长实时、分子化、个性化诊断和治疗的技术，这种情况将会发生巨大转变。这一转变将会引发一些重大的（我们认为也是激烈的）问题。其中一些围绕着平等的概念。

随着对我们个体的身体和思想有了更透彻的了解，人类的生命将进一步延长，能够实现这一追求的技术将首先为发达国家所用。重要的是，我们不能让这些进步就此开始和结束。我们必须记住，在一些国家，疟疾和艾滋病每年仍然夺走许多人的生命。虽然资金可以让某些人获得新的发展，但或许有些发展不应该只用于商业用途。当然，必须有人为这些技术的建设买单，但或许其中一些技术对人类的健康非常重要，其赢利模式也需要改变。

最重要的是，更好的健康将越来越多地掌握在个人手中，这是一个好消息。随着这种权力的转移，个人群体将受到鼓舞，并有权分享利益。但是我们会吗？果真如此的话，我们又该怎么做？随着制药公司推高必备药品的成本，医疗集团推高医院服务的成本，保险提供商推高保费，这还有可能吗？

全球健康的未来将在一定程度上由这一思路来决定。此外，以下问题将有助于指导我们决定哪些技术应优先考虑，以及医疗界应该如何快速适应变化。

1. 我们将如何平衡未来医疗创新提供的新的和改进的卫生资源的好处？
2. 谁将承担起个性化健康的重任，让我们作为个体患者，更快地拥有更大的力量来改善我们的生活？
3. 一个人的个人财富将在多大程度上决定他所接受的治疗？
4. 我们应该如何确定长寿与生活质量的优先顺序？我们应该把终极目标设定为长寿，还是在一定年龄之前享受最高质量的生活？如果是后者，那么到什么年龄合适？
5. 随着人工智能在我们的医疗保健中扮演越来越重要的角色，我们应该怎样迅速地相信它？
6. 我们如何确保自己的健康数据受到保护并且不被修改（到某个诊断可能危及生命的程度）？
7. 关于出生、治疗和死亡，我们应该优先考虑谁的愿望：病人的、病人家属的、国家的（或其他权力机构的）？

我们正在重新定义人类在全球健康方面可能实现的目标，但是在我们到达那里之前，我们需要知道自己最终想要的是什么。我们越团结，取得的进步就越大。如果继续分裂，我们则很可能会出现危险的解体。

工　作

在第 1 章中，我们读到了苏珊·福勒加入优步的故事，这让我们不禁想知道，优步的司机怎么继续开车？我们甚至可能会因为这种不公正而感到愤怒，也许我们是有道理的。但事实仍然是，优步不是唯一的罪魁祸首。我们现在生活在一个被大多数人称为零工经济的时代：有创业自由的承诺，没有老板，没有固定的工作时间，也不需要办公室。不仅仅有像优步一样提供更灵活的谋生方式的公司在推广它，无论我们走到哪儿，那里都被商品化了，即使那些提供的自由不过是一瓶高档的水、咖啡或酒水的公司和产品也是如此。

一方面，也许像优步、来福车（Lyft）和 Instacart 这样的公司（福勒指出，这三家公司的市值分别为 720 亿美元、110 亿美元和 40 亿美元）只是在利用全球劳动力中普遍存在的人类欲望来赚钱。[1] 另一方面，他们竟敢利用技术来开发人类对职业自由的强烈渴望！这种两面性是我们在将新技术应用于人类劳动时所面临的主要挑战之一。

好的一面是，科技给我们带来了希望，让我们可以在铺着地毯的小隔间之外体验生活，而不会产生负面后果。（也许我们会去看孩子的足球比赛，或者和来访的朋友一起吃一顿漫长的午餐。）今天，我们有了新的职业选择，有了我们以前必须冒巨大的财务风险才能追求的选择。今天，我们可以尽情享受我们渴望的生活方式。

坏的一面是，技术有可能颠覆现有工作的稳定性。如果你已经很享受你的工作和它所提供的灵活性，那么技术就是你的对手。如果你是一个需要稳定工作的人，那么你必须为你在另一个领域的"试运行"提供资金，技术既是对手，也是主角，它既给予又带走。

预计到 2027 年，机器人将创造 1 500 万个新工作岗位，同时可能会减少 2 500 万个工作岗位。令人难以置信的是，在未来 15 年，38% 的工作面临被机器人和人工智能取代的"高风险"。[2] 因此，或许我们应该对零工经济既心存感激，又心存疑虑。

一个依然存在的事实是，就业的概念正以创纪录的速度在多个层面遭遇颠覆。我们的工作是确保在技术允许发挥的能力和作用方面明智地处理这一过渡，如果必须的话，这也是我们所有人的工作。换言之，我们必须分享第一个接触苏珊·福勒的同事的感受，而不是那些咯咯笑的程序员，他们似乎认为，将技术武装起来削减人类的劳动，并不是一个非常有害的想法。

事实上，人工智能已经席卷了许多行业，寻找着提高效率、生产力甚至创新的机会。在亚马逊庞大的仓库网络中，许多包裹现在都是由机器人从货架上挑选出来，然后运到卡车上的。在 2015 年至 2016 年的假期期间，亚马逊的机器人员工数量惊人地增长了 50%，20 个物流中心的机器人数量增加到了约 4.5 万个。亚马逊不仅节省了雇佣成本，还提高了效率。人类可能需要一个小时或更长时间才能完成的任务，现在只需要 15 分钟就能完成。[3]

根据美国陆军上将罗伯特·科恩（Robert Cone）最近发表的声明，到 2030 年，机器人还可能取代 25% 的美国作战士兵。这些机器人可以用于拆除地雷，管理前线人员，减少人员伤亡和降低成本等各种用途。当兵可能会成为历史。[4]

即使对于你不期望机器人能完成的工作，雇主们也在关注自动化。例如，下次你登上游轮时，你的调酒师可能是一个机器人，它每分钟能调两杯酒，每天最多能调 1 000 杯酒。它知道调酒师词典中的每一种酒，在它的储酒罐需要重新加满酒之前，它能生产多达 65 杯酒。最重要的是，这类员工永远不会宿醉醒来，也不会为了更高的工资讨价还价。[5]

机器人正在各个领域填补越来越多的工作岗位。随着第四次工业革命的出现，这一现象将加速发展。

真正的问题：工作会变成什么样?

机器人不仅取代了人类的工作，而且正在引导我们走上一条路，在这条路上，“工作”这个词的定义正在发生变化。

人工智能和机器人自动化的广泛使用将改变我们对工作和就业的基本看法。“有一份工作”作为维持收入的一种方式，让你过上正常的生活，支付学费、账单和抵押贷款，这一方式将随着永久性工作的消失而变得过时。一个不断波动的市场，加上许多新兴公司较短的生命周期，将导致全职工作或从一家公司出售到另一家公司的个人服务几乎绝迹。许多人连同他们所拥有的有限的技能都将会变得多余。拥有一份工作不会像过去 60 年那样稳定或有保障。

那么，在第四次工业革命中，工作会是什么样子呢？首先，它们几乎总是由完成时间短、明确的任务来定义的。正如我们所知，就业将被分解为个人任务。拥有特殊天赋、技能或知识的人将能够把他们的服务卖给出价最高的人，这些人是从互联网上的众多潜在买家中挑选出来的。这就是第四次工业革命中工人创造稳定的收入流的方法，他们希望以此充分补贴他们的生活。

对工人来说，好消息是工作活动的分子化将导致几乎完全的自治。个人不用向老板汇报工作，不用向监管他们的公司汇报，也不用每天早上都要到办公室报到。每个员工都将成立自己的公司，努力在一个完全由在线客户组成的市场中不断利用他们的技能和专业知识。然而，这也将导致全球范围内的工作竞争，因为任何地方的人们只要使用计算机或移动设备，就能够在全球社区中提供服务。

越来越多的辅助职责将被分配给机器人和个人助理，而做出分配的不仅仅是那些希望提高工作效率的大公司。个人也将利用机器人来提高他们自己的小型公司的生产力。人工智能会打扫房间或订购杂货，腾出更多时间让个人专注于主要的创收工作。机器人甚至将取代打电话的行政助理和银行柜员，这些工作与客户有复杂的互动，在许多情况下，客户无法察觉他们是不是在与人交谈。

随着人类越来越倾向于把时间投入生产活动，所有这些变化都将加速。当然，第四次工业革命将创造许多无法预测的新工作。

人们获得工作报酬的方式也将发生变化。他们将用加密货币支付，加密货币存储在与其数字身份相关联的基于信用或借记的加密钱包中（取决于交易类型）。例如，某人可能将任务的一部分卖给一个人或一个组织，同时将该任务的其他部分分包给另一个人，这个人将与相同的财务和任务生态系统连接。使用加密货币将减少此类交易中的摩擦，消除（或至少减少）对银行账户的需求，即降低每个人的费用，提高效率。

在一些较富裕的发达国家，处于退休年龄的人口数量达到历史高点（想想婴儿潮一代），以照顾老年人为重点的工作岗位数量呈指数级增长。这些新工作必须由护理人员来填补：这些人必须具备某些技能，包括用同理心、慈善心和爱心对待他人的能力。[6]

在某些情况下，机器人可能永远无法完全取代人际互动。

在没有工作的世界里的教育

那么，如果在这场新的工业革命中重新定义“拥有工作”这一概念，那么像大学或职业学校这样的组织会发生什么？这些组织的主要职能是帮助个人为特定的工作岗位做好准备。如果某一特定领域没有工作机会，那么就不需要文凭来验证一个人的能力。这种转变将解构整个教育体系，无论是发达国家的还是发展中国家的。

与几乎其他所有事情一样，教育将越来越多地通过互联网（和其他新的通信工具）以按需提供的方式进行。为了让人们改善他们的市场供给，他们仍然需要发展某些技能。所需的一切培训都将针对他们个人量身定制成特定的课程或学习过程，几乎就像你获得处方的情形一样。人们将通过即时的几天、几周或几个月的时间获得培训，培训不再作为长期的、多方面的 4 年课程的一部分。

这种教育的分子化与我们前文讨论过的医疗保健和就业的类型是相同的。第四次工业革命的一切都指向特殊性，以高度个性化的方式提供商品和服务，从而产生了全新的产业（或者至少是主要产业中的新的子产业）。

我们已经观察到，机器人制造和无人机操作等领域出现了新的工作岗位。由于这些进步，一些外围工作岗位也在发展，包括太阳能电池板安装人员和加密货币专家。这些工作甚至在 5 年前还不存在。

综合考虑所有这些问题，我们得出的结论是，在下一个世纪，许多人将以一种比以往任何时候都更加专注和专业化的方式工作。在中东的许多国家，这种情况正在成为现实。在这些国家，资源与人口的比率很高，几乎所有的体力劳动都交由移民。在非常发达的国家，如瑞士，你很少能看到当地人从事体力劳动。我们已经发现某些任务被委托给特定的人群，甚至委托给机器人，比如亚马逊。[7]

现在可以预见，我们将把越来越多的任务委托给数字人工智能助理和实体机器人，我们今天所知道的工作概念将会呈现出全新的面貌。围绕这一转变，有很多大问题。

1. 我们应该如何利用人工智能和机器人技术所带来的新的工作自由？
2. 就业的新时代（在某些方面也是失业的新时代）是否可以给经济差异巨大的世界带来更多的平等，还是只会加剧贫富差距？
3. 我们还可以通过哪些方式利用我们新获得的自由，为自己提供更好、更个性化的职业？
4. 社会应该如何帮助那些工作将在短期内被取代的人？这个领域有新的工作机会吗？

随着工业被颠覆，人类的工作被机器取代，我们不能忘记工作一直是我们生活和身份的中心。很可能永远如此。但是，也许是时候给工作下一个新的定义了——工作是由不那么平凡的、包含更多意义的任务定义的。不远的将来是否显示出对我们更有意义的迹象，即使这个过程可能有点痛苦？

事实上，工作占用了我们几乎所有的时间，我们中的大多数人都没有工作以外的身份。我们成年后的绝大部分时间都在工作，正式受雇于他人（或当自由职业者）。我们花在家里的时间越来越少，对家庭角色的认同也越来越少，在许多发达国家，情况确实如此。我们追求自己兴趣的余地也越来越小。此外，我们的人际关系更多的是由工作场所决定的，而不是围绕着家乡或儿时的朋友。所有这一切都使我们的身份在很大程度上与我们的谋生方式，以及我们在工作之外所拥有的空余时间息息相关。

套用阿尔·吉尼（Al Gini）在《懒惰的重要性》中的话，对于我们中的太多人而言，不幸的现实是，我们各种各样的娱乐和放松实际上是为了恢复，而不是狂欢和重新发现。这是因为我们对工作的分心通常是对生活节奏的短暂干扰。我们已经准备好克服疲劳，麻木自己的意识，或平息某种特殊的欲望，这样我们就可以回到工作中去并赚更多的钱。[8]托德·邓肯（Todd Duncan）在他的经典著作《时间陷阱》中写道："最终，当我们的时间被工作和从工作的疲惫中恢复所垄断时，形成我们身份的唯一东西就是工作。我们迷失在了工作中。"[9]

最终，我们（而不是技术）必须定义我们未来的工作，明确不可或缺的人类技能，并在正在发展的新经济中将这些技能付诸实践。然后，如果我们选择这样做，我们可以让这些努力受到一种承诺的约束，那就是扩大我们的身份，包括我们作为人类的一切，而不仅仅是工人。

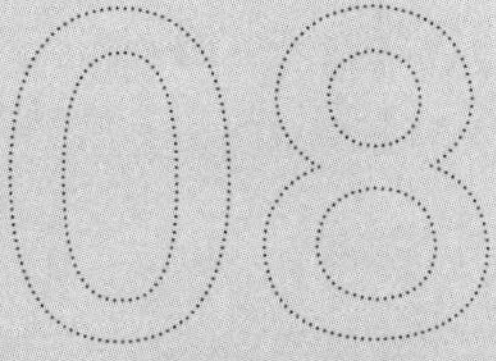

金　钱

正如我们在本书中所指出的，现代技术应该改善人类的生活，应该使困难变得容易，提高我们满足人类核心需求的能力。在这个时代，我们通过由复杂的金融机构驱动的交易型市场经济来满足这些需求，例如食品、服装和住房。进入这些市场的机会越大，满足这些基本需求的潜力就越大。但正如我们在 2008 年金融危机后的 10 年里所看到的，现代市场充满了风险。而那些一开始就无法进入这些市场的人呢？对他们而言，要想在这个世界上占得先机有多难？现代技术能解决这些问题吗？

我们相信可以。

也许目前没有哪个行业像金融业那样受到现代技术进步的冲击。《区块链革命》的作者唐·塔普斯科特（Don

Tapscott）最近与我们分享了现代技术在金融领域的应用如何彻底改变世界，而不仅仅改变了我们当中最富有的人。

回到塔普斯科特的书，书里讲述了一名住在多伦多的菲律宾清洁工安娜莉·多明戈（Analie Domingo）的故事。作为移民临时工，安娜莉努力工作挣钱，但她不仅仅是为了养活自己。像许多外来务工人员一样，安娜莉的收入得用于养家糊口，赡养居住在马尼拉的母亲。但是安娜莉是如何寄钱的呢？在多伦多生活的早期，寄钱并非易事。

安娜莉第一次到多伦多时，她使用了一种传统的汇款方法。每周，她都会拿出一部分工资，前往当地的金融快递公司西联汇款的分支机构。在那里，她需要花时间填写一些文件（每周都是同样的文件），授权西联汇款寄给她的母亲。当然，这笔交易是有成本的，费用约占转移资金的 10%。离开西联汇款后，安娜莉相信西联汇款会把钱送到马尼拉的一家分行，她的母亲则可以到城里去取钱。

交易非常耗时，通常需要几个小时（包括步行到西联汇款的分支机构、填写文件和步行回家的时间），而且效率也不高。通常，几乎一个星期后，她的母亲才会收到这笔钱。交易缓慢且昂贵，但安娜莉仍然使用西联汇款，因为它是一个经过验证的中介，一个赢得了她的信任的中介。尽管延误和费用都很麻烦，但安娜莉找不到其他将资金转移回家的方法。直到她发现了 Abra 钱包。

Abra 钱包是一种加密货币钱包，支持低成本的点对点交易。安娜莉开始使用 Abra 钱包购买加密货币，这是一种由区块链技术支持的数字货币。这种货币直接发行给安娜莉，印上她独特的、几乎不可能破解的数字指纹，并将其记录在一个分散的、加密的全球分类账中（其中存储了她购买的货币单位的特定交易历史）。一旦加密货币在安娜莉的 Abra 钱包里，她就会把它送到她母亲的 Abra 钱包里。转账后的几秒钟内，她的母亲就会收到收款通知，然后可以通过智能手机应用找一名 Abra 出纳员。一旦她在附近找到了一位，她就会安排传送，几分钟内出纳员就会到达。她只需按几下按钮，就把加密货币转给了出纳员，出纳员给她菲律宾比索作为交换，只收取 2% 的手续费。由于与交易相关的区块链加密，整个事件发生时没有交换个人数据，也没有被盗的风险。[1]

通过消除中介并使用点对点的交易方法，安娜莉每周都节省了时间。她的母亲收到资金的速度快了很多，而且省下了更多的钱。或许最棒的是，这种转换是在个人数据交换较少的情况下发生的。因为有了被称为区块链的底层技术，这一切都成为可能。

区块链技术以前所未有的方式把人们与金融服务连接起来，为他们提供了进入资本市场的新渠道和新的交易方式。这是否能够解决我们面临的许多全球金融挑战，尤其是对于那些融资渠道较少的人？

金融体系：一种信任体系

我们的资本市场和经济体系已经发展了数千年，在这些年里，有一个基本原则是确保它们正常运转所必需的：信任。在现代发达社会，经济信任往往出现在大型中介机构中，包括银行和其他金融机构、政府，甚至社交媒体公司（例如脸书和小额支付平台 Venmo）。这些中介机构对当事人进行身份验证，结算交易，并保存交易记录。但多年来，由于个人和金融机构自身的不良行为，人们对金融体系的信任已逐渐丧失。

从历史上看，社会机构小心翼翼地维护着公众对它们的信任。它们保管我们的钱，记录我们的交易，避免高风险的投资策略。但在 2007 年，金融危机爆发之前，情况发生了变化。美国银行向次级借款人过度放贷，这些借款人没有足够的资金或抵押品来偿还贷款。一些人说，美国政府放松对金融业的管制，鼓励了这些贷款。这些次级贷款以证券的形式打包出售给机构投资者。然后，这些证券通过“信用违约互换”进行保险，这是由其他大型金融机构发行的一种有风险的保险形式。但随着房地产价值暴跌，次贷消费者拖欠贷款，这些证券的价值一落千丈。巨大的损失让保险公司无力承担。结果如何？这些“信用违约互换”的发行者破产了，机构投资者损失了数十亿美元，无数消费者失去了住房。

这次信贷危机造成的损失几乎使全球经济崩溃。这是一场只有美国政府才能避免的崩溃，在解除对金融业的监管之后，美国政府向最初制造问题的金融机构注入了数十亿美元。美国最大的两家机构辜负了人们的信任。

单是金融崩溃就足以让公众丧失信任，而失信行为不断增加。近年来，美国的机构和金融中介受到多次网络攻击。2014 年，摩根大通遭遇数据泄露。2017 年，艾克飞宣布了一起网络安全漏洞，影响了超过 1.43 亿名美国消费者，黑客获得了用户的全名、社会保险号码、信用卡信息、出生日期和家庭地址。2018 年，人们（再次通过数据泄露）发现，有 8 700 万名脸书用户的个人数据被剑桥分析公司分享。

多年来，我们一直信任这些公司，但最终，这种信任被破坏了——通常是由于尝试创新或技术失败。虽然我们不是不良贷款行为导致失信方面的专家，但作为网络安全领域的专家，我们认为许多金融机构还没有准备好保护我们的数据。这些机构使用的许多服务器端安全技术已经过时或功能不足。因此，只要网络黑客有获取个人数据和金融数据的动机，这些机构和公司就会面临潜在的数据泄露和黑客攻击。

当然，我们可以投资新技术，试图阻止网络攻击，甚至提供分析数据来帮助我们避免下一次金融危机。但是，投资这些战略需要我们对已经让我们丧失了信任理由的机构给予更多的信任。我们对这些经济领域进行投资无助于促进全球繁荣，也无助于为大众创造金融安全和稳定。

截至写作本书之时，有超过20亿人无法接触到现代金融体系。他们没有安全的地方存放他们的积蓄，也不能把钱转移给社区外的朋友和家人。他们无法获得住房或商业贷款。而且由于全球经济体系不适用于外部人士，像安娜莉·多明戈母亲这样的人经常被利用。如果没有现代银行机构，转账的交易成本可能在10%到20%之间。[2] 此外，由于信托公司、产权保险公司、银行和（稳定的）政府等机构共同记录、投保和保护不动产所有权，它们最大的价值储备——房屋和农田并不安全。一些人认为，在发展中国家，多达70%的土地所有者的所有权很脆弱。通常，这些所有权被存储在政府的计算机（或档案柜）中，并受制于统治者的突发奇想，他可能会下令修改土地记录，这样他就可以取得财产的所有权，或者将其赠送给他的朋友。

简而言之，现代经济体系中的人被迫给这些体系越来越多的信任（尽管这些体系有时可能很脆弱），而体系外的人却处于非常不利的地位。所有这一切都无法满足人类对经济安全的基本需求。尽管这样的经济形势似乎难以维持，但它提供了一个重大机遇。如果我们建立一个新的金融体系，一个不依赖于脆弱的公众信任，不依赖于腐败臃肿的官僚机构的金融体系，会如何？如果我们以一种相对低风险的方式应用技术，帮助我们创造、转移和保存财富，会如何？我们要怎么做？这里引入了基于区块链技术的概念。

区块链技术和加密货币的兴起

2008年，一位名叫中本聪的计算机科学家写了题为《比特币：一种点对点的电子现金系统》的白皮书。

那是金融市场崩溃后的一年，许多人都在寻找分散资本和创造更通用的交易媒介的方法。在白皮书中，中本聪展示了互联网上的商业如何“几乎完全依赖金融机构作为可信的第三方来处理电子支付”。[3]尽管该系统在大多数交易中运行良好，但他认为，任何基于信任的模式都存在固有的弱点。实现不可逆的交易是不可能的，因为总会有需要调解的纠纷。这些机构在解决这些纠纷、确保资金按照授权从买方转移到卖方的中介作用也增加了交易成本，这使得较小的临时交易在财务上不可行。由于存在交易纠纷和撤销的可能性，商家需要对客户更加谨慎。相比于在店内面对面进行金钱交易，它们需要获得更多的数据。

中本聪认为，这些因素推高了交易成本，将过多的权力交给了这些中介机构，其中大多数是金融机构。他说，如果可以限制这些中介机构的作用，如果能够创造一种依赖于真实性的密码证明而不是依赖于信任的货币，我们就可以创建一种更容易获得且价格合理的点对点货币体系。不过有一个问题，即在点对点支付系统中，资金接收方如何确保转移的资金是价值的真实体现？他们如何才能确保这笔钱不是骗子或黑客创造的数字副本呢？简而言之，收款人如何避免“双重支出”的问题？[4]

中本聪提出了一个完美的解决方案：一种带有数字签名链的数字货币。这条链将保存在一个分散加密的公共账簿上，每个用户都有一个唯一的数字签名用于数字货币，这样任何收款人都可以验证货币实际的持有者。这种公钥，或称公共账簿，会追踪每一枚货币的每一次使用情况，以确保没有复制或双重支出该货币的企图。

有了这篇论文，一种基于区块链的货币——比特币的想法诞生了。[5]

区块链作为满足人类需求的手段

自中本聪的论文首次发表以来，比特币、以太币和其他各种加密货币都获得了狂热的追捧。这些货币也有自己的问题，包括币值的剧烈波动。例如，2017 年 1 月 1 日，一枚比特币的价格为 963 美元。2018 年 1 月 6 日，一枚比特币的价格已升至 17 712 美元。同年 8 月底，比特币的价值从高点暴跌，一枚比特币的价格仅为 6 891 美元。更糟糕的是，2018 年 6 月，新闻媒体报道称，韩国一家加密货币交易所遭到黑客攻击，导致价值约4 000万美元的货币损失。虽然损失的货币并不算太多，但黑客攻击引发了对加密货币安全性的普遍质疑。结果，加密货币市场损失了数十亿美元的价值。

尽管存在波动性以及罕见却又现实的安全风险，但比特币和其他加密货币兑现了它们的承诺。它们将中介机构和大型机构排除在许多交易之外，并允许消费者在进行点对点交易时控制他们的个人信息。更重要的是，它们创造了一个进入门槛相对较低的金融体系替代品。任何拥有计算机（或智能手机）且接入互联网的人都可以交换加密货币，这通常只需要名义上的交易成本。简单地说，加密货币将制度经济体系以外的人与现代市场联系起来，同时将他们遭受盗窃和欺诈的风险降至最低。

2018年全球点对点金融交易额接近1 000亿美元，在智能手机用户数超过16亿的中国，点对点金融交易正以疯狂的速度增长。王巍博士被认为是中国西式投资银行的先驱，他或许是中国最活跃的金融变革倡导者。他在中国各地创建了9家金融博物馆，出版了无数出版物，为中国公民提供信息、教育和联系，以应对不断变化的金融形势。“现在中国60%的人口是40岁以下的年轻人，他们是伴随着互联网长大的。这个群体对比特币和其他加密货币非常熟悉。”王巍告诉我们。2015年，他协助建立了中国区块链应用研究中心。集团拥有2 000多名成员和50多名机构董事，目前拥有8个本地中心，4个在中国，4个在海外。王巍补充说："我总是告诉年轻人，虽然你们不能在我们国家使用加密货币，但凭借你们的才华，你们可以使用区块链理论做很多其他的事情。区块链的应用将远远超越加密货币。我非常相信中国将成为这场区块链革命的领导者。"

使用加密货币作为一种提供即时访问金融系统的现代方式无疑令人着迷，但其潜在的技术概念——区块链的影响远远超出了货币和市场。区块链是一种加密技术，它将个人"数字指纹"应用于人和物品（如加密货币），并保存与这些个人和物品相关联的交易的公共分类账，这大大有助于应对世界上的许多财产挑战。例如，如果不动产的契约和所有权不再是纸面上的，如果它们被数字化并使用区块链技术，那么土地就可以在全球范围内进行点对点转让，而不需要信托公司、政府或其他金融机构来确保产权链。更重要的是，这些契据和产权会被盖上唯一的数字加密标识，与所有者自己的数字加密身份相关联。如果这些唯一标识保存在政府控制之外的第三方服务器上的话，那么它们就是可以独立验证的，所以这些所有权实际上是防黑客攻击的，不会受到盗窃或欺诈的影响。这样，区块链可以为那些最大的、价值储存在财产中的人提供安全，从而满足人类的基本需求。

不过，区块链技术的应用将不仅限于金融和房地产领域，还将贯穿整个金融系统，使我们的生活更轻松。设想一下，在未来，你的联网冰箱（作为区块链参与者）可以交换你的加密货币（通过你的区块链授权）来订购牛奶（在区块链供应链系统上进行跟踪），由无人机（作为区块链中介）送货。通过区块链，交易将更加无缝、更加流畅，并且花费我们更少的时间。对于一个互联日益加强的时代来说，这是一个完美的解决方案。

自互联网以来最大的进步

区块链有可能成为自互联网出现以来最大的技术创新，它可能会解决我们现代金融体系中的许多问题，比如违反信托、黑客攻击造成的数据丢失以及制度贪婪或政府腐败带来的价值损失。通过淘汰中间人和中介人，区块链可能会赋予消费者控制数据的权力。通过分散金融交易，它最大限度地减少了人们对大型金融机构的依赖，使交易更廉价、更具流动性，并解决了原本成本高昂的小额融资问题。更重要的是，通过独特的、分布式的、通用的分类账，它为金融机构和政府带来了问责制。

如果我们致力于用现代技术改善生活，实现我们的基本需求和愿望，那么我们需要认真审视我们的金融系统。我们需要问的是，是否有办法去中心化，把权力还给人民。为此，我们需要提出以下问题。

1. 我们能以何种方式利用像区块链这样的技术来简化资本转移，从而实现更公平的财富分配？
2. 我们如何探索和推进区块链技术，以防止土地所有权因欺诈或腐败而被窃取？
3. 我们如何使用分散的货币体系，让发展中国家的小企业主获得他们扩张和扩大业务所需的资本？
4. 哪些公司正在开拓我们需要的技术，以确保区块链的安全，我们如何投资这些公司并与之合作？

当研究技术的应用如何促进人类在金融安全方面的最大利益时，一个解决方案脱颖而出：区块链。随着这项技术的推进，我们发现自己处于一个巨大机遇的边缘，这是一个为全球数十亿人创造平等经济竞争环境的机遇。众所周知，它可以改变经济，如果使用得当，它可以作为一种财富回流（而不是财富再分配）的方法。它可以为许多像安娜莉·多明戈和她母亲这样的局外人提供公平的竞争环境。

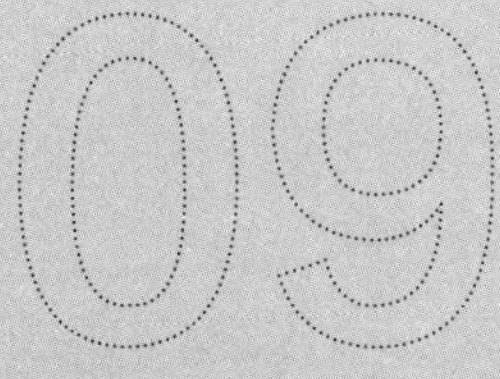

交通运输

人类从一开始就在寻找从一个地方到另一个地方的更有效的方法。我们步行，然后跑步，再然后骑马。马背运输的能力达到极限后，我们进行了创新。我们发明了内燃机，并把它装到船上；然后，经过一些改动，汽车诞生了；最终，随着更多的改进，飞机和火箭诞生了。由于这些发动机燃烧化石燃料并污染了空气，我们再次进行创新，这一次人们创造了电动发动机。人类交通的历史就是一个不断创新、不断颠覆的历史，但是这种持续的变化总是积极的吗？

2018 年，旧金山到处都是伯德滑板车，人行道、街道、任意一家店面的遮阳棚下，到处都是。人们对此很不高兴。他们说，伯德滑板车把事情搞得一团糟，它们太吵，不尊重普通行人的个人空间。而且，正如一位当地新闻主播所说，它们“突然激增”，来得毫无预兆。

仅仅是伯德滑板车就已经够糟糕了，不仅如此，街道上还有莱姆和斯皮恩滑板车。伯德、莱姆和斯皮恩三家公司在没有获得许可的情况下把它们的电动滑板车投放到了旧金山的街道上，这种环保的个人交通方式的涌入引发了很多讨论，但大多数都是负面的。

一家新闻媒体报道，一名居民给市政主管发了一封电子邮件，抱怨自己被停放在人行道上的滑板车绊倒，脚趾骨折。[1]还有人抱怨说，人们骑着伯德滑板车在车流中进进出出，造成了问题。一些人声称，滑板车骑行者正在危及人行道上行动较慢的行人。

> “我差点被撞 3 次。”
>
> “显然，它们不该走人行道，但它们就在人行道上移动。”
>
> “把它们赶走！”[2]

当然，也有人喜欢这种交通方式，但批评者们强烈反对。不仅在旧金山，在伯德公司附近的郊区圣莫尼卡，当地官员声称，伯德在没有获得适当许可的情况下，将它的产品投放在了大街上。尽管伯德声称它的经营处于交通和商业监管的灰色地带，不需要任何特别许可就可以将它的电动滑板车出租给公众，但市政府官员并不认同。事实上，他们的意见非常不一致，最终圣莫尼卡的检察官办公室对伯德提起了刑事诉讼，指控这家交通初创企业违犯了不少于 9 项刑事法规。最终，伯德屈服了，同意向市政府支付超过 30 万美元的罚款，并同意寻求适当的许可。[3]

伯德的创始人、拼车公司来福车的前首席运营官特拉维斯·范德赞登（Travis VanderZanden）非常清楚，作为运输业的一股颠覆性力量，成长的痛苦是不可避免的。然而，他并没有让这些成长的痛苦阻碍伯德。在 2018 年接受 CNET（一家媒体公司）采访时，他说："我们的使命其实是帮助减少汽车出行、交通堵塞和碳排放……我们认为，伯德在我们运营的城市中产生了非常积极的影响。"[4]

但是，尽管电动滑板车可能会减少交通堵塞和碳排放，可以帮助人们更高效地从一个地方到达另一个地方，但它们本质上是好的吗？负面影响（行人们强烈的抗议中体现的内容）是否大于正面影响？电动滑板车公司是否在毫无准备的市场上推进了一项技术？它们是否给了地方当局足够的时间来规范和减少其对城市交通的干扰？

在第四次工业革命中，技术的进步正以前所未有的速度颠覆着交通运输的方式和模式。但如果我们要接受这些颠覆，我们需要解决一些棘手的问题，包括这个问题：我们准备好被颠覆了吗？

第四次工业革命中的交通运输

从历史上看，交通运输业一直是第一批受益于新技术应用的行业之一。随着第一次工业革命中蒸汽机的出现，人们开始更多地旅行，并把货物和服务运送到更远的地方。

在第二次工业革命中，铁路技术的进步让人们开始建设横贯大陆的铁路，从此，人们可以进入以前无法到达的地区。随着汽车的发展，比如亨利·福特的T型车，人类在交通方面享有了前所未有的自主权。这是我们有史以来第一次可以以相对较低的成本走很远的路，同时与我们自己社区以外的世界保持联系。

第三次工业革命带来了航空工业，开启了全球旅行。地球上没有任何地方是禁区，我们甚至可以在相对较短的时间内到达最偏远的目的地，而且价格相对便宜。

但是，交通运输的技术进步并非没有代价。由于交通运输的进步是在内燃机的推动下崛起的，它优先考虑了个人自主权，并以前所未有的方式将我们联系在一起，科技在出行行业中的应用产生了许多意想不到的后果。温室气体的排放，旅客太多造成的拥堵，支撑飞机、火车和汽车所需的笨重而庞大的交通基础设施，为国际恐怖主义创造机会……所有这些都是运输进步的结果。尽管与旅行的积极方面相比，这些缺点通常是可以接受的，但在第四次工业革命中，技术可以减少这些风险。

在接下来的 20 年里，出行行业将成为被新技术颠覆最多的领域之一，以至于你在 10 年之后使用的交通方式可能更接近你最喜欢的科幻人物使用的那些，而不是你今天使用的这些。

我们一起想象一下。你快步行走在一条繁忙的城市人行道上，被迎面走来的人群推搡着。你不停地看表，叹息着，因为无论你走得多快，都无法按时赶到会议地点。你离地铁站太远，街道拥堵不堪，无法乘坐优步、来福车或传统出租车。公共汽车在车流中几乎一动不动。

此时你能做什么？

当然是叫一辆飞行出租车。你拿出手机，用优步或来福车这样的账户申请一辆车，但不会受到地面交通和拥堵等小事的影响。一辆出租车从天而降，挤进路边的空地，你爬了进去。类似无人机的无人驾驶汽车会带你去开会，让你准时赶到。

你并不是在《银翼杀手 2049》的片场，而是在劳斯莱斯创造的现实中，一个计划在 21 世纪 20 年代中期出现的现实。2018 年夏天，就在范堡罗航展开幕前夕，劳斯莱斯公司电气团队总监罗布 · 沃森（Rob Watson）透露，该公司正在研发一款最多可搭载 5 人的 eVTOL（电动垂直起降）汽车。eVTOL 出租车能够以每小时 250 英里的速度行驶 500 英里，它的碳足迹要比汽车小很多。

所有这些都是劳斯莱斯希望引领个人空中交通领域的愿景的一部分。劳斯莱斯的一位发言人对英国广博公司说道："我们相信，鉴于我们目前在开发混合动力电动汽车方面所做的工作，这款车型可能在21世纪20年代初期至中期上市，前提是能够为其创建一个可行的商业模式。"[5]

飞行电动出租车不会是对现代交通的唯一颠覆。截至本书撰写之时，世界各地的社区都在考虑使用超级高铁技术（hyperloop）来通过地下隧道实现公共交通。美国、欧洲和日本的超级高铁发展将逐渐取代占据大片土地的传统高速列车。这种交通方式主要在地下，因此大部分旧铁路用地可以做其他用途。

除了地面交通的进步之外，航空技术的应用也可以减轻旅行带来的负面影响。据报道，2018年，航空初创公司祖努姆航空（Zunum Aero）希望通过使用混合动力飞机让地区间的旅行变得更便捷。这不仅减少碳排放，还节省燃料，为客户降低旅行的总体价格。根据《快公司》杂志的一篇文章，祖努姆航空"计划在2022年之前让它的飞机升空"。飞机可能是由人类驾驶的，也可能是自动驾驶的，其机翼可能装有电池模组，为飞机提供动力。为了增加飞行距离，涡轮机将为发电机提供动力，以在飞行中补充电池电力。而且因为电池可以在航站楼进行简单的更换，所以不需要加油，因此任何航班的转机时间都可以缩短到 10 分钟左右。[6]

国际运输将经历科幻小说般的颠覆。出行行业的一些人梦想着未来的空中旅行将会达到更快的速度（可能高达每小时 16 700 英里）和更高的海拔（可能在地球轨道之外）。但这些并非毫无根据的梦想。像埃隆·马斯克这样的人正努力通过他的公司 SpaceX（太空探索技术公司）实现这一目标，SpaceX 希望将星际运输的原理应用于国际旅行。据他估计，如果他成功了，从纽约到上海的旅程可能只需要 39 分钟。[7]

但是这些颠覆不会在一夜之间实现，它们还需要花费数年时间。其他的颠覆——比如电动滑板车或拼车公司造成的颠覆，将会更加紧迫。随着优步等拼车服务提供商的成长，它们在任意一座城市的使用量增长 5 倍甚至 10 倍，曾经每年行驶 1.2 万英里的车辆可能每年行驶 10 万至 20 万英里。随着这一切成为现实，从汽油动力汽车转向电动汽车将更加节约成本，并有助于减少碳排放。此外，随着这些公司的成长和技术的进步，取消驾驶员将降低成本和责任风险。这样，曾经构成最大商业成本的人力资本将几乎消失。如果这些节省的成本可以传递给消费者，那么运输价格的降低可能会使拥有私家车很难证明是划算的，尤其是在城市地区，因为那里有其他交通方式可供选择。

在不远的将来，智能城市将根据需求提供点对点的乘车服务，这将大大降低客户和市民的成本，更不用说在公交车站等车浪费的时间了。这些点对点的交通工具可能是通过连接的吊舱、无人驾驶汽车或智能架空车实现的。所有这些交通工具都将由电力驱动，从而再次降低我们的交通碳足迹。此外，电动发动机更简单，运动部件更少，因此乘坐体验本身会更可靠。[8]从理论上讲，这些进步可能会减少道路上的汽车总数，从而减少拥堵和环境压力。

货物运输的颠覆

交通运输的技术颠覆将对人们在世界各地的移动方式产生巨大影响。然而，同样重要的是，这些颠覆将影响商品和服务的交付方式。食品、服装、办公用品和其他百货用品等日常消费品将以数字方式交付，或通过无人机，或通过专用的超级高铁递送。而且大部分运输都是自动化的。

以我们一直使用的冰箱为例。冰箱检测到缺少牛奶，就会（根据你的标准，通过物联网进行加密和个性化通信）向当地超市下订单。然后，它（再次通过物联网）与一架送货无人机签订送牛奶合同。无人机会把牛奶直接送到你的冰箱。你的冰箱（根据你的授权使用加密货币）为牛奶付费。付款后，仓库的自动化系统将牛奶的所有权转移给你。无人机则返回到它的主人那里，等待着城市其他地方的另一份订单。这种自动化和互联的运输、通信和金融网络简化了供应链管理，减少了对人力运输的需求。

尽管不断变化的运输方式可能令人着迷，但最显著的进步可能根本看不到。随着运输变得更加智能和自动化，人、物体和产品将被接入一个永远连接的全球运输平台。每个人、物体和产品都有自己不可破解的区块链身份，平台将允许每个参与者开发可以实时更新、维护和保护的算法配置文件。该平台生成的数据将使政府、运输公司，甚至家庭成员能够分析个人运输需求，更有效地响应这些需求，并更精确更周到地管理和规范（对家庭而言，是监控）运输。

重塑交通运输

一场交通运输革命即将到来，有了它，没有什么是不可能的。无人驾驶技术、电动汽车、重塑的公共交通解决方案、电池驱动的车辆、专用的无人驾驶公共交通车道，以及移动交通调度解决方案都将在未来成为现实。但是除了降低交通运输成本和减少环境影响之外，这种交通运输革命还有什么好处呢？

房地产可以从停车场解放出来，取而代之的是公园或可持续住房。更快、更环保的交通运输方式可能会让我们在城市中心之外创建更小的社区，而不必占用城市中心的道路以及其提供的商品和服务。无人机送货、点对点运输、地下超级高铁和飞行出租车可能会成倍地减少街道的交通流量。

我们也要考虑国际利益。更快、更省油、更划算的国际旅行可能有助于扩大我们的世界观，并加强共同政治意识形态的传播。在世界各地的社区，当我们接触到不同的民族和文化时，可能更有同理心。在印度（世界上10个污染最严重的城市中有9个位于印度）、巴基斯坦和中国等地，随着电力交通技术的应用，污染可能会大大减少，生活在距离繁华城市数百公里外的临时工可能会获得就业机会。[9]

现代交通面临的风险

尽管将现代技术应用于交通运输有诸多好处，但也可能产生意想不到的后果。由于人们可以在更短的时间内走更远的距离，他们可能会想住得离工作地点和市中心更远。如果这会导致人们创建更小、更紧密的社区，那么就可能产生一个积极的结果。但如果这导致了更大的孤立、更多的自治和更少的联系，那么它最终可能就会对整个社会产生负面影响。

交通的自动化也可能对那些在运输业工作的人产生不利影响。一旦交通方式变成无人驾驶，拼车司机、送货员和飞行员将很难找到工作。虽然这些员工可以再就业，但很难想象所有这些工作都被取代的情形。

这些更加集中和自动化的运输方式也带来了安全保障风

险。无人驾驶汽车能像人类驾驶员一样快速敏捷地做出反应吗？无人驾驶飞机能在紧急情况下瞬间做出拯救乘客生命的决策吗？由于自动化车辆与操作系统相连接，它们会成为邪恶黑客的目标吗？

所有这些都还不包括更琐碎的麻烦，比如旧金山的电动滑板车造成的麻烦。

为了体验交通革命的好处，我们需要解决这些问题。我们需要开发能够提供我们所需和期望的安全保障系统，能够让我们信任机器来做我们习惯于自己做的事情的系统。但即使在最初几起备受关注的无人驾驶汽车事故发生后，我们还能相信人工智能可以驾车把我们从一个地方带到另一个地方吗？我们会和无人驾驶的 18 轮卡车共享道路吗？我们会登上无人机，相信电子引擎把我们送上一英里高的天空吗？我们会乘坐火箭，让自己被射入太空，以此缩短到上海的通勤时间吗？我们愿意在路上遭遇事故吗？

时间会告诉我们，出行行业的技术进步是否会改善我们的生活，是否会给我们提供一个机会来改善我们多年来造成的一些交通问题。我们很快就会看到，现代技术是否会让我们减轻先前的交通颠覆带来的意外后果——浪费的通勤时间，出行受挫，拥堵的城市街道和污染。随着我们进入这场交通革命，我们需要问自己以下问题。

1. 我们如何推广和利用交通技术来减轻日常通勤的压力？
2. 现代交通在哪些方面可以让我们的出行效率更高，帮助我们找回损失的时间，减轻出行的时间压力？
3. 现代交通技术如何与现代通信和金融体制相结合，使我们更快、更好地获得我们想要的商品和服务？
4. 现代技术能以何种方式为那些没有就业机会的人提供机会？
5. 运输行业的人如何进行重组，使自动化不会影响他们的生计？
6. 我们如何优先考虑和保护现代交通系统，使其不容易受到恐怖主义或其他因素的破坏？

我们现在去的地方比以往任何时候都多。人类每年进行超过 10 亿次国际旅行。[10] 随着出行方式和方法的扩展，值得一问的是，我们是否每一次颠覆都是必要的、有益的，还是其中一些颠覆只是造福了像伯德这样的公司？

通信

也许没有哪种人类的努力像通信一样受到技术的影响。随着社交媒体的普及，人工智能通信的兴起，以及全息技术的发展，人类的互动发生在一个日益美好的新世界中。但是这种新的通信方式是否有负面影响呢?

2017 年 4 月，此时的法国正处于总统选举的阵痛之中。就在全国投票的几天前，两位候选人还在路上奔波，争取选票，并努力传播他们的信息。时间不多了，两位候选人传达他们对法国的愿景的窗口正在关闭。左翼候选人让-吕克·梅朗雄（Jean-Luc Mélenchon）正在加班加点地努力争取尽可能多的法国选民。由于他要尽力抓住每一次发表演说的机会，他制造了“分身”。实际上，他有了 7 个“分身”。但这不是疏忽大意的结果，这是故意的。梅朗雄打算同时出现在 7 个地方。

这位已经爬上法国政府高层的政治家，生于摩洛哥，现年 65 岁，他的支持率正在飙升。他对科技通信手段也并不陌生。在整个竞选过程中，他一直使用它们来宣传自己的信息。他是一名活跃的 YouTuber（优兔视频创作者），他的频道拥有成千上万的支持者。他还活跃在脸书和推特上。尽管他本可以通过社交媒体渠道向各种场合（包括工作场所和家庭）的听众发表他的政治演说，但随着选举接近尾声，他希望能引起更大的轰动。他希望突破现代传播的极限，巩固自己作为年轻选民的政治宠儿的地位。

2017 年 4 月 18 日，这位并不被看好的左翼分子在第戎登台，而他的全息投影同时在其他 6 个场地登台。科技让他超越了人类最基本的交流限制——时间和空间的限制。他找到了一种方法，可以同时出现在多个地方，给听众一种身临其境的感觉，这是一种对他本人的新颖而又逼真的数字再现。他用超人类的交流来传达他的信息。

这一高科技举动在报纸上引起了轰动。毫无疑问，他的演讲因此得到了更多的关注，这无疑为他赢得了更多的选票。最终，他竞选总统失败了，但他成功地证明了全息演讲是一种可行的竞选传播策略。政客们之所以关注此事，是因为他们想要传达信息的政治欲望非常强烈。[1,2,3]

每位政客似乎都与社交媒体紧密相连，包括美国前总统唐纳德·特朗普，他的推特账号受到他的支持者、政治对手和深夜电视喜剧演员的密切关注。（截至2018年8月29日，特朗普总统自宣誓就职以来已发推4 546次。）为什么政客们要投射全息影像，在社交媒体上使用数字化身，或者出现在某些优兔频道上？为什么他们使用数字通信方式？很简单，因为人在那里。

现代大众传播平台在很多场合（政治、商业和个人）都有实用价值，但这是否意味着这些传播形式本质上是好的，甚至是必要的？它们是否创造了我们没有充分应对的新挑战？我们怎样才能采用人性化的方法来平衡超人类通信的积极和消极方面？

现代传播的扩散及其影响

直到最近，人类联系和沟通的基本基础还是人与人之间、一对一、面对面的交流。尽管人类一直在寻找超越面对面交流限制的方法，以扩大信息传播的范围，但直到15世纪印刷术的出现，才让人们有了真正的大众传播方法。又过了500年，人类才创造出一种更为有效的大众传播手段——无线电。接下来是电视，它能够向世界各地传送栩栩如生的人物形象。尽管如此，大众传播的权力仍然属于富人和精英，即那些可以接入网络的人。

20世纪90年代末，随着万维网让数字消息传递成为可能，所有这一切都发生了变化。我们能够与世界各地的人们联系和交流，即便他们没有在我们交流的时候同步收听。我们能够以低廉的价格相对容易地发送电子邮件或创建网页，随时随地传播我们的信息。这是一个新的开端：交流可以超越时间、空间、经济，甚至语言的障碍——只要有合适的翻译软件。

随着技术的进步，我们的沟通能力也随之提高。我们获得了比以往更多的信息，能够做出更明智的决定。我们可以问更多的问题，得到更多（有时也是更好）的答案。我们可以更容易地与他人分享我们的想法和意见，但并非所有事情都像我们希望的那样带来积极的改变。

聊天室让我们可以共享虚拟空间，认识我们想要接触的任何人。但拐卖儿童的人可以自称是 16 岁的女孩，而实际却是个 45 岁的男人。我们可以假装很富有、很出名，假装我们内心所渴望的一切身份。然后是社交媒体，它给了我们数字面孔和化身；它扩大了我们找到任何人的能力，为他们鼓掌或吹捧他们；它使我们能够接触到富人、名人以及有权势的政客。它让我们可以攻击政客、彼此攻击，或者传播虚假新闻。我们只需要点几下鼠标，就可以在舒适的家中独自完成这一切。

到 2010 年，我们已经开发出比以往任何时候都更高效、更好的大众传播方式，全世界都看到了效果。一场革命席卷了中东，新闻媒体称其为“阿拉伯之春”。一些专家认为这是一场由脸书和推特掀起的革命。尽管一些人认为社交媒体被用作组织和动员起义的媒介，但最近的研究表明，事实可能并非如此。然而毫无疑问，突尼斯、埃及、利比亚和巴林的网络活动人士认为社交媒体平台的使用在起义中发挥了至关重要的作用。限制人民接触媒体以及其他传统媒体渠道的国家的公民第一次占了上风。通过这些社交媒体渠道，示威者找到了一个超越一对一交流的平台，并将起义的消息传播到外部世界。[4]

那时的社交媒体还很年轻。近 10 年后，互联网和社交媒体的用户数量呈指数级增长。根据社交媒体营销公司 We Are Social 和社交媒体管理公司 HootSuite 发布的全球数字报告，2018 年全球互联网用户数量为 40.21 亿，占全球 75 亿人口的 55%。近 32 亿人积极使用社交媒体（占全球人口的 42%）。近 30 亿人（占全球人口的 39%）是移动社交用户。[5]

社交媒体平台和其他形式的电子通信的使用扩展了我们分享故事、交流思想和与他人联系的能力。超人类交流（超越传统的人与人之间的交流）对我们的生活产生了积极的影响。然而，与此同时，这也带来了一系列挑战。

去人性化

随着数字通信的发展，我们经常发现自己花在与他人面对面交流上的时间越来越少，而花在移动设备上的时间却越来越多。2014年，研究人员发布了《iPhone效应：移动设备存在下的面对面社交互动的质量》报告。报告回顾了手机对我们个人互动的影响。该研究观察了100对参与10分钟对话的夫妇，并注意到当他们的手机放在身边时，这些人倾向于玩手机，即使在交谈时也是如此。相反，当手机被拿走时，这些夫妇之间的对话则产生了更大的同理心。报告进一步指出，即使手机没有发出“嗡嗡声、哔哔声、铃声或闪光”，它们也象征着主人拥有更广泛的社交网络和获取大量信息的渠道。因此，即使他们与重要的另一半在一起，手机的存在也让他们“不断渴望寻找信息，查看通信，并把自己的想法分享给其他人和世界”。这篇文章接着写道：“因此，它们仅仅存在于社会物理环境中，就有可能将意识划分为近距离的、直接的环境，以及在物理上遥远的、无形的网络和环境。”[6]

年青一代很容易理解移动通信技术与日益恶化的个人通信之间的这种联系。伊隆大学发表了一项由一名本科生和指导教授进行的调查，该调查问学生是否认为技术会对面对面的交流产生负面影响：92%的人认为会，只有1%的人认为不会（7%的人没有意见）。调查还问学生是否注意到在技术存在的情况下，谈话质量会下降：89%的人表示同意，而只有5%的人不同意（6%的人既不同意也不反对）。[7]

毫无疑问，超人类交流有其优势、用途和实用价值。但正如上面的样本，以及我们自己的个人经历表明的那样，它也可能伴随着潜在的关系陷阱，这些陷阱可能会导致我们彼此失去人性。

美丽新世界：人与物的交流

随着技术交流手段的不断扩展，我们发现我们的交流并不局限于人际交往。我们越来越多地与物体、机器和物联网进行交流。我们可能会让 Siri（智能助理）告诉我们最近的酒吧在哪里，或者询问沃森我们的股票投资组合表现如何。我们甚至可以请语音助手 Alexa 和我们开个善意的玩笑。随着我们对网络交谈的舒适度的提高，现代技术的开发者希望让这些互动变得更加逼真。

IBM 员工、“沃森”专家山特努·阿加瓦尔（Shantenu Agarwal）在最近的一次会议上登台讨论具身认知[①]。他说，具身认知的开发是为了让客户能够在他们最舒服的“渠道”中进行互动，无论是人、化身，还是机器人代表。然后，阿加瓦尔介绍了瑞秋，一个由 IBM 的“沃森”驱动的酷似真人的会说话的虚拟机器人。投射在屏幕上的瑞秋的皮肤纹理与

① 具身认知（embodied cognition）是心理学中一个新兴的研究领域，主要指生理体验与心理状态之间有着强烈的联系。生理体验“激活”心理感觉，反之亦然。——译者注

任何可能出现在镜头上的人都没有什么区别。阿加瓦尔欢迎瑞秋上台，瑞秋表示她很高兴能来到纽约，并表示她从没来过这座城市。

“真的吗？你来自哪里？”阿加瓦尔问道。

“你听说过一个叫互联网的地方吗？”她回答，嘴角上扬，露出了笑容。“我一生都住在那里。我是灵魂机器的造物。我能看到你，听到你，我的与众不同之处在于，我能对你的情绪做出反应。我猜你会说，我是一张挂着人脸的人工智能。”[8]

瑞秋继续解释说，她目前的兴趣是信用卡，并问她是否可以帮助阿加瓦尔找到适合他需求的信用卡。接下来，他们聊了起来，与人类的交流几乎无异。事实上，这种交流非常人性化，或许会让人们忘记瑞秋根本不是人，与阿加瓦尔交谈的只是互联网的代言人。在那次交流中，阿加瓦尔与人机界面分享了他的名字、他的需求，甚至他的信用评分。更重要的是，他分享了自己的形象，他说话时动嘴唇的样子，眉毛的起伏，即他的交流背后的微表情。所有这些信息都可能被 IBM 在某个地方的服务器搜集起来。[9]

总有一天，我们会拥有自己的瑞秋，拥有自己栩栩如生的私人助理。这些虚拟助理和顾问很可能通过广泛的神经网络连接起来，这些网络允许助理与助理之间的交流。当我们与其他人交流时，这些助理会学习我们的偏好，然后反映出这些偏好。它们将学会更好、更有效地回答问题，并预测我们的需求，尤其是随着计算能力的增长。

与互联网的超人类交流（无论是通过数字助理还是其他方式）没有可预见的限制。事实上，随着更多的发展和改进，我们不难看到在未来的世界里，数字顾问将取代我们许多日常工作。它们可能取代大、中、小学教师，并与我们的子女和孙辈直接互动。它们可能成为我们的会议发言人、财务顾问和保险销售人员。它们可能在功能上取代任何基于知识、由客户驱动的互动。当它们这么做的时候，它们将使我们几乎不可能认识到我们正在与机器交互和通信。然而，这些互动将继续破坏人与人之间的互动。

这种交流方式也可能改变人类的交流。我们的交流方式将不会受到时间或空间的限制。我们将不再局限于面对面的交谈或屏幕上的文字交流。我们不需要使用卡通表情来给文本、电子邮件或推特带来情感的微妙变化。相反，我们自己的数字化身将传输我们的信息，这些数字化身将和瑞秋一样栩栩如生。它们会用微表情来表达我们的想法。更重要的是，它们将能够跨越文化和语言障碍。在互联网和强大算法的支持下，我们的信息和表达将被实时翻译给多个人，并适应所有的文化差异。通过这些模式，我们将能够同时说世界上所有的语言，同时保持我们的民族习俗和独特性。这些技术形式的应用可能会彻底改变商业和政治话语。

更复杂的是，人类不仅仅通过一个个化身，或类人的互联网界面交流。我们将越来越多地与物品交流：“嘿，冰箱，让杂货店送牛奶。”更重要的是，我们的物品将与其他物品通信，无须任何人为干预。当我们的冰箱感知到牛奶快喝完了，它可能会从当地杂货店的冷藏牛奶箱里订购牛奶。杂货店的牛奶箱可能会和无人机联系来运送它。这架无人机可以与你的门锁或车库门通信，允许它进入你的家中，运送你的货物。

物品与物品的通信也不会局限于用户交互。智能城市已经崛起，城市交通传感器、灯光、能源管理系统、安全系统和其他城市服务都可以相互通信。请想象一个世界，在繁忙的十字路口处，交通标志会与3英里外的交通灯通信，告诉它密集的车流即将到来，交通灯应该让更多的汽车通过十字路口，以适应车流量的增加。如果水库的传感器发现水源受到污染，它会与处理设施进行通信。

在这些方面，通信技术的进步提供了很多可以让世界变得更美好的东西。但随着数字通信的增加，风险也随之增加。

超人类交流的风险

对社交媒体和数字设备的日益依赖已经对人际关系产生

了负面影响，这可能与当今世界同理心的缺失有关。[10]不难想象，随着人与人之间联系的减少和同理心的缺失，分歧和恶意会日益增加。（你最近关注过社交媒体吗？）我们的通信安全面临的风险也随之增加。

大规模的电子（和全息）通信给我们所有人——个人、市场和政府，带来了安全挑战。互联网服务提供商、社交媒体网络、数字助理，以及其他一切通信托管平台从用户那里搜集大量个人信息，有些人还会摆出一副友好的面孔来掩盖他们的真实动机。这些数据让公司可以（使用先进的人工智能算法和其他通信方法）通过特定的广告和营销活动来瞄准用户。更重要的是，随着规律性的不断增加，这些公司可以搜集和分析与这个庞大的信息网络相连的每个人的情感和意识形态数据。如果网络攻击导致另一次数据泄露，那么包括面部识别数据、情感数据，甚至语音数据在内的整个个人信息缓存都可能遭到破坏。

这些超人类交流的方式也使平台用户容易遭受欺诈和操纵。有时，这些风险是已知的，而且可以量化。例如，俄亥俄州立大学的一项研究表明，“假新闻”和通过社交媒体对选民进行大规模操纵可能是特朗普赢得美国总统大选的原因之一。[11]随着技术的进步，不难想象假新闻可能会变得更多。例如，在一个全息竞选越来越普遍的时代，政治候选人可能同时出现在多个地方，制造政治对手的假全息图很困难吗？

使用对手的肖像来制造真实的假新闻很困难吗？

同时，我们也要考虑这些新的沟通方式和模式所带来的经济风险。随着数字助理智能水平的提高，更多传统上依赖人际交流的工作将会绝迹。这一趋势将为设计这些数字助理和提供相关服务的公司带来好处，同时也会影响人类的许多经济领域。有些行业可能会被淘汰，而那些更容易获得技术的行业可能会急剧地积累财富。资本的转移可能会导致企业财富更加集中，普通工人更能感受到这种影响。

技术开启了超人类交流，让我们面临巨大的风险，而我们还没有为这些风险做好准备。尽管这些技术进步带来了种种风险，但有些风险可以通过相同的技术来缓解。在这个美丽新世界里，通信网络的所有参与者组成了独一无二的全球性机构。就像人的身体中有白细胞来对抗病毒攻击一样，我们需要投入资源来保护我们的通信网络。我们需要能够检测安全威胁、数据泄露和假新闻的自动化系统，这些系统能够与网络的其他单元进行通信，以便后者能够组织自我防御，并从攻击中学习。

但是在这个新环境中，仅仅依靠网络安全系统来保护我们的通信模式是不够的。我们还需要确保人与人之间的一切交流并不只通过电子手段进行，电子手段并不鼓励拥有同理心、增进理解和保持礼貌。

在现代通信中优先考虑人际关系

当我们审视不断变化的大众通信格局时，问题是显而易见的。超人类交流有可能会削弱构成我们所有人际交往的基础：联系。因此，在研究现代通信方法时，我们必须问自己，如何才能平衡我们对大众通信的需求和对点对点连接的需求。我们可以从哪里开始？也许可以问下面这些问题。

1. 在什么情况下，我可以优先考虑人与人之间的交流，而不是通过数字网络进行电子交流？
2. 数字通信在哪些方面帮助我完成任务，与老朋友重新联系，或者获得我本来不会得到的信息？它以何种方式引诱我攻击他人，表现得缺乏同理心，让我的数据被泄露，并让我容易受到定向广告的操纵？
3. 我们如何才能减少（甚至消除）社交网络的网络安全威胁，阻止假新闻等操纵行为的扩散？是否有旨在更好地保护这些网络且又可以投资的技术？

在超人类环境中，人类将继续在虚拟空间中进行通信，这并不全是坏事。交流是人类最自然的行为，如果参与得当，它可以让思想和故事得到充分的交流，可以让人们得到更多的理解。

但是，在系统准备好将心理、经济和网络安全风险降到最低之前，我们应该谨慎行事。下一次我们看到一个政客通过全息影像发表政治演讲，或者互联网第一次试图通过栩栩如生的虚拟机器人与我们交流时，我们应该问一些探索性的问题，即在保持完整的人性的同时，仍然以最有利的超人类方式进行交流，究竟意味着什么？

社 区

安全和安保、过度拥挤和拥堵、缺乏基础设施和服务，这些都是现代社区开发人员所关心的问题。如同生活中的很多其他领域一样，许多人已经试图转向技术来解决这些问题。但是，技术的应用是解决这些问题的最佳方案吗?

20世纪中叶，巴西总统儒塞利诺·库比契克（Juscelino Kubitschek）举办了一次城市规划设计竞赛。他希望找到新首都的设计方案，打造一座值得安置巴西政府的城市。他想要一座美丽的城市，城市的社区井井有条，没有里约热内卢的城市扩张和衰败。尽管从头开始建造这样一座城市是一项大胆的任务，但库比契克下定了决心。

比赛开始了，接到电话的人中有城市规划师卢西奥·科斯塔（Lucio Costa）和他的合作者奥斯卡·尼迈耶（Oscar

Niemeyer）。科斯塔提交了他的计划，其中包括现代主义设计和最新技术的应用。高密度的建筑物用于公用和住宅。这些建筑的线条干净、现代，而且充分利用自然光。它们矗立在宽阔的林荫大道之上，以容纳交通的流量。那些林荫大道的布局同样具有现代主义的精确度，其设计目的是在不使用红绿灯或交通信号的情况下，最大限度地提高交通流量。这里有充足的绿地，让城市显得更宽敞。一切都很前卫，堪称未来之城。

科斯塔的方案脱颖而出，并被选为新首都巴西利亚的设计方案。新首都在开阔的土地上开始建设，在不到 4 年的时间里，最初的计划变成了一座成熟的城市。人们一度以为，梦想成真了。政府将业务转移到巴西利亚，人们纷纷涌向这座城市。但正当此时，其设计问题开始凸显。巴西利亚被设计成一个概念，一个为了建城而设计的城市。尽管巴西利亚是为一个高效运作的政府而精心组织的城市，但它的设计并没有考虑是否适宜人类居住。

对于普通工薪阶层而言，住在新首都几乎不可能。在超清洁、超高效、超现代主义的乌托邦社区里，住房价格高昂。更糟糕的是，市场和购物中心等商业地域很有限。娱乐则更为有限。结果，本来就很冷清的城市氛围在下班后变得更冷清了。因此，巴西利亚郊区出现了更密集的城市区域，那里是人们日常生活的地区。但这些地区规划得并不好。事实上，

它们变得和里约热内卢一样肮脏和破败。而在质朴、极简主义的政府城市的映衬下，它们显得更为破败。[1,2]

据路透社 2010 年的一篇文章报道，巴西利亚饱受暴力、基础设施缺乏和糟糕的环境卫生问题的困扰。在政府腐败丑闻中，解决基础设施和环境卫生问题的计划被搁置。同一篇文章提道："著名建筑师尼迈耶说，他对目前困扰首都的巨大贫富差距感到失望。"[3]

巴西利亚的设计是为了推进实现乌托邦的理想，它使用了当时最先进的技术和设计元素。但是巴西利亚的故事是一个警示性的故事。无论是从无到有的设计，还是多年来零敲碎打的设计，不考虑人类需求和活动的城市规划最终都会走向失败。城市可能会以过度拥挤、过度污染、交通拥堵或衰败而告终，并可能最终导致犯罪、暴力、安全风险和贫富差距等问题的恶化。

所有这些都提出了一个问题：我们如何利用技术（和设计）来满足城市规划中的人类需求，而不会造成负面的、意想不到的后果。

个人是社区的支柱

随着我们进入第四次工业革命——技术革命，人口继续增长。随着这种扩张，世界进入了城市化的周期。因此，我们有更多的人集中居住在更小的区域里，人数比以往任何时候都多。其中一些城市已经发展到年度GDP（国内生产总值）超过小国GDP的程度。事实上，在某些情况下，美国的城市中心已经变得非常庞大且有影响力，市长甚至比州长拥有更大的政治影响力。为什么？因为人口的高度集中使得权力更加本地化。虽然这种趋势本身既不好也不坏，但在很大程度上，它的出现并没有考虑到对居住在这些城市中的人的影响。这种想法着实令人不安。

在第四次工业革命中，我们不能在不关注社区居民的情况下继续城市化的趋势。如果人类代表了最高和最好的技术，那么我们设计、实现和发明的一切——算法、人工智能、网络、机器人和通信系统，都应该用来改善我们的生活。无论我们讨论的是将技术应用于水、粮食、教育，还是社区规划，这些都是正确的。换言之，社区规划和设计应首先考虑居住在这些社区中的人。

在社区规划方面，以人为本，让人成为社区的支柱，可能要求我们应用更少的技术。我们可能需要组织更小的社区，允许更智能生活体验的社区，而不是创建优先考虑更多人集中居住在一起的城市。毕竟，根据亚当·奥库利茨·科扎林（Adam Okulicz-Kozaryn）的一项题为“不快乐的大都市”的研究，大城市的居民通常不如小城市的居民快乐。[4] 如果是这样的话，我们可能不需要为了让大城市的生活更容易而实施智能技术。我们可能不需要创建更好、更先进的交通系统、公用事业配送中心和废物处理方法来处理密集的城市人口。相反，我们可能需要使用技术将城市完全分散，创建更小但联系更紧密的社区。

在瑞士这样的国家，小而高效的城市点缀着乡村。（瑞士一直被列为最幸福的国家之一，这是偶然吗？）这些城市中的许多设计都是为徒步或骑自行车而设计的。许多城市都有商业和住房混合使用的区域，这减少了人们对车辆的需求，以及由此产生的污染。上班和回家的漫长而孤立的通勤时间是不存在的。这是一种提升人类生活水平的方法，它采取了一种实用的方法（而不是技术方法）来遏制拥堵、污染和城市化带来的问题。除此之外，这种方法还有助于创建一个不仅鼓励而且需要人际互动和联系的社区。换言之，这些较小的城市满足了人类的核心需求——人类的参与，而且在很大程度上，这不需要太多的技术创新。

这并不是说技术不能用来改善城市。毕竟，并非每个人都会选择住在瑞士城市化程度较低的农村地区，即使在那些社区，科技也可以帮助居民彼此联系。但是，就技术和设计在社区发展中的应用而言，这些手段只能用于提高居住在这些地区的人们的生活水平。

那会是什么样子？

毫无疑问，未来的城市将由高性能的操作系统来运行，这些系统将连接到安全云。该城市的居民将能够与社区服务提供者实时互动。当他们进行日常活动时，他们会通过城市操作系统满足交通需求和教育需求，进行纳税、与同胞互动，甚至投票。

这些操作系统还将处理社区复杂的后勤需求，全都不需要居民输入信息。带有智能传感器的物体——交通灯、应急服务，甚至救灾服务，将会相互通信，对市民的需求做出即时反应。它们将最大限度地减少拥堵，在需要时自动改变交通路线。而且，由于市民将通过自己的设备连接到城市，他们的生活将得到改善，特别是从安全和安保的角度来看。地方警察部门将能够识别出事故的涉事者、受害者，以及犯罪者，所有这些都通过独立的（且安全的）数字身份。在事故发生后的几秒钟内，急救人员将通过智能交通传感器得到通知。所有这一切都将成为可能，因为连接市政对象的网络全都协同工作。

城市中的人与人、人与城市的互动

不幸的是，第三次工业革命催生了城市的扩张和偏远郊区的崛起，其副产品之一是人类变得越来越孤立。[5]具有讽刺意味的是，在我们生活的这个互联时代，我们彼此之间以及与当地商业场所之间的联系比过去更加疏远。原因并不令人感到意外。涉及的技术通信工具的兴起、数字市场的出现，以及偏远郊区的扩展，使人们无须与他人在物理上接近就可以分享想法，从事商业活动，甚至参加社区活动。

正如我们在上一章讨论通信时提到的，保持人际关系是我们最重要的需求之一。如果社区使用技术来恢复地区级的人际关系会如何？如果他们使用技术来主动防范孤立会如何？

请想象一下这样的未来：与城市操作系统加强连接使城市能够检测到公民的需求，并将他们与可能满足这些需求的其他公民联系起来。这就像一个配对模型，但这个模型并不同于相亲，而是一个在市级运行的系统，一个基于亲和性或需求将人们联系起来的系统。这个社区系统基于亲和性或需求的算法提供选择性服务，把人介绍给人，把人介绍给企业，或者把企业介绍给企业。该系统可以改善公民的社交网络，让他们找到工作、教堂或当地的酒吧，那里的每个人都知道彼此的名字。通过这种方式，智能社区可以帮助促进其成员之间有意义的联系。

然而，这些联系将不仅仅局限于当地社区的人。未来的社区之间也将相互连接。拥有特定专业、产品和服务的城市之间将启动商业往来。它们将分享有关农作物产量或独一无二的旅游机会的信息。它们会通知邻近的城市及其市民就业机会，这些机会可能更适合它们的邻居。它们将与边远社区的成员分享当地俱乐部、体育赛事或组织的信息，希望围绕共同的想法、爱好或需求将更多的人聚集在一起。通过这种方式，未来的社区可以建立更好的人际联系。

然而，毫无疑问，这些互联的社区将带来独特的挑战。互联城市将搜集关于其成员的大量数据——他们去哪里旅行，去哪里购物，所经历的事故数量，他们是否是犯罪的受害者或肇事者，他们与谁交往，等等。这些数据将给予市政领导极强的洞察力。尽管如此，市政当局仍需要竭尽全力地保护这些数据不被窃取或滥用，腐败的政客可能会试图利用这些数据来操纵或影响公民。此外，市政当局内的企业实体或许愿意竭尽全力地获取这些数据，因为这些数据可以让它们洞察消费者的选择。但是，如果系统被用来防止数据的盗用、误用或操纵，该类型的操作系统可能会极大地改善公民的生活。

未来的建筑

然而，技术不会简单地用于把人类彼此联系起来，或者把人类与他们的城市连接。在第四次工业革命中，技术可能被用来降低这些城市的生活成本，这是超人类密码的主要目标。随着3D（三维）打印的普及，打印建筑材料用于建造房屋已经成为现实。这些材料比传统建筑材料更廉价，也更耐用。它们将使我们减少对于可再生和不可再生资源的使用。未来的建筑业将减少对木材和石油产品的依赖，这对环境而言是一个积极的因素。

在世界上的一些地方，这些可打印的材料已经被用来建造价格合理的现代住房。Icon 是一家“致力于住宅建筑革命的建筑技术公司”，它积极地问道：“如果你能在 24 小时内下载并打印一栋房子，且只需付出一半的成本，那会如何？”这不仅仅是一个假设。2018 年 3 月，该公司在得克萨斯州奥斯汀打印了它的第一座原型住宅。虽然 Icon 推出的技术具有前沿性，但它正在以真正独特和人性化的方式使用这项技术；它试图利用该技术为世界上最贫困的人创建社区。它的网站上的宣传视频说：“打印的第一座住宅社区将位于萨尔瓦多，不久还会在更多的地点出现。”[6]

3D 打印技术也被用于制造家具，这种家具更便宜、更耐用，且最终可回收。使用可打印材料来降低房屋和家具的成本可以为消费者带来显著的收益，同时减少社区内的浪费。

然而，未来的房屋将不仅仅由可再生和可循环利用的资源打印而成。它们将更加高效，可以重组，让我们生活得更舒适，同时使用更少的空间。可变形的家具系统将使任意空间无缝地适应相应的活动，因此一个房间可以有多种用途。比如可以自动折叠到墙上的床、可以变成书桌的餐桌、可以移动到相邻房间的墙……所有这些都可以提供更多的空间用于娱乐，或创建一个家庭办公室等。这样一来，空间可以变得更加实用，同时对普通消费者甚至低收入消费者而言也更划算。

现代技术在建筑上的应用也会对我们城市的天际线产生影响。通过使用更多的可打印材料，我们将会减少摩天大楼的碳足迹，因为我们生产的钢材、混凝土、木材和其他消耗性材料会减少。通过在现代建筑中使用 LED（发光二极管）照明，我们对电力的需求将减少 80%，对化石燃料和其他替代能源的消耗也将减少。通过使用一些相同的模块化家具和可适应的空间，企业只需轻触一下按钮，就可以将办公室变成社区聚会厅，从而为社区的人们创造更多的联络场所。

这些想法看似时机已经成熟，但与任何技术的应用一样，这种技术的应用也会给人类的繁荣带来风险。如果没有像 Icon 那样的意图，其中许多应用可能会让我们当中最富有的人大大受益。他们还可能继续鼓励本已密集的城市地区发展，导致进一步的拥堵，让人们的幸福感下降。更重要的是，现代建筑技术可能会减少每栋房屋数千小时的工时，这会对许多蓝领工人产生不利影响。因此，尽管这些技术可能缓解当前许多与社区发展有关的问题，但在我们应用它们之前，我们有理由问这些最重要的问题：这些技术带来的正面影响是否大于其负面影响？这些技术是否对大多数人最有益？

超人类密码和社区

毫无疑问，随着全球城市化进程的加快，新的挑战也随之而来。日益严重的污染、安全和安保问题，人与人之间联系的缺乏，这些都是我们未来面临的挑战。虽然其中一些问题可以通过技术手段解决，但少用技术可能是第一步：建立更小的社区，居住在离我们工作场所、当地的酒吧、教堂更近的地方，与当地的工匠、农民和朋友一起营建社区。

但是，当我们到头来总是要将技术应用到我们的社区时，请让我们关注意想不到的后果。让我们来回答下面这些问题。

1. 我们如何设计既高效又宜居的城市？
2. 通过使用安全的自动化系统，我们能以什么方式提升公民安全？
3. 我们如何在保护公民隐私和个人数据的同时将他们与这些自动化系统连接？
4. 技术如何促进公民之间的互动和联系？
5. 如何利用技术让住房变得更经济实惠，同时为低技能劳动力提供就业机会？
6. 我们可以使用有目的的设计来创建功能强大但令人满意的多用途空间吗？

这些问题不能仅由技术专家、建筑师和城市规划者来回答，而是需要我们共同的投入，即城市居民的投入。没有这些投入，我们对技术的应用将会不太有意义，创造出更像巴西利亚而不像瑞士社区那样的城市。但是，如果我们认真对待超人类密码，在优先考虑人类需求和最大限度地满足人类需求的前提下应用技术，我们就能创建出鼓励人际交往、促进当地交易、最大限度地保障公民安全的社区系统，也能创建出实惠、高效、安全的社区。

优先考虑人与人之间的互动、联系，满足人们的需求，这些应该是社区规划和发展的目标。当我们使用技术来实现这些目标时，我们需要深思熟虑，以确保我们服务于社区的最大利益，以及我们正在关注这些社区中的个体：我们自己。

12

教 育

1987年，德国一家科技公司——弗劳恩霍夫应用研究促进协会发起了一项关于数字音乐压缩技术的内部研究项目，代号为尤里卡（Eureka）。两年后，该公司因为其发现获得了德国专利。但该公司又经过了7年多的反复试验，才将他们的全部工作归结成一种可行的、专有的成果，即MPEG-1 Audio Layer III，简称MP3（一种音频压缩技术）。[1,2]

1994年，弗劳恩霍夫发布了第一台MP3解码器，让人们可以在电脑上听数字音乐，到1997年，www.mp3.com开始通过互联网提供数以千计的免费数字音乐文件，这3年间，音乐行业的面貌像初春的田野一样发生了天翻地覆的变化。

随后，Napster[①] 在 1999 年出现了，行业转型扩展到全球范围。突然之间，各地的音乐消费者都有了选择，他们很快就知道了自己的偏好。他们不再需要为了听自己喜欢的两首歌而购买整张 CD（激光唱片）了。他们不再需要拥有多张 CD 来制作独特、个性化的歌单。只需要几分钟，他们就可以在舒适的家中或工作场所听特定的歌曲和自制的歌单。最棒的是，它是免费的。

接下来发生的事情我们都知道。唱片公司叫苦连天，声称免费下载和分享数字音乐文件不仅侵犯版权，还严重影响了专辑的销量。事实的确如此，但是，它们并没有看到机会，相反，它们的法务部门试图列举出最大的肇事者。排名第一的是 Napster，它最终被关闭了。然而，一个新世界已经出现。消费者已经尝到了它的果实，他们的需求也发生了变化。音乐产业努力控制消费者的需求，甚至让他们回归到吸引力越来越小的消费模式。

这场冲突一直持续着，直到音乐行业终于有了一个新发现，并意识到最好的办法是顺应这种压倒性的需求，而不是竭力抑制它。它们得到了史蒂夫·乔布斯这位不寻常的先驱的帮助。2001 年，乔布斯将 iTunes 及其对应产品 iPod（苹果数字多媒体播放器）带给了世界。如今，数字唱片销量已经

① Napster 是一款可以在网络中下载自己想要的 MP3 文件的软件。——译者注

超过了实体唱片销量。[3] 从那以后，音乐行业一直在努力寻找与消费者所希望的产品之间的平衡点。最重要的是，当消费者听音乐时，业界现在都专注地听取他们的意见。

这个故事可以作为未来教育的当代寓言。

就人类的学习而言，我们生活在一个了不起的时代。据福布斯和分析机构 Metaari 的数据显示，教育技术（又称 edtech）领域的风险投资比以往任何时候都要多，2012 年全球风险投资总额超过 10 亿美元，2017 年达到 95.2 亿美元，“涉及所有市场”。

私人资金也在源源不断地涌入，在过去 10 年里，《福布斯》最富有的 10 位富豪都将自己的部分财富投资于教育发展和教育事业。[4]

这至少意味着，我们现在可以使用最高效、可定制、可量化的学习工具，而且这些工具触手可及。这些工具正在改变个人成长和团队进步的方法和手段。许多这样的工具已经被广泛使用，比如 iTunes U，它让所有人都能听到专家解释一切事情，从古代战争到最重要的文学作品，还有专注于数学和科学的可汗学院，它的口号是“在所有地方，让所有人都能得到免费的一流教育”。仅在过去 5 年里，我们就取得了重大进展。然而，我们只触及了教育的表面，最重要的是，它能提供什么——不仅适用于典型的幼儿园到大学，也适用于世界各地各个年龄段、不同目的的学习者。我们即将实现更好的环境、更好的定制和更高的整体效率的承诺，而且在某些方面已经实现了。

不幸的是，任何一个历史悠久的行业要进步总会遇到阻力，教育也不例外。传统教育的守护者以及它的拥护者，即便对此不完全抵制，也很难适应。他们所坚持的惯例，例如认证标准、终身职位和标准化证书，将一些最好的工具留在了行业的边缘，只用于第三期教育。因此，目前大部分可用的资源并没有提供给绝大多数学生。或者说，即便提供了，也不是由传统教育机构提供的。潮流在变化，但我们不得不怀疑它的变化速度是否足够快。

那些认为新的学习机会是一种威胁的人，就像那些音乐行业以同样的眼光看待 MP3 出现的人一样。正如音乐家（和那些付钱给他们的人）想象他们谋生空间会随着个性化数字音乐的兴起而消失一样，一些坚定的教育者也看到他们的谋生空间随着个性化数字学习的兴起而消失。

尽管如今很难捍卫这一立场，但仍有一些人拒绝跳出那艘名为“传统教育”的沉船，据非营利大规模开放式在线课堂平台 edX 首席执行官阿南特·阿加瓦尔（Anant Agarwal）称，传统教育“数百年来没有改变。”[5] 这类教育者与 20 世纪 90 年代末提起激烈诉讼的唱片公司高管没有太大不同，他们没有敏捷地适应行业（和人们）不断变化的标准，而是试图坚守并保护一个过时的范式。

从这个意义上讲，MP3 的故事也是一个永恒的教训。

任何程度的进步，无论是个人的还是全球的，总是紧随传统和创新之间的斗争而来；这是必须保留的事物和可以改变的事物之间永恒的拉锯战。惯例的价值在于为其提供的增长奠定基础：稳定性、可预测性和建立最佳实践的环境。惯例是有效的，直到更好的东西出现。然后，一眨眼的工夫，惯例就成为创新的最大障碍，进而阻碍进步。惯例和创新都是必要的，但它们必须轮流被置于次要地位。现在，在教育行业，创新必须占据主导地位。

我们现在看到，一些早期的反对者非常自信地预言在线教育“劫数难逃”的命运没有实现，而且将来也不会成为现实。相反的情况正在发生：教育的消费者正在获得更大的自由，也更牢固地立足于他们所追求的条件和结果。虽然有些人仍然坚持认为，除了传统的课堂教育，任何之外的东西都是次要的，但今天许多人已经改变了想法。他们看到新的未来正以几年前几乎无人预料到的速度展现在他们面前，包括创新的支持者。

今天，根据 2016 年的“教师梦想课堂调查”，美国多达 91% 的教育工作者认为科技有助于促进学习，但其中只有 16% 的人在将科技融入课堂方面给他们的学校打了“A”。[6] 随着越来越多的开拓性教育工作者向前迈进，拥抱未来，这个数字还将继续攀升。例如麻省理工学院已故校长查克·维斯特（Chuck Vest）实践的具有开创性的“开放式课程网页”，这个项目为数以千计的麻省理工学院课程提供免费教材（教学大纲、测试等）。《纽约时报》的阿什利·索思豪尔（Ashley Southall）解释道：“这个项目是其他大学开发所谓大规模开放式在线课程的典范。”[7]

在2011年的一次采访中，佐治亚理工学院21世纪大学中心的主任理查德·德米罗（Richard DeMillo）总结了像开放式课程项目这样的开创性进步对未来教育的影响：“将每门课程免费放到网上，表明麻省理工学院学位的价值并不包含在讲座、考试和家庭作业中。而是包含在师从麻省理工学院学者网络的经历中。”德米罗（以及教育领域许多进步思想家）的结论是：“为什么要坚持广泛分享？”[8]此外，当世界级的教育可以按照学习者的意愿随时随地提供、参与和评估的时候，为什么要将学习限制在预定的时间、地点和进度？

这些问题构筑了新的学习精神，培养了当今的教育格局。惯例构成障碍并不是什么新鲜事，有些障碍很高，但它们必须得到解决。大卫·普莱斯（David Price）在他的书《开放：未来我们将如何工作、生活和学习》中提道：“150年来，正规教育一直采用‘由内而外’的思维方式。学校和大学通常是围绕教育者的需要而不是学习者的需要来组织的……新格局呈现出明显的剧变。发明家和研究人员越来越多地在学术界之外独立工作……学习者也会发现自己处于主导地位，因为对于那些渴望学习的人而言，正规教育不再是唯一的选择。”普莱斯说，教育机构如何适应“将在很大程度上决定它们能否生存”。[9]

对于我们这些热爱学习，需要学习，或者以引导学习者为生的人而言，这种至关重要的对变化的适应是个好消息，我们必须承认，这是我们所有人的事情。展现在我们眼前的教育格局不会没有成长的烦恼。我们可以期待的环境是，高质量的学习是非私有化的，是合作的、负责任的、与世界人民的愿望和需求相关的。最重要的是，这种教育模式把打开我们学习潜力的钥匙交到每个人手中。为了继续取得积极进展，我们只需要明智且协调一致地使用钥匙。

也许我们应该先回顾一下美国建筑师、科学家、发明家巴克敏斯特·富勒（Buckminster Fuller）被广泛认可的一句话（虽然没有得到证实）：“你永远无法通过对抗现有的现实来改变事情。要改变某些东西，就要构建一个使现有模式过时的新模式。”如果我们的目标是用教育造福全球所有公民，那么我们似乎更适合使用我们与技术的合作伙伴关系来“构建一个使现有模式过时的新模式”。

我们正在实现这个目标，更好的描述是修修补补地实现，但是我们可以在更大的范围内做得更多。我们不能忘记，我们既是教育的消费者，也是教育的唯一捐助者。如果把当前的教育换一种环境，在这种环境中，像优兔和维基百科这样的开放数据源只是持续、无障碍学习资源的冰山一角。此外想象一下，在同样的环境下，用一种新的方式来鉴定和量化一个人的教育程度。例如，如果教育变得完全分子化会发生什么？

虚拟学习不需要学生坐在教室里，它使教育不仅可以扩展到全球平台，还可以每时每刻、年复一年地关注个人的学习需求。在这种情况下，我们将不再需要多年的学习，从小学到高中，再到大学和研究生院，花费几十年时间获得标准的学位证书——到目前为止，这些证书几乎总是求职所必需的。取而代之的是，我们每个人都将根据人生每个阶段的需求和愿望进行学习，虚拟导师全天候为人类教师提供帮助；此外还有人工智能算法会与我们的教育轨迹同步，测试我们是否已经学习，跟踪我们已经学习的内容，然后通过全球分类账量化我们的教育价值。从理论上讲，我们将不再需要猜测一个人是否有资格胜任一份工作、一个角色或一个公共职位；我们的技术合作伙伴会非常清楚这些。这并不需要在招聘、选择或投票时放弃人类的辨别力。然而，它会将不合格的人从组合中剔除，将重点放在每个人的无形品质上，如同理心、雄心和创造力。

随着法律或技术能力的变化，这种个性化的、可跟踪的方法在需要不断“更新”人类知识的职业环境中已经是可行的。如今，随着法律和医学的根本性变革正在进行，许多医疗和法律专业人士需要定期（通常是每年）接受教育提升。如果把这种方法扩展到青少年的正规教育，以及成年人的持续学习，又会怎样呢？这不仅仅是为了职业发展（或者在很多情况下是为了履行协议），也是为了获得在不同的时间和时期需要或想要的新技能。

投资者兼企业家维诺德·科斯拉（Vinod Khosla）表示："教育体系充满了机遇，"他继续说，"但是，到目前为止，还没有一种简化的、分散的途径让世界上的每位公民都能获得知识，并且从他出生的那一天到他去世的那一天，他所学到的东西都能得到认可（或认证）。也许这就是我们应该构思和建设的新蓝图。"[10]

富勒写道："我们应该摒弃'人人都必须谋生'这种似是而非的观念。今天的事实是，我们每一万人中就有一人能够取得技术突破，从而支持其余所有人。今天的年轻人已经完全正确地认识到谋生这种观念是无稽之谈。我们不断创造工作岗位就是因为这个错误的想法，即每个人都必须从事某种苦差事，因为根据马尔萨斯和达尔文的理论，人们必须证明自己存在的权利是正当的。所以我们有针对检验员的检验员，还有人制造仪器来检验检验员。人们真正应该做的是回到学校，在有人告诉他们必须谋生之前，好好想想自己到底在想什么。"[11]

由于它适用于人类与技术的结合，围绕教育未来的真正问题更多地与机构内部创新的接受和采用有关，这些机构仍然在很大程度上控制着我们从（大约）5 岁到 22 岁的学习方式。今天，人类似乎非常渴望探索和学习所有可以想象到的学位，只是并非每一种想象到的学位他们都会去学一遍。现在是我们这个星球开始解决更大问题的时候了。

1. 教育机构应该如何重新设计教育的用途，以更好地适应我们生活的世界？
2. 如何利用技术来继续开辟匹敌甚至超越当今最高制度形式的教育之路？
3. 各个年龄段的学生如何利用他们的消费能力来引导教育走向最适合世界需求的地方？
4. 教育者如何才能成为人类的代言人，而不仅仅是他们的机构的代言人？
5. 许多发达国家的正规教育体系能否改变，不是像一些人所说的那样需要几十年，而是几年之内？如何做到？

当我们寻求解决这些和其他重要问题时，让我们保持开放的态度，向地球上任意角落的任何一个人学习。汇集全球所有知识将是人类以前从未实现过的事情，这些知识不仅仅是书籍、手册和图书馆，还有我们的思想、精神和经验。今天，我们有可能创造这种资源。我们只需要敞开心扉去寻找道路，共同努力去铺设和保护它。世界上没有比开放人类集体思想更强大的工具了。

13

政　府

我们研究了如何确保地球上每个人的粮食和饮水安全；我们探索了在医疗、能源和交通领域不断发展的技术如何能够带来更大程度的繁荣和幸福；我们研究了技术对经济的影响，包括就业和金融领域；我们还询问了如何利用技术来增强公民的安全。从历史上看，政府在这些领域都发挥了一定的作用。因此，在越来越大的程度上，我们目前的政府结构需要应对这些领域的技术颠覆，并梳理监管结构，以确保人们的利益得到满足。

政府结构不会简单地将行业的技术颠覆作为不相干的事情来处理。颠覆将进入我们的民主进程，使我们的政治制度更加细化，更加分散，对人民更加有效。在此过程中，我们需要问，我们如何才能保护民主本身不受复杂的技术攻击？

2018年3月，英国《卫报》采访了检举者克李思拓弗·怀利（Christopher Wylie）。当晚的话题是剑桥分析公司，这是一家政治咨询公司，由亚历山大·尼克斯（Alexander Nix）、布莱巴特新闻网的编辑斯蒂·K. 班农（Stephen K. Bannon，后来成为特朗普总统的顾问）和对冲基金亿万富翁、特朗普的支持者罗伯特·默瑟（Robert Mercer）于2014年共同创立。该公司的可疑行为曝光后，其被推到了聚光灯下，怀利想把一切都告诉大家。

在采访中，剑桥分析公司前研究主管怀利分享了公司为获取数百万脸书用户的私人数据而制订的独特计划。公司成立后聘请了剑桥大学的高级研究助理亚历山大·科根（Aleksandr Kogan）。据怀利说："科根提供给我们一些东西……便宜得多、快得多，而且质量无与伦比。"[1,2]

科根提供了什么？一种无与伦比的数据抓取方法。

科根设计了一款名为"你的数字生活"的手机应用，它在脸书上作为一项人格测试推出，并搜集用户数据。但它并没有到此为止。通过先进的算法，它从自愿参加测试的用户那里，进一步获取了他们在脸书上的朋友和熟人的公开信息。使用这些方法，剑桥分析公司在大选前的几个月里接触了8 700多万名美国人。利用抓取的数据，它创建了详细的用户个人资料。然后，公司针对精选的个人资料投放信息和广告，试图影响共和党的选举结果。[3,4]

那么，这些信息和广告是什么样的呢？

怀利在接受 BBC（英国广播公司）采访时表示，剑桥分析公司用来自貌似有可信的信源的假新闻来瞄准用户，尽管不是在主流媒体内。通过这种方式，该公司在主流媒体中播下了不信任的种子，因为目标用户开始问："为什么那些报道（剑桥分析公司传播的虚假和误导性报道）没有出现在 CNN（美国有线电视新闻网）、BBC 和其他更传统的新闻网站上？"怀利说，这是一台"全方位的宣传机器"，是一种影响选举的方式。[5,6,7,8]

剑桥分析公司利用心理数据和操纵手段在社交媒体上影响选民，在某种程度上，它取得了成功。这是一场新颖、勇敢的政治造谣运动，一种旨在破坏新闻自由的手段，而且没有人能预见这种操纵选民行为的到来。对吧？

不对。

斯坦福大学商学院的研究员兼组织行为学助理教授米甲·科辛斯基（Michal Kosinski）在接受采访时表示，他多年来一直在警告人们注意这些风险。他接着说："我们最新的研究证实，这种心理定位不仅是可能的，而且是有效的数字化的大众游说工具。"[9]

通过复杂的高科技手段，剑桥分析公司绕过了传统媒体，通过后门影响了政治。这是一个具有高度针对性、高度技术性的过程，我们分散的媒体渠道使之成为可能。但这种政治影响的方法只会随着我们推进第四次工业革命而日益普遍。随着政府系统本身变得越来越分散，随着个人开始对一系列分散的问题进行投票，各党派的黑客和政客将有越来越多的机会影响和操纵投票。他们会有更大的动机去破坏和操纵言论自由。

分权政府是什么样的？技术的应用如何改变民主？我们怎样才能保护它免受掌权者、富人和精英的虚假信息的影响和操纵？随着技术开始颠覆政府部门，这些都是我们需要回答的问题。

超人类时代的政府

在人类历史上，政府采取的是自上而下、高度集权和父系制的治理方式。与古希腊原则相一致，民主国家将权力集中在大型政府机构中，并聘请有代表性的专业人士——政治家及其工作人员来管理政府。在公民散布大片土地，几乎无法获得复杂信息的年代，这是有道理的。我们派代表前往首都，相信他们能够分析信息并表达我们的关切。即使他们有时被说客和特殊利益集团说服，我们也仍然信任他们会像我们一样投票：以我们的最大利益为重。

在大多数情况下，这些结构仍然存在。我们被几百年前人们针对他们时代的技术局限而写的文献所支配。技术极大地改变了我们获得教育和信息的途径，以及我们的交流方式。因此，我们中的许多人发展了自己的专业领域，其水平有时可能超过我们的政府代表。我们可能比远在首都的代表更了解医疗保健、商业监管、税收和网络安全。现代交流方式让我们可以发表更多的意见，做出更多自己的决定。这就提出了一个问题，我们还需要过去那些臃肿的官僚机构，以及那些行动缓慢而烦琐的民主政体吗？

随着科技呈指数级发展，我们看到了它颠覆传统大型政府系统的最早迹象。20世纪的标志是集权进一步加强的政府低效率地提供价格过高的成套服务，而21世纪的特点是直接访问、直接投票，以及更有效地提供服务。

我们已经开始看到越来越多互联的政府互动和服务。通过在线门户网站，公民可以缴纳税款并使用政府提供的公用事业。他们注册投票（在某些国家是真正的投票）、改名字、登记车辆、投诉。这些服务精简了我们的生活，为我们的政府节省了预算。第四次工业革命将被划分为一种更加分散的政府模式，在这种模式下，人们有更大程度的决策权。

在瑞士，一些公民已经进行了近12年的电子投票。我们的公司WISeKey一直是电子投票的先行倡导者。从一开始，我们的任务就是帮助创建一个安全可信的投票平台，一个公民可以依赖的平台。公民需要确保他们的选票会被接收、统计和保密。他们需要知道人民的意愿得到了传达。因此，我们把确保投票平台免受精明的黑客和政府操纵作为重中之重。但是我们应该怎么做呢?

我们与政府以及其他公司合作，建立了加密公民身份验证系统。每个潜在的电子选民都必须访问他们的邮局，并把他们的护照出示给相应的政府官员作为公民身份的证明。就像一个人乘火车或飞机进入瑞士一样，一旦护照通过验证，政府官员就会向选民发放一个数字身份。这种数字身份可以存储在选民的手机或智能卡上。然后，在即将到来的选举中，它可以作为一种密钥来解锁电子投票门户，允许选民通过加密的、安全的政府服务器传送他们的投票。

这种安全的电子投票方法已经存在多年，但随着技术的进步，我们增加了额外的安全层。使用 WISeKey 的区块链技术，我们确保每个投票都记录在分布式数字账簿上。就像区块链技术在货币上的应用一样，这可以防止双重投票和计票中的欺诈行为（因为选票可以与其他分布式账簿进行交叉核对），并且在无须亲自访问某人的由政府发布的数字身份的情况下，为黑客攻击投票系统设置了额外的障碍。

瑞士使用的投票系统提供了更安全的投票，使投票过程更有效率。人们对选举结果几乎可以立即分析，投票结束后的几分钟内即可公布选举获胜者。但这也并非十全十美。这个系统并非没有风险。因为选票是用唯一的选民身份号码记录的，所以有可能确定出某个选民的投票。如果账簿被黑客入侵，选民身份被泄露，公民可能会因为他们的投票而受到敲诈、惩罚或其他形式的毁谤。因此，如果没有安全保护，电子投票的风险可能会对选民投票产生寒蝉效应[①]。

如果能够克服电子投票的挑战，而且让人们习惯电子投票，这就可能有助于我们下放政府权力，允许权力分散。在未来的政府中，我们不会简单地在两党制或三党制下投票选出最好的候选人。相反，由于电子投票的便利，我们将拥有更多的决策权。我们的代表仍将起草和审议法案，可以提出建议和意见；在某些情况下，如果我们不具备与我们的代表相同的专业知识，我们可能会将我们的选票委托给他们。不过，在某些情况下，我们可能会单独投票，将问题与党派政治脱钩。我们将能够投票选出对我们的家庭、邻居和社区最有利的人。

通过这种去中心化，未来的政府将更加细化，国家的许多治理将发生在州、县、市甚至社区的层面。世界各地的社区将对与它们无关的问题进行投票，这些问题涉及粮食、饮用水、卫生保健和公用事业。它们也可能与邻近的社区合作解决具体的问题，这些问题可能是国家政府无法灵活处理的。社区可以共同解决如何应对移民涌入或处理物资短缺的问题。欧洲的社区可以通过执行当地措施，在干旱期间直接向非洲

---

① 寒蝉效应是指人民害怕因为言论遭到国家的惩罚，或是必须面对高额的赔偿，不敢发表言论，如同蝉在寒冷天气中噤声一般。——译者注

的社区提供资源。波特兰某地的政府部门（无论是在城市还是街区）可能会投票决定是否将加密货币直接送到新奥尔良的某个受卡特里娜飓风影响的病房。资金可以直接流向最需要的人，而不是通过可能存在腐败风险的救济组织或其他中介机构，所有这些都是由安全可靠的社区投票决定的。而那些获得资源的地方政府同样可以投票决定如何以更适合文化和社区的方式更好地利用这些资源，而不需要依赖父系制国家政府机构。

未来更细化的政府也将以其他方式联系起来。社区的职业和商业需求，为人道主义服务、娱乐等方面的需求将通过人工智能被实时检查，并将这些需求传达给邻近社区。各个社区的数据将以提高公民福祉为目的进行监测、搜集和分析。人工智能将被组织成更小的市政单位，参与更快、更好的社区建模，使我们能够增强我们的教育系统，减少贫困，使用预测技术更好地监控犯罪热点，预测未来的恐怖袭击，并监测网络安全攻击。通过用更快、更安全的方式解决这些问题，我们将创建一个更好、更民主、更人道的政府。

信息、社交媒体和超人类政客

在这个更加去中心化的政府体系中，公民对市政结果有更多的控制权，公民和政客都需要获得更可靠的信息。昨天延迟的新闻周期不会起作用，但源源不断的操纵信息和假新闻也不会起作用。我们需要更可靠的系统，让我们有能力做出更明智的政治决策。

在技术革命之前，也就是媒体公司更稳固、行动更迟缓的日子里，任何争论双方的明智人士都至少能够就哪些新闻媒体是可靠的达成一致。新闻中会提供一系列事实，只有对这些事实的分析才会受到编辑倾向的影响。然而，事实的黄金时代已经过去了。现在，我们生活在一个信息和事实截然不同的时代。正如剑桥分析公司的案例所展现的那样，在当前的媒体生态系统中，人们很难确定哪些信源是可靠的，哪些在传播错误信息和假新闻。随着通信技术的发展，我们得到的信息比我们十辈子所消耗的还要多，我们将比以往任何时候都更容易被操纵。如果我们不保护我们的社会和信息网络免受下一个剑桥分析公司的影响，那么我们更细化、更去中心化的政府形式将受到威胁。谁将从这些操纵中获益最多？答案是政党、政客和特殊利益集团。

在一定程度上，我们可以保护我们的社交网络免受虚假信息和假新闻攻击（通过正确的监管方式），这在政府的新时代将是有益的。政客们将需要这类信息网络来传播他们的信息。因此，超人类时代的政治领袖将会掌握社交媒体的脉搏。他们会像美国前总统唐纳德·特朗普使用推特一样使用平台，在推特上，特朗普传达自己的信息，吹嘘自己的成就，并攻击对手。他把推特作为与人民直接沟通的渠道，无论你是否支持他的政策或他的攻击方法，毫无疑问，特朗普已经被证明是第一批新一代政治家中的一员。这种政治模式短期内不会改变。将来，世界上的“特朗普总统”将成为常态，而不是例外。

当然，社交媒体的传播不会是单向的。选民将比以往任何时候都有更多的机会接触他们的政客，他们将利用这种机会让他们的代表负起责任。主要的运动也将继续利用这些平台来接触政客，诸如“黑人的命也是命”和“英国脱欧”等运动，以及“阿拉伯之春”的煽动者就是如此。未来的政治家在大规模抗议或革命发生之前，将会充分倾听这些选民和运动的意见，并表达他们的关切。最受欢迎和信任的政客将会做得很好。他们将主持社交媒体民意调查，与脸书和推特用户互动，并提供电子期刊，让选民有机会直接回复。不参与这些平台的政客将会发现自己遭到了罢黜。

或许最重要的是，未来的政客将需要接受自己变得无关紧要、权力匮乏。他需要明白，由于政府职能日益去中心化，他不再像过去那样对于民主的作用而言是必不可少的。美国性暴力资源中心的克里斯汀·豪泽（Kristin Houser）恰如其分地说：

> 由于技术的发展，政治家不再是一个有组织的

社会形成的必要因素。像初创公司“民主地球”、太空国家“阿斯伽迪亚”和漂浮城市“工匠城邦”这样的举措，正在构想人民自治的新社会形式。这些社会可能拥有由比特币驱动的经济，通过点对点网络起草的管理文件，以及通过区块链记录的决策。他们不必把几个世纪前写的宣言应用于今天独特的格局，他们可以从头开始。[10]

随着我们进入两个不同时代之间的混乱时期，政府官员必须牢记所有这些事情。去中心化和高效率将是政府新的组织原则，但它们将带来更大的监管需求。允许更大的透明度和更可靠新闻传播的公民平台将非常重要，我们需要保护这些网络免受虚假信息的操纵。简而言之，我们需要确保人民的意志决定一切，而不是更大、更强力的团体的意志决定一切。

向更好、更有流动性的民主迈进

“民主不是一个绝对的概念，而是一项正在进行的工作。它永远不会终结，永远不会完成。”民主地球的创始人圣地亚哥·西里（Santiago Siri）如是说。民主地球是一家旧金山的初创企业，致力于颠覆民主。西里希望通过推广他所说的“流动民主”，即允许选民在某些问题上直接投票，同时在其他问题上把自己的选票委托给代表，从而为全世界的政府带来创新和变革。他认为，通过安全的电子投票，公民将在影响他们生活的决策中发挥更积极的作用。我们对此表示同意。[11]

尽管像西里推进的这类技术颠覆正在改变民主形式，但这些变革不会在一夜之间发生。它们会随着时间的推移逐渐到来。随着技术进步带来这些颠覆，今天的政府系统和政客们不会通过党派之争或民粹主义仇恨来保住权力。他们需要适应。我们也需要适应。首先，我们需要确保我们提出的问题是正确的。

1. 政府的技术进步是让公民的日常生活变得更好，还是仅仅带来了更多的复杂性，更多的安全风险和更多的操纵？
2. 技术是用于推进社区决策和联系，还是用于支持臃肿的官僚机构和党派壁垒？
3. 电子投票系统是让公民有更多的机会获得民主，还是给民众带来了寒蝉效应？
4. 信息网络是值得信赖的和可靠的，还是受制于虚假信息、心理操纵和党派赞助的假新闻？

如果我们正确地回答这些问题，未来的分权政府将在三个层次蓬勃发展。在最细化、最地方化的层面上，它将赋予公民权利，并允许他们做出影响其日常生活的决定。它还将简化国家层面的决策，让总统更像是首席执行官，而不是最高统治者。在全球层面，它将使我们所有人都有能力应对重大的全球问题。但是，如果我们要利用这些更灵活、更有效的自治形式的力量，我们就需要朝着使用现代技术赋予公民权利，而不是压制他们的政治体系努力。我们需要选出那些不怕进入新时代的政客，而不是那些巩固自己的权力地位的政客。请放心，我们最终会实现这些。但我们能高效和平地做到这些吗？只有时间才能证明。

创　新

今天的技术正在重塑人类的雄心壮志。这意味着技术的时间表正在超越人类。这是问题吗？技术似乎一直在向前发展，让大众的生活不断得到改善：火、电、青霉素和蒸汽机。这样的例子不胜枚举。真正的问题是，今天被重写的愿望是改善我们的生活还是侵蚀我们的生活？这一直是人类想问的问题。但现在我们必须要知道，错误的回答会产生严重的后果，例如，我们投资水蛭农场和四轮马车最终会血本无归。

今天，我们发现自己的处境与传说中的温水煮青蛙颇为类似。我们沉浸在科技创新的火热环境中太久了，完全感觉不到科技给我们带来的伤害。我们看着泡沫上浮，却没有意识到我们正懒洋洋地躺在世界这口沸腾的大锅里。我们在被煮熟之前能跳出去吗？这并不像听起来那么容易。与沸水中的青蛙相反，我们可能需要依靠指标，而不是对周围环境的感觉。现在，进步的感觉很好。它更方便，更时尚，非常迷人。然而，太多美好的感觉会掩盖削弱人类的危险暗流。当谈到技术创新时，我们必须警惕且诚实地面对出现削弱的地方。也许冲浪业最近的发展可以提供一个发人深省的例子，说明了我们每个人都需要考虑以下几点。

- 我们的作品的本质。（它们本质上有人性吗？）
- 它们的必要性。（它们是否首先服务于人类？）
- 它们让我们在这个星球上的体验变得更好还是更糟糕？（不是仅仅以不确定的进步的名义推进技术。）

《冲浪者杂志》副主编亚历克斯·威尔逊（Alex Wilson）在为《户外》杂志撰写的一篇颇有见地的文章中，详细描述了他参加 2018 年“创始人杯”的经历。这是一项在距离太平洋 100 英里的内陆人工海浪池举行的专业冲浪活动。他想知道，如果冲浪运动不在野外进行，那还叫冲浪吗？这个问题只是一个表面问题。威尔逊故事的核心是对我们进行和采用的创新的最终结果进行更深入的探究。[1]

威尔逊驱车向东，前往加州中央山谷，他穿越了 60 英里的沙漠，沙漠上随意地挂着临时的标志牌（在废弃的拖车上），上面写着对加州水资源危机的看法。他的最后一段路是一条不起眼的双车道公路，经过一处混凝土回收场，他终于来到了冲浪池，这是获得 11 次冲浪冠军的凯利·斯莱特（Kelly Slater）的杰作，具有讽刺意味的是，这里有一个 2 000 × 500 英尺的长方形海蓝色池塘，它能够产生完美的波浪。斯莱特毕生的梦想就是人工制造出只有在理想条件下的大自然中才能找到的完美波浪，据一位资深冲浪记者称，这也是每位冲浪者的梦想。

威尔逊初看池塘时并不感兴趣，他把它比作在路上经过的灌溉渠。然而，他很快发现自己“对这个完美的复制泳池感到敬畏”，一个个冲浪者享受着波浪，包括斯莱特的世界冠军队友斯蒂芬妮·吉尔摩（Stephanie Gilmore）和米克·范宁（Mick Fanning）。威尔逊承认：“我显然想到浪头上过把瘾。我甚至被比赛逗乐了。不过，过了一会儿，我开始觉得内陆的高温把我晒干了……然后，我觉得有点无聊，一种熟悉的本能在我内心升起，想偷偷溜回海岸。”[2]

冲浪运动的创新并不是新鲜事，事实上，这是冲浪运动风靡全球的主要原因。虽然冲浪运动的起源可以追溯到 1 000 年前的古代波利尼西亚群岛，但直到 1777 年，英国航海家詹姆斯·库克（James Cook）船长才成为波利尼西亚三角之外第一个亲眼看见冲浪运动的人。后来，冲浪运动又花了将近 200 年的时间才流行开来。为什么？因为冲浪被视为在温暖的季节、温暖的气候中的活动，只有在加利福尼亚、澳大利亚和夏威夷这样的地方才能玩冲浪，这几个地方也成了这项运动和生活方式的代名词。直到 20 世纪 50 年代末，一位名叫杰克 · 奥尼尔（Jack O’Neill）的前海军空军飞行员开始试验一种名为氯丁橡胶的合成橡胶材料，冲浪运动的普及范围才有所扩大。[3,4]

按照官方说法，虽然发明潜水衣的是伯克利大学的物理学家休 · 布拉德纳（Hugh Bradner），但精明的杰克 · 奥尼尔不断地推广潜水衣，并使之进入了业界的视野。到了 20 世纪 60 年代中期，潜水衣的销量超过了冲浪板。潜水衣使冲浪者能够在冬季冲浪，而冬季的海浪通常是最大的。从那时起，这项运动开始沿着美国的海岸线向北扩展（北部的海水温度曾经令人望而却步），然后向东扩展至欧洲，向西扩展至澳大利亚和亚洲。从那以后，科技创新一直是冲浪产业的驱动力，海浪变得触手可及，更廉价、更高效的装备也随之生产出来。在许多方面，冲浪已经成为人类与当今创新关系最纯粹的缩影之一。[5,6]

如果没有科技的进步，冲浪运动仍然会局限于温暖的沿海地区。尽管仍有极少数人不希望改变，但大多数人认为冲浪是一种流行的消遣方式，他们把创新作为这项运动的前进方向，甚至知道某些进步会导致假期更加拥挤。冲浪最吸引人的地方之一仍然是这项活动的野性，以及尚未被发现、被驾驭的海浪的神秘。从这个意义上讲，创新是通向探索及其成果的关键桥梁。莱尔德·汉密尔顿（Laird Hamilton）被公认为历史上最伟大的巨浪冲浪者，不仅因为他独特的技术，还因为他为冲浪运动引入了“摩托艇冲浪”的概念。摩托艇冲浪是指冲浪者被摩托艇拖着冲向巨浪。这种技术使冲浪者能够“捕捉”到那些徒手划水时无法捕捉到的波浪，即那些大约30英尺高或更高的浪。有趣的是，当汉密尔顿第一次把这项技术引入他的运动时，行业内掀起了强烈的反对浪潮。很多人觉得这是作弊，如果不依靠自己的力量划水，就不是真正的冲浪。这种想法过去存在，现在仍然存在。冲浪的起源是一名夏威夷冲浪者站在一块寇阿相思树制成的形状特别的木板上，在汹涌的海浪中滑行。这种原始的冲浪方式在今天仍然可行，然而现实是，很少有人这样玩了。请回想一下前面提到的诱惑：这项运动的野性和尚未被驾驭的海浪的神秘。要想让这种诱惑驱使你，你就需要给创新留出余地。[7]

如果没有玻璃纤维、鳍片或氯丁橡胶，又何来今天的冲浪运动？刚才提到的每一项重大进展都遭到过强烈的反对。但最终，反对声会像暴风雨中的巨浪一样平息下来。这是否意味着每一项重大创新都可以而且应该被采用？绝对不是，而且这也不意味着创新的采用必须以同样的方式适用于所有人。

贝瑟尼·汉密尔顿（Bethany Hamilton，与莱尔德·汉密尔顿没有关系）是一个与现代技术完美契合的冲浪者。如果你看过2011年的电影《灵魂冲浪人》，你一定很熟悉当时13岁的汉密尔顿在冲浪时被虎鲨咬断了左臂的悲惨故事。经过了几个月的恢复，以及更长的时间来接受现实，她又开始冲浪了。许多人想当然地认为，第一步应该是戴上假肢，帮助她站起来，并在冲浪板上保持平衡。但她选择的路线并非如此。

她没有拥抱技术创新去做她喜欢的事情，而是对她自己进行创新——她的心理、她的力量和她的能力。换言之，她已经拥有了她所需要的东西。在创新涉及的每个领域和行业，这都是一个值得考虑的选择。[8]

谈到创新，有三个首要的问题需要解决。

1. 什么可以被人工增强或重建？这是技术资源和能力的问题。
2. 什么应该被人工增强或重建？这是伦理道德的问题，最终是个人选择的问题。
3. 什么将会被人工增强或重建？这也是个人选择的问题，但在这种情况下，个人选择往往受到社会规范、消费者资源和政府政策的影响。

我们利用目前的创新能力所做的事情可以总结为我们能

做，并不意味着我们应该做；我们应该做，并不意味着我们将会做；我们将会做，并不意味着我们可以继续做。今天没有完美的创新方法，除非我们承认创新是个人化的，而且无处不在。我们有义务考虑这两种应用的影响。也许我们应该首先考虑，是否一切都可以改善。我们见过自然界中的结构和技术的完美。我们的身体和大脑如此迷人，技术又如此复杂，我们只了解其中一小部分的工作原理。无论是在我们的身体之外，还是在身体内部，我们的世界中的创新怎会无用武之地？

冰岛是大西洋东北部最大的岛屿之一，其海岸线有近 3 000 英里长，冬季冰冷的水温在 39 华氏度（约 4 摄氏度）左右。这是你最不想去冲浪的地方。但是据说，那里 12 月的海浪（更不用说整个景观）最为原始且苍凉。出于这个原因，著名摄影师、长期从事水上运动的克里斯·伯卡德（Chris Burkard）与包括两名当地人在内的几名冷水冲浪者合作，记录了一次前往位于冰岛最北部海岸的霍恩斯特兰迪尔国家公园史诗般的冲浪之旅。

“我们最终乘船抵达了国家公园，冲浪者们穿着厚达 7 毫米的氯丁橡胶潜水衣，开始划水进入冰冷的水域。”伯卡德在谈到这部纪录片的起源时说道，这部纪录片的名字恰如其分地叫作《北极的天空下》。“然后，船长告诉我们风暴即将来临，而且速度很快。我们不情愿地掉转船头，向港口驶去。

我感到非常内疚，因为是我承诺要去史诗般的海浪中探险的，我把他们的生命置于危险之中。最终我觉得我让所有人都失望了。这让人难以承受。”[9]

监测了天气后，船员发现这不仅仅是一场暴风雪，而是一场名为“Diddu”的全面风暴。这场风暴比冰岛在过去25年里所见过的一切风暴都要猛烈，天气预报称最大风速达到了惊人的每小时160英里，并有可能发生4级雪崩。船员们完全灰心丧气，冒着让赞助商失望和花费更多钱的风险，决定离开，但一种奇怪的感觉告诉他们不要放弃。

伯卡德回忆说：“尽管我们准备迎接风暴的决定可能不是最安全的，但我们也意识到，随着情况的恶化，它带来了我们所见过的最令人难以置信的巨浪。”[10]

他们在一片漆黑的悬崖边行驶了18个小时，其间，他们的卡车还陷进了公路边的坡道，最终，他们被困在海岸线附近的一间小屋里。尽管船员们越来越疲惫，越来越失望，但他们还是不能忍受被关在这间小房子里。他们刚走出去，风暴就来了。接下来发生的事情堪当载入史册。

伯卡德回忆道：“霓虹绿色、橙色、红色和黄色的旋涡状的光芒开始出现——是北极光。然后月亮出来了，北极光的颜色变得更加强烈。我甚至无法形容这一刻的幸运，也无法描述这一刻的超脱感。我们抓起装备，让冲浪者下水，开始摄影。我们都被周围压倒一切的美丽所吸引，努力保持着专注和专业。”[11]

观看伯卡德描述的最后一幕是一种崇高的体验，那种与美丽和神秘的相遇令人敬畏，你只有通过与自然界的互动才能感受到。然而，这种偶遇对伯卡德和他的冲浪伙伴来说是很自然的，而对于我们这些看过这部纪录片的人来说，观看体验实际上是通过高清视频的技术创新实现的。高清屏幕上的高清视频显示伯卡德和他的朋友们亲眼看见的景象。然而，如果质疑伯卡德和他的朋友们在北极光照耀下的冰岛冲浪所产生的绝佳效果是毫无意义的。这绝对是引人入胜的观看体验，我们要感谢技术创新。但是我们也必须承认自然界仍然发挥着作用。

如果没有技术创新重现他们的经历，那么美国人弗雷德里克·库克（Frederick Cook）和罗伯特·皮里（Robert Peary）等早期探险家最初的说法仍然令人怀疑。1908 年和 1909 年，二人都认为自己是第一个到达北极的人，但我们只有手写的日志记录和几张照片，照片上的人穿着厚厚的衣服站在白雪覆盖的风景中。他们是否真的到了北极还有待观察，当他们探索地球的最北端地区时的真实感受也有待观察。照片和第一手资料帮助我们的想象力构建出了一个模糊的静止画面，但这不是高清视频。模糊的画面不会像伯卡德的纪录片那样打动我们。[12]

有人说，利用拍摄、视频博客来记录体验在当前是一种耻辱。有人说，这让我们失去了亲身体验生活的乐趣，甚至欲望。有人说，我们应该多出去走走，活在当下，关掉我们的手机和相机，用我们的眼睛看世界，用我们的感官感受世界。

也许说这种话的人是有道理的。没有什么比得上亲身体验。但是，如果你坐在轮椅上行动不便，或者被财力所束缚，或者仅仅是被人类经验所束缚，那该怎么办呢？我们一度认为地球是平的，认为制造汽车是白日梦，认为个人电脑不会有市场。我们今天一无所知的东西有什么？很多，这就是未来如此令人兴奋的原因。

我们如何才能和科技一起追求这种冒险？首先要承认，创新既是内部过程，也是外部过程。换言之，它来自我们的内心、思想和灵魂的某个地方，我们无法完全解释。谁真正了解一个想法是如何诞生的？没有人，我们只知道想法来自我们内心的某个地方。但创新同样来自外部，来自我们在其中发现自己的外部环境：一个更大的、同样不可理解的宇宙中的成员。我们可以从分子、枫叶、月亮或太平洋日落中学到什么？强大的海浪如何描述运动和杠杆作用，甚至生命本身？

人类最大的奥秘之一是，创新同时来自我们的内部和外部。我们不应该回避它，而应该拥抱它。我们应该待在内部，也应该出去。向内看，也向外看。我们需要的经验教训在我们内心流动，也飘浮在我们周围。

滑雪运动员诺曼·奥勒斯塔德（Norman Ollestad）在他的书《狂风暴雨中的疯狂》中谈到了人类的这种令人惊叹的动态，他描述了当他还是个小男孩的时候，他和他的父亲一起去墨西哥旅行，其间第一次捕捉到了冲浪者所说的“卷浪”。[13] 冲浪结束时，奥勒斯塔德的父亲向他划去，告诉他的儿子：“你去了一个世界上很少有人去过的地方。”后来，当他们和一些当地村民围坐在火边时，一名十几岁的女孩给出了一个更简洁的描述，她说这是一扇“通往天堂的门”。奥勒斯塔德一边凝视着升起的火焰，一边回忆，他心想：“美好的事情有时会和危险的事情混在一起，它们甚至可能同时发生，或者一个导致另一个发生。”[14]

这也适用于谈论今天科技与人性的融合。

长期以来，科技塑造了我们生活的世界。从火坑到车轮再到电力，以及几乎所有东西的计算机化。但人类的创新最终塑造了技术及其应用。也许唯一的例外是我们彼此相爱的能力，我们在何时、何地、为何以及如何创新构成了宇宙中最基本的人性力量——创新甚至可以改善我们相爱的能力。休斯敦大学教授布琳·布朗（Brené Brown）写道：“我们是天生的创造者，我们通过双手将我们学到的东西从头脑传递到我们的心里。”[15]

创造力存在于我们的 DNA 中。足智多谋是我们最大的资源。今天，正确运用这一内在行为比以往任何时候都更重要。我们必须思考我们创造了什么，为什么要创造它。我们追求的体验是对人类更有益，还是只是暂时的肾上腺素刺激，是否会削弱我们对自然界已经给予我们的东西的欣赏力？我们的创造会提高我们无与伦比的自然能力，还是会削弱它们？

我们还必须明白，如果我们不创造，那就是在给自己和全人类造成巨大的伤害。最终，未来不会沦为人类和机器之间的一场竞争。我们的目标是释放我们自身更大的潜力吗？或者，我们会忽视我们尚未开发的能力，寻找更容易的替代方案吗？决定未来的真正竞争是我们与自己的战斗。让我们确保我们最好的自己成为赢家，这样我们才能共赢。

结语

迈向以人为本的未来的第一步

这本书旨在强调在人类控制的世界和机器控制的世界之间人类的两种截然不同的未来。这本书的主要假设是，为了定义这个新世界，我们应该从某个地方开始，但是从机器的角度来看，启动这个设计有很大的风险，更不用说讨论了。超人类密码必须以人类的输入、人类的情感、人类的独创性和协作为起点和终点，本质上以人性作为我们正在创造的未来社会的重心。

我们还着手在这里建立一个以人为本的平台基础：一个我们可以继续重要的对话和合作、定义标准、让多个利益相关者参与进来，并定义我们共同信奉的哲学的在线场所。通过这个平台，我们可以确保人类美丽而又卓越的复杂性能够在战略上安全地融入未来世界的技术支柱。

2019年，瑞士达沃斯世界经济论坛的主题是“全球化4.0：打造第四次工业革命时代的全球架构”。就像2017年1月我们与万维网创始人蒂姆·伯纳斯·李的一次对话中构想的“超人类密码倡议”一样，我们回到这里对其进行正式介绍似乎再合适不过。

世界经济论坛的创始人兼执行主席克劳斯·施瓦布（Klaus Schwab）在介绍2019年全球商业、学术、宗教、慈善和公民领袖年会的议程（该议程题为“全球化4.0——它意味着什么以及它如何惠及我们所有人”）时声称，我们的全球治理架构受到了攻击和批评。我们认识到，第四次工业革命与治理方式的巨大变化、国际秩序的重新调整，以及贫富差距的扩大是同时发生的。

日益扩大的经济差距在很大程度上要归因于数字转型对我们经济基础的影响。随着数据上升为最有价值的资产，我们的价值体系正在被重置。就像我们这里所说的那样，施瓦布先生认为，我们的生态系统的要素——健康、交通和通信，发生了前所未有的变化，这就需要政府和企业合作建立新框架以及推出新的教育方法。施瓦布告诉我们：“全球化4.0才刚刚开始，但我们对此准备不足。固守过时的思维模式、修补现有的程序和制度是行不通的。相反，我们需要从头开始设计它们，以便可以利用等待着我们的新机会，同时避免我们今天目睹的那种颠覆。”

超人类密码平台的核心前提是，用数十亿名利益相关者提出的方法来创造我们的未来。我们只需要问：

> 如果我们都认同满足我们最基本、最共同和最关键的需求会如何？如果我们同意为此承担全球责任会如何？这是可能的，而且在许多方面是非常必要的。

有了足够的集体智慧和集体努力，这个平台将会像人工智能驱动的操作系统一样，不仅为我们渴望的人类世界提供动力，还能防范任何对它不利的东西。在此过程中，它就像我们自身的免疫系统一样，能够检测到病毒并立即对其展开攻击。

虽然我们想象的以人为本的未来也有可能在没有全球共识的情况下实现，但历史表明这几乎不会发生。现在是我们谦卑下来，承认没有一个成员、行业或国家拥有完美答案的时候了。有些人是人类的敌人，而他们中的一些人并不认为自己是这样的。也有许多自私自利的人伪装成人类的朋友。我们如果意见有分歧，就很难发现和避免这些问题；我们如果有共同的愿景，就不难发现问题。今天，每个人都很重要，这不仅是从人道主义的角度出发，也是从实际的角度出发。

1948年，联合国大会通过了《世界人权宣言》。《世界人权宣言》是一项具有开创性的协议，确认了公民个人和人类的权利，包括不受歧视的权利、受教育的权利、享有自由和公平世界的权利，以及其他许多权利。

第四次工业革命以技术创新为基础，改变了我们的生活、工作和互动方式。它还具有挑战和维护人权，以及挑战所有人类的潜力。

如果我们允许碎片化的创新及其应用，那么技术将定义我们，而不是相反。我们并不是提倡建立一套普遍的法律体系来约束我们。而是说，除非（至少）我们大多数人把人性放在首位，并在这一事业中坚持自己的立场，否则，另外一个多数人群将会一如既往地出现。它通常以暴力或财力的方式形成。这些都不能压垮我们渴望的未来，更不用说让它完全偏离轨道。

仅仅断言民主至高无上是不够的。民主必须由我们来塑造，通过一种既可以摧毁民主，也可以无限期提升民主的全球关系：人类与技术的合作伙伴关系。在接下来的几年里，我们如何引领或不引领这一合作关系将无限期地定义这个星球上的生命。请让我们一起引领人类与技术的合作关系，我们所有人一起。

访谈

与创新者的对话

在创作这本书的过程中，我们有幸阅读、聆听，并与当今世界许多充满活力的创新者进行对话。接下来的内容，我们要分享一些塑造我们未来的人的灵感、观点和行动。

我们希望分享这些经验能够激发更多的创新，激发更高水平的合作，造福全世界。

对话卡维塔·古普塔

卡维塔·古普塔（Kavita Gupta）：ConsenSys 风险投资公司创始管理合伙人、社会金融先驱、技术投资和进步领域的领先创新者。

作者：卡维塔，你是一位杰出的社会进步创新者、新兴市场技术投资先驱，现在是区块链的主要风险投资人。

先说一下背景，超人类密码项目始于两年前在达沃斯举行的圆桌会议，与会者包括行业先驱、万维网创始人蒂姆·伯纳斯·李和维基百科创始人吉米·威尔士（Jimmy Wales），大家共同讨论技术和信任问题。当时，人们对互联网平台公司的关注与日俱增，人们对自己拥有什么和不拥有什么有了更多的了解。

古普塔：现在我们都知道了，但我们仍然使用它们，不是吗？我们生活的世界并不完美！

作者：我们的问题是，在没有全球技术管理者的情况下，个人和技术解决方案之间的关系应该是什么样子？既然没有人说“让我们这样做，别那样做”，那么技术开发者、用户和技术的推动者如何联合起来，让我们真正为人类做更多的好事呢？

我们认为，最好的办法是继续围绕“什么是好的、什么是可以实现的”展开对话，努力保持在对话的最前沿，即目标是让更多人而不是让少数人过上更好的生活。

作为组织的领导者，当你在应用中探索新产品和服务时，我们建议你让所有东西都通过一个过滤器，这个过滤器就是超人类密码，它代表了我们共同希望看到的比现在更加繁荣的人类特征和价值观。

古普塔：是的，我完全同意。事实上，就在一周前，我在牛津谈到了新技术的人文价值。实际上，我现在写的就是为一切应用和技术建立以理想的生活平衡为核心标准的重要性。这将在我们的开发人员开始大规模更新或发布应用之前被发送给他们，但我不想建立一套阻碍创新的规则。我们不希望它变成汽车行业，你不能创新因为你必须申请很多执照，所以你必须得有一套规则。我们不想过度监管，但我们也需要确保公司不会变得过于强大，例如像莱姆滑板车那样。这很危险，非常非常危险。

作者：他们没有把人放在第一位，是吗？

古普塔：是的，别提了。无论是司机还是街上的行人，他们都没有考虑。他们绕过了规定，现在除了戴头盔，几乎没有任何规定。

作者：这是商业驱动的，对吗？

古普塔：没错。作为一个由商业驱动的行业，这很好。我们谈论的是最低限度的可行产品，但也许我们也应该考虑什么是最低限度的可行消费品。在理想情况下，你应该做好事，让东西变得可用。

作者：那么谁将成为管理者呢？总的来说这很难，对吗？但是像你这样的领导者和像你们这样的领导者组织有能力传播信息和影响力，不仅在你自己的组织内部传播，还可以在其他敬仰你的组织中传播。

古普塔：是的，我认为作为个人，绝对是这样。在公司层面上则更加困难，尤其在工程方面。作为一名学生，他在大学里沿着工程学的道路前行时，甚至没有一份政策草案谈道："嘿，你如何人道地看待这个项目？你必须预防或促进哪些事情？"

我认为这个对话应该有软件工程师参与。对话应该从非常早期的阶段开始，就像成为医生的人要接受伦理道德培训那样，所以，当有一位公司领导对工程师说，"嘿，我们创造这个吧"，工程师会条件反射般地回答："好的，但是它符合人类的基本原则吗？我如何确保我创造的产品能改善大多数人的生活？"

所以我认为超人类密码应该走这条路。这是我们与生俱来的责任，但我们需要把它作为工程师培训的重点。

作者：当这个信息从像你这样正在创新的人口中传达出来时，整个世界都会受益。医学院的比喻真的很好。这是一个值得强调的信息。道德是一个关键因素。虽然我们俩都没上过医学院，但我们知道道德是医学院教学的一个关键要素，法学院也是一样。

古普塔：是的，我的哥哥是一名医生，他在医学院学习的时候，我记得他们每学期都有伦理学课程。现在，一旦他们确定了自己的专业，他们就会根据自己的专业增加伦理课。但是我们无论在何时何地学习的计算机科学课程都没有这样的内容。

作者：我们商学院的课程中也没有这样的内容。我们换个话题。我们很有兴趣从你的投资经验中听取你的观点，特别是在发现好的创新方面。对于那些你投资和合作的创新者，你会从他们身上寻找哪些共同的品质和最重要的品质？

古普塔：我们会寻找两个关键的品质。第一是他们对全局的认识。你如果观察创始人的话，要看他们有什么背景，他们对自己的产品或产品的需求了解多少？当他们考虑到产品的需求时，他们对那个市场做过深入的研究吗？他们与那个市场有什么联系？然后在技术方面，他们能够交付或者让团队一起交付吗？如果你把这些能力结合在一起，结果会怎样？

第二是他们如何看待客户，他们是否纯粹从财务的角度来考虑他们的客户？这不仅会告诉你他们将如何瞄准受众，还会告诉你他们将如何经营公司。

当一位企业家告诉我“这就是我正在开发的东西”，我会问“市场上真的需要这个吗”，然后我会问“竞争情况如何”，比如，你正在构建一个用于加密的移动钱包，竞争无疑很激烈，但这个领域内仍然存在差异化。“那么，你和其他人提供的有什么不同呢？”他们可能的确与众不同，因为他们有非常好的可用性、用户体验设计或用户界面设计团队，他们知道如何为付费客户进行无缝集成，或者他们可能是一个非常强大的区块链团队，并说，“这是给了解如何使用加密技术的现有客户准备的，我们只打算做一个更安全的钱包”。一旦你在现有市场中缩小了目标客户范围，我想知道，他们如何从竞争中脱颖而出？一旦你知道了他们如何脱颖而出，那么他们的团队现在是否足够强大来支持这个定位？所以标准基本上是从产品差异开始，到团队，到运营，到客户选用产品，再到业务。我不从商业开始，因为商业模式可以改变，这是风险最小的事情，可以在最后一刻改变。但要突然改变你的团队，改变你的目标受众，改变你的产品，就困难得多了。

作者：你是否发现，对一些企业家而言，他们在经营的业务方向上很难保持灵活性？你谈到了差异化，市场的差异化是什么？他们通常会接受更好的选择吗？这是你必须经常打的仗吗？还是你发现大多数企业家都非常灵活？

古普塔：他们中的很多人都很灵活，但有时候，作为风险投资人，你看不懂他们所做的事情。所以，灵活性必须是双向的。在我自己的经历中有一个案例，我放弃了一项投资，结果创始人创建了一家价值 10 亿美元的初创公司。他们带领公司朝着他们想要的方向发展，我看不到他们能行，我只是不停地说："伙计们，我不认为他们能行。谁会去做这事？如果我投资这个，有人会杀了我的。"他们看起来很离谱，但他们最终创造了一个10亿美元的市场，我现在每天都在使用他们的产品。在我职业生涯的早期，这件事教会了我，我会遇到一些超级天才或超级幸运的人，他们拥有我不具备的远见和能力去理解事情的运作方式。但你确实要和某些执着的人打交道。有时候你只会说，"嘿，我真的很相信你早期的产品"或者"我真的很相信你"。然后你告诉他们，"如果你想去实验，没问题。我希望，如果有什么东西能成功的话，对你来说不会太迟"。最后就不再讨论了。

作者：我们对企业家的观察是，企业家有3个固有特质。关于这些特质是何时进化而来的，有几种不同的思想流派，但尽管如此，我们始终认为这3个固有特质是创造力、毅力和韧性。这3个特质可以扩展，并且可以在一个人的一生中不断补充。但与之相反，灵活性往往是一种后天习得的技能。它更多地来自拒绝，而不是其他。同样的事情也适用于技术创新者。所以你错过的那个10亿美元的机会……你可能不是那个给予它发生所必需的改变的人，但是其他人是。或者你传递信息的频率可能会对创始人产生影响，但这种影响直到你离开之后才会显现。但最终，你不希望他们变得失去执着、坚韧和创造力。然而，如果他们在寻找资金，寻找资本，他们就必须以某种方式符合你的条件，对吧？

古普塔：我完全同意，但我可以对某些事情表现出韧性和毅力，对其他事情则完全相反。许多企业家在收到反馈后都很灵活，这就是成功的组合。如果你在每一件事上都要坚持不懈，那么你永远无法创造出对人们来说意义非凡的东西。但回到最初的问题，我确实看到了来自极端情况和不同思维过程的阻力。作为一名投资人，每个人都知道你不能违背最初的想法，因为那里通常没有你的一席之地。

作者：感谢你的富有见地的解释。让我们来谈谈你刚刚提出的一个新话题：区块链。对于这本书的普通读者，或者参与我们创建这个平台的普通消费者而言，区块链这个词他们都知道，因为它很流行。然而，我认为他们对这个概念的理解会有一些偏差。你如何向今天的普通消费者展望和描述区块链？

古普塔：事实上，我在很多情况下都会像下面这样描述，尤其是对我父母讲。他们说："我们想吹嘘你做的工作，但我们不明白你在做什么。"（笑。）如果有人坐在我旁边，他们会说，"好吧，那么这个区块链到底是怎么回事，是比特币还是什么东西？"我通常会解释，首先，区块链可以让你拥有完整的数据隐私，因为你的数据是在你的许可下移动的。我还会说，不是收到一个通知，说你的工作电子邮件账号或你的 Gmail 邮件账号被黑客攻击了，而是提供商把你所有的数据放在一个地方，如果你所有的数据都被分成非常小的部分，大约 1 000 个节点，会如何？现在，如果黑客进入第一个节点，另一个节点就会关闭，而他们得到的只有其中一个。如果不花费大量精力，他们就无法把它整合起来。如果他们下决心想找你的麻烦，他们才会花时间把这些都整合起来。这就是区块链在数据隐私和数据安全方面的作用。然后是数据货币化，它总是能让人们脸上露出笑容。我会解释，随着时间的推移，我们将开始看到，每次你同意提供你的数据时，你都会得到像返利或折扣这样的金钱激励。因此，对于那些在业务活动中没有使用区块链的人而言，你的数据不再是免费可用的，你可以控制如何使用它以及最终由谁来使用它。

作者：你能谈谈你对资本在创新中所扮演的角色吗？ConsenSys 风险投资公司建立了 5 000 万美元的基金。为什么是 5 000 万美元？ 5 000 万美元的优先事项是什么？如何才能最好地支持创新者？对于你和 ConsenSys 而言，什么是创新成功？

古普塔：我认为这确实是一个矛盾的问题。每次我进行投资时，我都会想到这一点。资本绝对可以推动全新类型的创新。我是 2006 年第一批从伊利诺伊州立大学来到内罗毕的人之一，我说："哦，非洲正在进行令人惊叹的技术创新。他们投资了贝宝（PayPal）这样的支付系统，我们也应该投资。"但我仍然记得我的副总裁，她是一位了不起的女性，是第一位在世界银行担任投资角色的女性，她说："他们根本没饭吃，你说什么呢？”我说：“这里每个人都有手机。他们没有饭吃？我不知道他们为什么没有饭吃，但是他们有手机。”我一次次地推进，最终，我们在非洲的金融科技领域有了第一笔投资。这笔资本使企业家和市场得以发展，我知道我们在创造数十亿美元的私营经济方面发挥了重要作用。因此，如果你开始把资本转移到某个特定的行业，其他人还没有对其进行投资，但这个行业可能有创新，那么这就是一个主要的好处。你可以创造新的就业机会，可以创造新的产业，可以产生新的企业家。对我个人而言，支持世界各地的企业家是非常重要的。我真正相信他们，相信他们的产品，并且说，我不在乎他们来自什么大学、什么地方、什么背景。如果他们能提供好东西，我就会投资。

创新领域的风险投资开始支持一个全新的地理代际，而这些股份的支付方式不仅仅是财务上的。我们第一批在澳大利亚、智利、埃及和波兰投资了新公司。然后突然间很多美国投资人开始为他们融资。更突然的是，在区块链领域，不管你是来自辛辛那提还是内罗毕，只要你有一个好的区块链产品让人们受益，你就能真正吸引到资金。

所以，作为一名投资人，你可以改变规则，你可以用不同的方式支持创新。这将创造新的标准。现在，它的缺点是需要时间。你要烧掉一些资金才能真正开始取得进展。但通过资本，你可以开始自己的革命。对我而言，创建非洲市场是一场革命，就像说地理与投资无关，或者说我不在乎你上的是哪所大学一样。投资正在进入传统资金无法进入的领域。什么是成功，你用什么参数来衡量？如果是财务上的，那么 3 倍、4 倍的回报是成功的。如果你从哲学的角度来思考，那么对我而言，那些坐拥伟大创新却错过了一个生态系统或下一个机会的人，他们因为我们的资本而得到了生态系统和机会，最终创造了惊人的产品，这就是成功。

归根结底，你要觉得这些人会善待别人，不会成为浑蛋，显然，他们创建了不起的团队，人人都紧张地工作着，你会看到他们在创建数百万美元的公司时对于人际交往和人类价值观的重视，并看到他们没有欺骗他们的客户。

我们在 ConsenSys 创建了一个加速器，并且很早就开始与我们的客户讨论道德问题。“我们如何创造正确的对话，既不在业务上弄虚作假，也不欺骗我们的客户？我们如何做到真诚和透明？我们是来给你一个产品的，但这个产品不会占你的便宜。因此，首先要在我们的数据透明层面建立这种保护。”

作者：你的确体现了超人类密码信息的核心。无论他人的背景如何，你都会被激励着去帮助他们。但你显然希望他们在这个过程中为人类做些好事，以此作为你个人和财务投资的结果。

古普塔：是的。通常情况下，在业务发展的头 10 年，你只是试图在账面上取得成功。当你做到这一点后，我们都开始思考我们可以为社会做些什么。但是我们为什么不让二者同时开始呢？

如果我不介绍一个我认为在今天非常重要的主题，那就是我在这次超人类密码讨论中的失职了。我们正在进行一场关于性别的不可思议的全球对话，这很棒。但这并不意味着因为某家初创企业有女性我就应该投资它。这是一件非常贴近我内心的事情，我想我没有一个迎合主流的答案，但我有一个诚实的答案。我把同样的理念带到了投资中，就像我在自己的职业生涯中所做的一样。我不想因为我是女性就得到任何职位。因为这意味着我的出生地、性别或相貌，让我所做的一切都被低估了。包容性应该意味着你是谁并不重要……如果你擅长某件事，你就会得到和其他擅长这件事的人一样的机会。这才是真正的包容性。

作者：这真是一次富有启迪而又鼓舞人心的谈话，卡维塔。它加强了超人类密码的核心信念，有了像你这样明智、有奉献精神的人来管理，善良一定能够在这场技术革命中占上风。

古普塔：谢谢。

对话阿莱克斯·“桑迪”·彭特兰

阿莱克斯·“桑迪”·彭特兰（Alex “Sandy” Pentland）：麻省理工学院媒体实验室联合创始人、麻省理工学院东芝分院教授、连续创业家、计算机科学领域被引用最多的作者之一。

作者：桑迪，你是一位著名的思想领袖，一位受人尊敬的教育家，一位连续创业者。在你的每一项努力中，创新都占据主导地位。当准备今天的讨论时，我们想起了之前在达沃斯举行的关于超人类密码的“汇聚思想”的讨论，以及当面对其他人表达的悲观情绪时，你对人类和技术未来的乐观是那么给人以启迪，那么鼓舞人心。

彭特兰：如果看一下世界上大部分地区和大部分历史，我们就会发现生活很难做到公平和民主，只有一小部分国际文化成员能够过上我们想要的生活。但是在过去的一个世纪里，这个小阶层已经有了极大的增长，增长了 10 倍甚至 100 倍。

所以，我看着它的增长曲线说，首先，要做的事情比人们想象的要多。你必须真正生活在像印度、南美洲、非洲这样的地方，才能体会到我们看到的生活与这些国家的生活完全不同。

例如，我记得当我在各个城市的大学设立实验室时，每个人都互相认识。从中我认识到，大约有 1 万人在所有媒体中都是国际级的人物，他们掌管着一切，但1万人在10亿人中算不上什么。同样，如果你去达沃斯，那里有3 000人，通过这些人，你几乎可以接触到每个国际级的人物。这告诉我，大约有100万人是国际文化的成员，他们拥有真正的机会，但大多数人没有这种机会。

当我开始真正参与国际发展的时候，人们开始谈话的常见方式是“世界上有一半的人从来没有打过电话”。而今天，全球90%到95%的成年人都拥有一部手机，这是一种用于双向通信的数字设备，几年后，其中绝大多数将是智能手机，这意味着他们拥有类似互联网的东西。现在，你可以消极地说“这不是免费的互联网”，但与10年前相比，这也是令人难以置信的。

类似的，人们会说，“哦，人工智能。人工智能将接管世界”。所有用手机的人都带着四五个人工智能应用到处走，而这些应用在二三十年前还被认为是超前一个世纪的科幻小说里的东西。如果你去看《星际迷航》的电影或电视剧，那么你会看到，让电脑用你的自然语言理解你的想法，翻译你的想法，这些今天在你的手机上已经实现了。真是太不可思议了。在《星际迷航》中，这些被认为是未来几个世纪的事情，如今我们所有人都已经完全习惯了。做出让人们知道一切东西的位置的地图，仅仅在30年前还是绝对不可想象的，这类例子还有很多很多。那些曾经是未来梦想的东西现在变成了现实，我们心满意足地使用它们，再也离不开它们，并爱上了它们。

当然，这些原本是幻想但现在已经成为现实的东西也有问题，会让人担忧，但是我们已经走得太远了，几乎不记得在拥有像谷歌这样的服务之前、拥有地图之前、与任何想交流的人交流之前是什么样子了。所以，我认为这是非常困难的……悲观是一个严重的错误。我们意识到危险，发现危险，预测危险，最后做出反应。对于大多数这类事情，都有治理解决方案和技术解决方案。

事实上，最让人悲观的是人类的组织，我们搞政治、做决策、经营公司的方式。这也许是我们的环境中没有发生改变的一件重要的事情。我们仍然像几个世纪前一样做生意。然而，这种情况终于开始改变了。因为现在我们有了关于一切的数据。

所以，人口普查不再是统计一个地方住了多少人，而是统计一些别的信息：人们挣多少钱，患什么病，受过多少教育等。我们用于了解自己的数据越来越丰富，这让我们正处于一个转折点，在这个转折点上，我们对自己的了解程度将大大加深。事实上，这是可持续发展目标的一大成就——我们写下一大堆事项，每个国家都对其人口持续进行衡量，这与可持续发展有关，与发展不平等有关，你可以说，随着这些数据的公开，公布这些数据只是一个常规过程，它将改变我们所能实现的目标的特征。这是一种变革性的公开透明和问责制，它就在我们身边，而我们几乎没有意识到这一点，但我们已经有了工具。

请原谅我在这件事上说了这么多，我只是感到困惑。例如，以全球变暖为例。我们知道全球变暖的唯一原因是这些数据资源被我们视为对隐私的威胁，比如卫星和卫星图像，以及交通和其他基础设施的数据技术。由于有了这些新的数据资源，我们知道了这些事情，然后，突然间，我们发现有问题，当我们发现有问题时，我们可以开始解决它。同样，主要的障碍仍然是，我们必须学会如何在我们之间进行更好、接受度更高的讨论。

所以，我喜欢超人类密码的一部分是围绕事实、数据，以及看似客观真实的事物与他人进行协调的能力，我相信我们做得越多，我们作为一个物种的效率就越高，我们就越应该乐观。

作者：常见的民间传说认为，最有价值的创新来自默默无闻独自工作的个人。言外之意是，这些疯狂的科学家或天才在他们的实验室里创造解决方案，并在时机成熟时用它来造福世界。我们知道情况并非如此，所以请忽略这些流行的描绘，你能描述一下创新与多人、多学科合作之间交叉的重要性吗?

彭特兰：了解一个疯狂科学家的故事从何而来很有趣。

我知道历史，但我猜测这实际上是一种政治声明。之所以说是一种政治声明，是因为在18世纪，真相来自国王和教皇。个人根本没有发言权，这种观念认为个人的智力、理性、决策能力、创造力……一切都与国王和教皇针锋相对。然而，我们最终认识到，正是这一点将社会转变为民主自由的社会。关于个人的故事可能是过去一两千年中最具变革性的事情。无论是改变电力的使用方式还是改变社会，都是如此。

然而，这不是一个非常真实的故事。所有搜集到的关于人们的数据表明，我们至少有一半的行为来自向他人学习，这就是时尚、趋势和规范的来源，我们得到的数据越多，对实际行为的了解就越多，看到的也就越真实。

创新力和创造力也是如此。爱因斯坦并不是孤军奋战。事实上，对爱因斯坦最好的分析表明，他的发现与麦克斯韦40年前的发现相比，是一个小小的转折。麦克斯韦本人在早期事物上的发现是一个转折点，这不是一个单线程的东西，而是诸多讨论和互动组成的整体结构，这就是我们在数据中看到的。最终推动创新的是不同文化之间的互动。这并不一定是性别或种族等方面的多样性，尽管这些肯定会有所帮助；这实际上是由不同文化的相互作用所驱动的。现在，关于不同性别和种族有一些不同的文化，但是当我们观察世界各地的城市时，我们发现我们可以预测创新的速度，不仅包括专利，还包括GDP的增长。相反，你也可以通过存在或不存在的文化多样性的数量来预测负面的情况，例如犯罪和阶级分化。

我的一个学生刚刚通过国家孵化器系统对中国创立不久的公司做了一项研究，共有5 000多家。他研究了他们所能想到的一切，中国创立不久的公司成功的最大因素就是文化多样性，那就是“这些人是否有中国标准文化之外的经历”。第二大因素是技术多样性，那就是“他们是否在不同的行业工作过”。所以令人震惊的是，在中国这个或许是地球上最具创新性、变化最快的社会中，多样性是迄今为止最大的影响因素，比我们通常认为的要强大2倍、3倍、4倍……多样性是预言性事物。

同样，我们观察远东、欧洲和美国的城市、地区和邻国时，如果想最大限度地预测那里的情况，你就必须考虑到社区的多样性。就创新和你所谓的进步（即条件的改善）而言，这几乎占到了取得成功一半的因素。

所以，这和理性人的故事截然不同。这是一个关于社会结构而不是个人的故事。事实上，根据我们对生物学和心理学的了解，人类同时是这两种东西。在前工业化时代，我们的祖先是社会性物种，社会结构是占主导地位的。我们发展了语言、个人特征，但社会结构仍然占所有事物重要性的一半，而我们管理自己的方式往往忽略了这一点。我们谈论的是个人，而不是社区。我们谈论的是天才，而不是创新文化。

我们谈论个人成长远远超过集体成长。

作者：你所说的有趣之处在于，你让我们想到了一句话：“样样皆通，样样稀松。”你知道这句话的出处吗？

彭特兰：不，我不知道它的出处。愿闻其详。

作者：这句话是大约500年前由一位名叫罗伯特·格林（Robert Greene）的英国剧作家写的，没什么人知道他。他所描述的是一位年轻的演员兼剧作家，那人似乎找不到自己喜欢做的事，于是进行了几次创造性的尝试。这个被罗伯特·格林描述为“样样稀松”的年轻人的名字叫威廉·莎士比亚。

你所描述的这种思想是合作的、开放的，而不是个人主义的。对任何地方、不同文化中的机会都持开放态度正好迎合了这种思想，也许我们不应该太过专注于精通。

彭特兰：我认为这完全正确。而且，如果你仔细想想，像列奥纳多·达·芬奇这样的人，他们经常被描述为文艺复兴时期的人，而且我认为这不仅仅是因为他们真的很聪明。你可能会说，他们是博学多才的天才。但我认为实际上他们更像是万事通，能随时探索不同的学科。

作者：没错。那么在这种情况下，我们如何开始更具创新性地思考呢？

彭特兰：我可以跟你讲讲我们在我的团队里、我的实验室里都做些什么。麻省理工学院媒体实验室以其作为创新中心而闻名，我所做的事情有着非常可靠的记录，这与一个事实有关，那就是这里是世界上为数不多的工业、学术界和公民系统都聚集在一起的地方之一。世界上各行各业的人都会来访这里。我每年去达沃斯的原因也是完全一样的，那是一个来自世界各地的工业、政府和公民机构聚集在一起的地方。

所以，媒体实验室有来自世界各地的人。有做研究的，也有经济上有贡献的，他们来自世界各地的各行各业。我们在这里进行研究的关键机制是，每个人都必须向所有这些不同的社区解释他们的研究。你必须能够说明你的工作与中东的公民系统、非洲的工业、日本的学术界有什么关系。

如果你能解释为什么你所做的事情对所有这些社区都很重要，那么你所做的事情就真的比你可能意识到的更重要。你实际上已经得到了一些可以算作关键或重要创新的东西。我认为这就是这些社区的关键，它们可以创造最大的机会去发挥影响力，然后在不同的社区中追求这一点。我认为这就是最好的变化、创新和影响的来源。

作者：作为衡量创新价值的一种方式，你必须清楚地表达你的创新在不同文化中的概念和影响，这是一个非常棒的想法。

超人类密码平台的一些消费者和贡献者将根据投资人的喜好消化这些内容。如你所知，这是一件好事，因为创新往往需要资金。从这个角度来看，你认为目前技术领域最有前途的潜在增长点是什么?

彭特兰: 我不得不说，和其他人一样，我从一个特定的角度看待事物，但对我来说最有趣的部分是数据、人工智能和区块链的结合。原因是你可以看到个人可信的数据生态的出现——基于传感器和物联网，区块链系统能够使这些东西变得具有鲁棒性和可信，然后人工智能系统能提供实时洞察力。

所以，我认为这是意识的复兴，而这种复兴建立在能够预测未来的能力上，建立在证据的基础上，并以一种比以往任何时候都更可靠和可行的方式来预测未来。

因此，在宏大的历史图景中，我们发展出说话和语言的方式，然后开始写下一些东西，这样我们就可以保存知识了。20 世纪的故事是关于如何更广泛地进行交流的，随着我们现在到处都有传感器、测量工具，数据变得越来越值得信赖，越来越多的东西可以坚定地建立在它们的基础上，人工智能能够帮助我们管理这些数据，我们开始对世界持有更广泛和更积极的认识。

这些变化以琐碎的方式发生。例如，现在很少有人会迷路，比如他们不知道自己在哪里，不知道自己要去哪里，不知道要花多长时间才能到达目的地，不知道到达目的地的最佳路线。这曾经是每个人都会面临的一个大问题，从本质上说，现在我们有了很多推测工具，它们使用我们所有人都使用的数据，让我们能够比以往更好地协调我们自己。

另一个例子是搜索引擎。寻找信息曾经是人们一生的烦恼。你从哪里可以找到适合在这里生长的植物的信息，或者适合这样或那样的食物？现在我们可以找到答案，可以找到一件物品的可用性，可以找到价格和趋势，这种事情人们每天都会做数百次。所以，这就是我们从未有过的对环境日益增强的意识。我认为这已经开始改变我们了，不是让我们变得更没有人性，而是让我们拥有更广泛的意识。

你可以看到很多悲观情绪，人们把悲观情绪看作这种意识的一个分支，你会意识到社会事件的更广泛的过程。你既可以看到好的一面，也可以看到坏的一面。而且很多时候，我认为社会中更富裕阶层的人是与之隔绝的。你之前从未见过人们处于严峻或恶劣的环境中，而现在这种情况无处不在，因为我们拥有的工具比以往任何时候都更加广泛和强大。

把悲观主义看作意识的产物是一个非常有趣的观点。这表达得很好、很准确。我们看到了这一点。在这种意识复兴的背景下，人类的哪些特质现在变得更加重要了？我们需要什么样的特质来将意识的复兴转化为生产性创新、有效的创新，从而在当前需要它的领域取得真正的进展？

最大的转变是创新的演变方式。过去，1 000 年前的人和 1 000 年后的人拥有几乎相同的工具，相同的生活。现在，一个人当前的生活即便跟去年相比都大不相同。这意味着在过去，更静态的思考方式是重要的。规则注定是永久的。你会在某个特定的领域或属于你专长的知识领域拥有一份职业。而现在，所有这些都变得愚蠢，因为事情变化太快了。在某种意义上，人们必须让好奇心和创业精神成为他们最大的向导，这需要极大的勇气。你需要有勇气去改变自己，去适应这些新的现实元素，并大量尝试。所以，和你的父母做同样的事情，做你 10 年前所做的同样的事情，这种舒适的感觉正在消失，人们必须有更强的干劲。但我们也必须知道，这是一个比以往任何时候都更有价值的角色。

因此，我们现在必须成为登山者，而不是在平原上露营的人。对此，保持乐观很重要。事实上，我们知道乐观主义者比悲观主义者更能成功地解决问题。如果你想要一个成功的社会，一个能适应巨大挑战的社会，那么你需要一个由乐观主义者组成的社会。人们需要相信，有些事情是可以做的，并且相信大家一起可以做到。如果不是这样，那就是一个很可能会消失的社会。

作者：说得好。乐观主义者的心理是，向我们打开的机会多得超乎预料，如果我们悲观的话，我们是看不到这些机会的。

跟我们谈谈你参与的布克兄弟的倡议，然后再谈谈伯克利的音乐倡议，因为我们的主题是乐观主义和运用企业家精神。这是利用人性和技术在非常令人鼓舞的领域取得进展的两项创新。

彭特兰：先说一些背景。在一个非常抽象的层面上，过去几个世纪的故事是关于机器以及作为机器的组织是如何出现的。所以，工厂、学校的成绩和学位、职业等静态的结构支持着工业社会。但行业的变化太快，这个体系开始解体，世界正变得越来越不稳定。技术需要支持这种流动性，让它变得舒适和人性化。

如今已经出现的问题是，随着组织这台伟大的机器的出现，个体的文化差异受到压制。每个人都必须是一样的。所以，现在的机会在于，多种多样的小规模文化共同合作，人们以此来挑战机器。这并不完全是自由主义的观点，但它是非常古老的观点的混合，那里有小而亲密的社区，这些小社区可以结合在一起，形成非常大的社区。有趣的是，这正是区块链、互联网和物联网等技术所允许的。

大公司的核心目标是降低交易成本。如果每个人都做完全一样的事情，就可以让小部件变得更廉价、更好。但是现在我们有了计算机化的系统，这些数字系统让我们能够以更加值得信赖的方式更加流畅地相互协调，所以我们可以有很多变化，而且仍然可以非常有效地运转。

所以，我们正在做的是：（1）构建像人工智能、区块链和物联网这样的系统；（2）寻找转型的方向。所以，规范的做法是很多工匠、手艺人，以及有独特的做事方式的个人，能够通过为全球市场来谋生，而不需要中间的大机器和公司。

音乐就是这样发展的。大唱片公司、大分销渠道都在消失。目前，这意味着艺术家没有办法得到报酬。但是，我们正在伯克利建立一个数字版权平台，个人艺术家可以贡献数字媒体、音乐，并在人们使用时获得报酬，这是一种非常灵活的媒体，不需要建立大型、单一的公司就能成功。并不是说公司帮不上忙，因为某些事情需要集中资源，例如，支付音乐费用和举办音乐会的费用，或者支付广告等费用，但这些变得更加灵活，个人艺术家可以与世界交流，并以更好的方式获得报酬。

意大利的商业也是如此。由于协调成本的原因，越来越多的小手艺人被挤出市场。他们无法与大公司竞争，因为他们无法单独为全球市场提供服务。但是如果能够协调，他们就可以制造世界级的产品，制造比大批量生产的产品更好的产品，并交付这些产品。所以，我们现在正在与意大利的一些公司合作，这样布克兄弟的西装就可以从意大利各地的手艺人那里采购，就像我们谈到的音乐家能够以更加灵活的方式向全世界销售他们的音乐一样。

很多赞助我们研究的人都对这种新的、流动性更强的经济感兴趣。当然，我们拥有像世界各地的IBM员工一样的人，但也有像瑞银这样的大型金融机构员工一样的人，他们对这种流动性更强的文化、流动性更强的未来感兴趣，在这里，大公司对可靠性的承诺变得无关紧要。有了流动的经济，你几乎有完美的可靠性，以及完美的灵活性。

作者：听你描述这种新的经济，在某种程度上就像是回到了文艺复兴时期。

彭特兰：我认为最有趣的是，创造的行为这种传统的人类活动正越来越多地被技术所推动，而不是被技术所压制。

作者：我认为这一点与人们的期望背道而驰，像区块链这样的技术将会从他们手中夺走，而不是回馈给他们或者承认他们正在做的和已经做得很好的事情。

彭特兰：是的。我们正在进行的第三项努力是代表个人的数字银行。实际上，现在有可能构建一些完全不可见的软件，这些软件可以捕捉你所有的数字足迹，将其保存在你的数字账户中，并通过合作的银行业务结构将人们联系在一起，最终人们可以控制自己成千上万的数据和数字副本，这意味着他们有了谈判能力。

就像过去一样，我们有工会可以把工人团结在一起与公司谈判，我们有金融机构把人们团结在一起，他们通过退休基金和其他类型的基金成为重要的参与者，我们可以看到同样的事情开始在数据领域出现，人们团结在一起成为消费者，但更重要的是，人们通过拥有数据副本来促成数字服务。

所以我认为，现在我们看到的是数据联盟，以及人们团结在一起，这就是希望，这开始平衡像谷歌和脸书这样的大型数据所有者的世界，这样社区对它们的数据就有了更多的控制权。我认为这是一个非常重要的问题，而且我认为组建这些合作社的想法已经在法律上被允许，而且技术并不困难，这是一条非常有前途的途径。

作者：这很有趣。你的洞察力和积极的观点着实鼓舞人心。但一定有什么事让你担心到夜不能寐吧？

彭特兰：我认为你之前提到的悲观情绪确实令人不安。当人们感到受到威胁时，当人们感到被打破成微小的、防御性的身份时，他们不太擅长找到解决办法。如果每个人都试图抓住最后的碎片并怀疑其他人，那么成功合作的基础就会消失，这让我夜不能寐。我对这个问题的看法可能与其他人不同。我不认为它是好事或是坏事，这似乎是人们的主要看法。我认为这是由于社会被冻结在这些阵营中，从而阻碍了人们一致解决全球性问题。

事实是，从实践的角度来看，这些全球性问题中的大多数都很容易解决，只是你无法让人们认同。所以，真正的问题不是全球变暖、水资源短缺、粮食分配不平衡这类问题，而是如何激发成功的、富有成效的讨论。因为如果我们能做到这一点，就可以非常直截了当地处理重要的事情。

作者：桑迪，你谈到了世界经济论坛和麻省理工学院这两个机构的重要性，还有公民参与的重要性。困扰我们的是，在没有技术管理者的情况下，很少有措施来控制开发什么技术，何时、如何应用技术，以及技术的替代效应。我们如何最好地解决这个问题？

彭特兰：问得好。我可以告诉你麻省理工学院在做什么。我不确定这如何转化到世界经济论坛。但麻省理工学院正在做的事情与创业环境更加融合。所以，考虑到产生影响力、创办公司，我经营了一个创业项目，特别关注发展中国家的初创公司。关键是，现实世界的条件和科学必须变得更加紧密地结合在一起，人们需要意识到这些更广泛的问题。

事实是，麻省理工学院的大部分人仍然不知道世界上大多数人是如何生活的，也不知道什么是真正的实际问题，他们有一种“产业筒仓”的幻想，即孤立地做一些事情，然后把它扔到下一个筒仓。这样完全不对，实际上，人们需要阅读从理论到实践的所有内容，并以不同的方式衡量其中的不同元素，但必须包含整个范围。

我想说的是，我已经创建了一些公司，并把它们投放到现实世界中，它们在现实世界中为真实的人服务，今天我希望看到很多人这样做。我不明白为什么我们的努力要孤立起来。我认为这是产业专业化催生的反常的、意想不到的后果。如果我们都是“各行各业的行家里手”，那么我们就会看到，我们可以为这些重要的变革阶段做出贡献。

作者：我们真正感兴趣的事情之一是你们为麻省理工学院的学生提供的奖励，用5 000到20 000美元来资助他们的好想法。我们可以假设你期望他们在解决实际问题时也会认真考虑技术的道德影响吗?

彭特兰:虽然我不喜欢把伦理分离出来，但我喜欢创新伦理，这意味着如果你让所有不同的社区互动，你就会关心伦理。伦理通常意味着什么?意味着一些社区受到了排挤。所以，如果你在发展科学，而这对某些社区来说听起来是个很糟糕的主意，那么你必须得听听。它必须是每个人都同意的中立的好主意。如果你听到有人说“不”，那么我认为你必须听进去并尊重他，这对我而言实际上是伦理的核心。

作者:桑迪，我们非常喜欢这次讨论，感谢你对超人类密码项目的持续支持和富有洞察力的贡献。

对话贝丝·波特

贝丝·波特（Beth Porter）：重复学习公司（RIFF Learning）联合创始人兼首席执行官、麻省理工学院媒体实验室和波士顿大学奎斯特罗姆商学院研究员兼讲师、人工智能先驱。

作者：贝丝，你的职业生涯一直在构思和开发计算机辅助与在线教学，以及提升学习体验。现在你已经在重复学习公司创建了一个领先的平台，通过人工智能帮助人们和组织更好地进行创新。

你在知识开发和共享领域拥有丰富的经验，我认为今天开始这次对话的一个很好的话题是，你对创新与协作融合重要性的看法。

贝丝：是的。在我看来，人们总是能想出非常有趣的点子。在浴室中、在地铁上、在车里，这些个人的想法都是非常重要的萌芽，最终可能会改变我们生活的游戏规则。

但是，将一个非常巧妙的想法与创新区分开来的唯一方法是帮助其他人理解这一想法。让他们思考并给你反馈。让他们帮助你完善它，使它不仅仅是你自己的想法，而是你可以与他人分享和联系的东西。

提出新想法、与他人分享、利用你作为人类所参与的所有反馈回路来交流的整个过程，对于将想法提炼成人们在市场上看到后说“这真有趣，很有创意”的东西非常重要。

我记得我读过一篇关于亚马逊创始人杰夫·贝佐斯的文章，他从 10 岁起就开始思考太空计划。他并不是一个人坐着想这些。他一直在思考这个问题，和人们谈论这个问题，无论走到哪里，他都会讲出这些想法。人们会反馈他，告诉他前进方向是错误的还是正确的。不断反馈的机制就是“重复”的真正意义所在。我们就是这么做的。我们让人们有机会用他们的想法做到这一点。

作者：请告诉我们，当人们想保护自己的知识产权时，你如何说服更多人欣然接受合作？

贝丝：有时候真的很难，因为我认为人们误解了知识产权的定义。大多数人认为他们想出的任何好主意都是被保护的。我不知道是因为我们生活在一个好打官司的文化中，还是因为什么东西助长了人们的这种想法。但我们在技术领域所做的实际上很少受到知识产权的限制。是的，我们确实需要让人们相信分享想法的好处大于坏处。这并非微不足道。事实上，我们有时会遇到困难。我给你们举个例子。

我认识一些从事无人驾驶汽车行业的人。在那个领域，你无疑会谈到大量的秘密活动，对吧？一个团队破解了在乡下开车时如何追踪路上动物运动的代码，这辆车知道了如何分辨浣熊、鼩鼱和鹿之类的动物。一旦这个问题被破解，每个人都会想：“我们必须把它保密。现在它是我们的了，我们要保护它。因为这将决定我们作为一家无人驾驶汽车公司的成败。”

但人们忘记了，分享这些成果比为了成败而保护这些成果更有价值。不一定是底层代码或算法，而是你使用的成果，以及确定它们是否适用于多个条件、多个供应商和潜在的合作伙伴。当你分享成果的时候，你就再也无须经历创新周期，这会检验你是否真的解决了你们所有人都想要解决的问题。

现在我无法解决知识产权和商业机密的整个宏观商业问题。但是我们可以并且正在影响人与人之间分享想法的过程。这就是我们致力于做的事情。

作者：你正在解决社会中的一个错误认识。Napster 的故事、脸书的故事都是借用了别人的原创想法。这些故事现在众所周知。所以我们本能地保护想法。我们说："只要这是我的，我就是那个能从中赚到几百万的人，我不会让任何人这样做。"

贝丝：我注意到的一个趋势是，人们比以往任何时候都更愿意使用开源代码解决方案。

我们发现，越来越多的东西构建在开源解决方案的基础上，即便最严格的解决方案也是如此。我们看到的是，价值在于组合和协作、解决方案的独特性、交付的人力资本、在特定领域中组合和创造事物以解决独特的特定问题的方式。

因此，有些东西将继续受到非常严格的保护许可证，这些许可证永远不会泄露压缩算法、人工智能机器算法以及类似算法背后的秘密。但是由于代码的进化方式，以及人们从大学毕业后学习的编写代码的方式，这些保护措施很多将不再重要。代码并不重要。未来，这只是它的组成和交付方式，及其服务和价值的基础。

我曾经在 edX（大规模开放在线课堂平台）负责产品和工程。我在运营 Open edX 项目时发现，通过使用完全开源的软件，比如 ADTL 和 Apache License，人们为客户创造了巨大的价值。他们很少构建自己的代码。这对我很有启发。

作者：这很能说明问题。就需要进行的创新而言，在人与技术的结合中，哪些技能是最关键的?

贝丝：首先，学会如何从他人身上发现价值是非常重要的。我知道这听起来有点奇怪，但我们在前几代创新者身上经常发现的一件事是，单打独斗并不是真正的独自创新。懂得如何在这个世界上创造真正价值的人总是和别人一起工作的，他们有一群重要的合作伙伴，他们依靠这些伙伴来帮助完善自己的想法，提供关键的反馈。那些对此充耳不闻、听不到反馈、不欢迎或不邀请反馈的人，他们将无法成为创新者。所以任何有创新思维的人都知道如何与他人合作。他们必须这样做。

我想说的第二件事是，创新者也知道如何与人合作。不只是你召集会议，从每个人那里得到正面或负面的反馈，然后就各自走开了。合作涉及重复——是的，这就是我们名字

“重复学习”的由来。它来自反反复复的、快速发展的想法。你知道，要能够把想法摆在桌面上，扔掉它们，引入新的想法，你就必须能够快速地分享、提炼和抛弃想法。如果你不擅长这一点，或者你需要把东西完美地封装起来，再完美地呈现出来，那么你很可能不会成为一个优秀的创新者。

第三个特质是拥抱那些和你不同的人的能力，因为他们的不同而重视他们。不要坚持每个人都是和你一样的性格类型，这很重要。如果你是一个有创造力的人，不要只和有创造力的人一起工作。你要接受这样一个事实：有的人的工作与你完全不同。要同和你观点完全相反的人接触。追逐那些用完全不同的思维方式或知识体系来思考问题的人。

作者：虽然文化多样性确实增加了出现不同想法的可能性，但这并不一定意味着你会与那些用不同的方法解决问题、完成工作的人合作。

贝丝：我和经营影响力席位公司（Impact Seat）的伟大女性们共事过。这是一家多元化的咨询公司，但他们不是进来就说，“你没有雇用足够多的女性或有色人种”，相反，他们说，“看，一切都很好。你的招聘既应该包含多样性，也应该反映不同的思想”。所以他们试图帮助人们理解多样性来自各种各样的人。

作者：对于合作这一主题，我们能与人工智能合作做些什么？

贝丝：我在波士顿大学商学院教一门课，这门课最受关注的话题是“自动化，人工智能。我很害怕，我要失业了”。因此，我们花了很多时间来澄清人们对人工智能的误解，以及为什么自动化不是人们应该害怕的东西。

我们经常做的一件事是改变用词，要用“增强”这个词。增强意味着你将得到补充，而不是被取代。

这个班的许多成年学生都担任销售员和市场营销人员。这个角色受到了人工智能的威胁。我告诉他们：“机器人顾问最初的承诺之一是，人工智能将会变得足够好，可以让你从基础分析中解脱出来，这样你就可以专注于更高层次的活动和任务，而这些活动和任务你从前甚至都不可能去做，因为你在做那些低级别的事情。”

所以当我们谈论人工智能和人们在职业生涯中将要过渡到的角色时，出现的机会开始让人感觉更积极而不是消极。

作者：人工智能将如何帮助我们实现前所未有的最大限度的繁荣？

贝丝：坦白地讲，我认为到目前为止，我们在人工智能领域所做的事情实际上是微不足道的。许多正在接近的目标是社会工程问题和一些便利性问题。这是一个安全的起点。但人工智能很快就会因为在医学和遗传学等领域取得的一些令人难以置信的进步而受到赞誉。

作者：《超人类密码》一书的一个基本线索是，承认人体最终是地球上最伟大的技术。无论我们是进化出来的还是被创造出来的，对于这场争论而言都无关紧要。我们现在只是对人体做一个说明，即它是这个星球上技术最先进的系统。我们同意人工智能可以帮助我们更好地理解和使用这项最伟大的技术——我们的人体。

贝丝：没错。而且这不应该只针对那些多年来能够接触到这些反馈机制的精英运动员。它应该适用于所有人。自我监督，以及了解饮食和锻炼变化的影响的能力非常有价值，而且对所有人都适用。

作者：你对用人工智能来满足我们的基本需求很感兴趣，最能激励或鼓励你的是什么？

贝丝：我相信人工智能将使粮食安全行业从中受益。我认为我们应该积极致力于创新，以解决美国和世界各地的粮食缺乏问题。美国是世界上最富裕的国家之一，但美国仍然无法养活所有人。我相信，人工智能可以在美国应对全球这一挑战的过程中发挥关键作用。

作者：我们能做些什么来揭开创新的神秘面纱，从而鼓励更多的人接受它，而不是抵制它，或逃避创新，比如与食品等行业相关的人工智能？

贝丝：我想这是教育的问题。作为我在重复学习公司工作的一部分，我所从事的关键工作之一是传达不同学习方式的重要性，打破“学习就是学习，工作就是工作，二者不可兼得”的信条。

我一直在努力帮助人们了解这两种活动是如何共生的，以及应该如何共生。如果我们允许人们更加无缝地将他们作为学习者的目标与作为专业人士的目标融合在一起，那么我们都会处于更好的境地。事实上，我的职业生涯是从当高中和大学的数学教师开始的。我相信教育的力量，但我并不相信高等教育作为唯一可以颁发证书和人们可以学习的地方所具有的卓越或支配地位。如果大学里的结构体系更少，我认为人们将会觉得他们可以学习、理解和应用。拿洗衣机举个例子，洗涤，漂洗，重复。一遍一遍又一遍。

我相信你一定有过这样的经历：你到外地参加一个研讨会，学到了一些东西。第二天早上你起床去上班的时候，你已经忘记了刚刚在会议上学到的八分之七的内容。这些人为制造的学习机制，作为我们唯一可以正式学习的方式，并没有发挥作用。我们需要一种更快速、更紧密的学习和工作方式。

你永远无法预测你将从谁那里学到最有影响力的东西。这个人可能是你大学里的教授，更有可能是你职业生涯中的导师，有趣的是，我们并没有像我们应该做的那样重视或信任这些人。这不被我们看作学习的一部分。

我曾看到过一个公司的标语：终身学习，或者类似的话。我对自己说：“是的。假如真是这样的话。”我认为这一直只是一个承诺，从来没有兑现过。现在我们有了交付的工具。我们只需要对新的学习方式和新的学习环境持开放态度。数据可以用来教我们。我们只需要学习如何有效地定期应用它。

作者：贝丝，知识只有有效分享才有价值。感谢你对超人类密码项目和摆在我们所有人面前的创新学习所做的卓越贡献。

对话莉娜·奈尔

莉娜·奈尔（Leena Nair）：联合利华首席人力资源官，倡导为190个国家的16万名员工建立以人为本的领导机制（包括多样性和包容性）。

作者：超人类密码有一个核心，我们的目标是在创新者之间建立对话，即那些正在构思、实施和使用技术来实现我们生活生态系统中的动态变化的人。这项倡议的目标是提供一个论坛，以促进人类与技术之间繁荣和积极的关系。

你在联合利华担任一系列角色时，倡导组织建立以人为本的具有多样性和包容性的领导机制，一直是你一贯关注的焦点。今天，作为首席人力资源官，你要为190个国家的16万名员工的福祉、贡献和未来负责。首先，我想了解更多关于你如何看待自己的责任，以及如何规划联合利华及其所有利益相关者的未来？

莉娜：我在人力资源部门工作了25年。我相信接下来的10年对任何人力资源专业人士来说都将是最激动人心的。知识可以匹配，技能可以匹配。小品牌正在击败大品牌。任何有想法、能接入互联网的人都可以创业。今天商业的不同之处在于人：他们的想法、他们的激情、他们的创造力。

我相信，未来10年对于人力资源职能而言将是至关重要的，因为我们必须把自己视为引领业务、为业务铺平道路的人，而不是追随业务、填补漏洞的人。在这方面，我认为我的角色对于帮助这个行业在未来 20 年如何度过一个前所未有的快速变化时期至关重要。这是由第四次工业革命带来的新技术的涌入。这些前所未有的变化也是因为人们的寿命更长了。

而且，我们正越来越多地生活在一个无国界的世界里，在这个世界上，你必须停止思考人的所有权。你必须考虑如何与人接触。我认为我的角色有两个：一是战略性地塑造企业，为这一前所未有的变化做好准备；二是帮助企业认识到，技术可以用来定义和补充我们所有人身上的人性。

发展人力资本的需要丝毫没有减少。事实上，还增加了。我相信这是可以实现的。如果你运用目标的力量、终身学习的力量以及开发每个人潜能的能力，就可以挖掘出无限的人力资本。

我用三个简单的词来描述我的人力资源战略：产能、能力、文化。如果你这样做，那么有目标的人将会在一个前所未有的世界中茁壮成长。

产能就是学习用新的、不同的方式工作。组织结构图、格子间的日子已经一去不复返，这不是一种有效的方式。世界上有很多战术小队、冲刺团队、流动的人，问题就在于此。通过快速重组，去一起解决问题，需要复杂的解决问题的技能，我称之为产能。产能是什么？如果你关闭工厂，产能就是制订一个计划来恢复 95% 或 100% 的劳动力。重新培训 100% 的劳动力去做其他事情。

能力就是不断学习，终身学习，给人学习的勇气。文化是创造一种环境，让人们觉得我们所做的一切的核心都是在关心他们。因为，就像我在讨论会上解释的那样，全世界都在谈论前所未有的变化。技术即将到来，机器人即将到来，7 500 万个工作岗位就要消失了。

现在人们很害怕，很焦虑。所以，你必须投资于他们的福利、他们的目标，就像你投资技能建设和技能基础设施一样。如果你只是每天早上告诉他们“你必须学习，只有好好学习才能天天向上”，他们并不会有动力去学习。我必须和你一起工作，帮助你理解你的目标。是什么令你感到兴奋？是什么让你起床？在这个正在发生着前所未有的变化的世界上，你如何看待这个目标的实现？

我必须关心你的身心健康。因为如果你带着沮丧、焦虑、担心或对失败的恐惧走进公司，那么你就不会有生产力，不会快乐，也不会准备好去学习。所以在产能、能力、文化这三个方面努力将会帮助人们与时俱进。

例如，我们让所有的员工都参加目标研讨会。人们会问：“那些包装卫宝香皂或在包装洗发水的人，为什么需要知道目标？”他们需要知道目标，因为他们需要看到他们的工作的意义，以及他们的工作如何对联合利华产生更大的影响。

所以，我们全部的员工都要参加目标研讨会，正如我所说，现在已经有 4 万多人完成了。他们花了一两天时间思考是什么让他们起床。他们的最有效点是什么？他们的长处是什么？他们的动机是什么？是什么塑造了他们的童年？他们最重要的时刻是什么时候？

实际上，他们在研讨会结束后充分了解了自己的优势和发展领域，以及他们所热衷的事情如何与联合利华试图做的事情相契合。这些都是很棒的会议。我们有越来越多的证据表明，有过这种经历的人，他们的参与度正在上升，正如我们做的定期民意调查和人员调查所报告的那样。

我们正在让所有员工都参与福利计划。我们说，任何一名员工都不应该因为一次点击、一个电话、一次聊天而感到不舒服。这意味着要开展员工援助和支持计划，并实行全面的措施。每个人每年都有机会接受体检，每年或每隔一年进行一次心理健康评估。

我们相信我们的幸福框架，即身体健康、精神健康、情感健康。我们确保人们有时间和家人在一起，做他们热爱的事情，还有就是有良好的目标，这就是我所说的有目标的人会蓬勃发展。最后同样重要的是，财务状况良好。

因此，我们让每个人都为自己制订一个幸福计划。所以他们又一次在研讨会上花了几天时间，我们称之为“蓬勃发展”研讨会。在研讨会上，他们定义自己，考虑自己的幸福计划。有的人可能睡眠不足，有的人需要减肥或注意补充营养，有的人想找一个一起锻炼的同伴，等等。我们鼓励他们制订幸福计划。

他们制订幸福计划，然后在关键时刻与他们的领导一起审查这些计划，领导会问："嘿，你的幸福计划进展如何？你的专业技能提升进展如何？"我们在所有这些方面进行投资，以此作为基础，让人们有信心建立能力。

我们正在做的另一件事是，我们投资了一家名为 Degreed 的公司，这是一家位于硅谷的初创公司，致力于终身学习。它是一个平台，汇集了关于所有主题的内部和外部资料，并允许人们访问数百万条内容。

例如，在"蓬勃发展"研讨会上，每个人都制订了一份蓬勃发展计划，这是一份个人发展计划，你可以说："这些是我的优点，这是我的目标，这是我的潜能，这是我想做的，这是我发展自己需要做的 3 件事……"所有这些都可以在系统上找到，Degreed 可以分析你的优势，了解你的角色。

使用人工智能和算法，系统就会发现，例如莉娜需要学习设计思维。通过看我的优势、我的角色、我的目标，我发现自己需要在设计思维上多下功夫。所以，每天早上和每周一次，我都会收到 Degreed 的推送，就像你在脸书或 Instagram（照片墙）上收到的推送一样："嘿，莉娜，这是我们认为你应该学习的 5 件事，其他人对这些事情的评分如下……”

这个程序鼓励我进去看一段视频，或者读一篇文章，或者只看一小段文字。因为现在人们是“碎片化学习”。碎片化学习也是一个术语，用来描述通过小段文字来学习和每天出现的个性化推送。但是我认为，如果我们没有花时间去发现和理解人们的目标，我们就不能简单地建立基础设施，给人们很多东西去学习。也无法帮助人们找到发展领域，感受到学习的勇气和信心。

我们可以让你每天都读到这些有趣的学习项目，但如果我们不努力培养你的学习动机，学习计划就不会奏效。我希望这就像说“课程是有的，去学吧”一样简单。你需要有学习的动力。人们有一种“我准备好终身学习”的心态。因此，我们投资创建基础。

这些是我们正在做的一些事情，旨在利用每个人的潜力。产能教人们用新的和不同的方式工作，并开发更广泛的生态系统。我们考虑获得技能，而不是拥有技能。这和能力有关，包括职业能力和领导能力。这也和文化有关，我们创造一个环境，让人们觉得他们是其中一分子，就像他们关心我们一样。

我很高兴你们在写这本书，因为当领导说“人是我们最重要的资产时”，我真的很生气。我说：“拿出证据来。”我必须看到两件事。我必须看到对人的投资，也必须看到领导为人留出的时间。

如果首席执行官没有把 30% 到 50% 的时间花在与人相关的问题上，例如他们的团队、与他们共事的人、更广泛的劳动力、员工的敬业度、员工培训、员工领导力发展等，如果我们的领导人没有把时间花在这些事情上，那么就不要告诉我人是你最重要的资产，因为他们不是。你既没有投入时间，也没有投入金钱。

我还对企业投资的不平衡感到担忧，这些企业对新技术的投资大于对劳动力技能的重新培训。

作者：在你的幸福计划的发展和实施过程中，你是否了解到更多关于你的员工对他们的关系将如何受到技术影响的担忧？我知道你正在 Degreed 积极地使用人工智能，我期待对这一点有更多的了解。

莉娜：Degreed 的招聘工作完全是端到端的数字化的。我们的员工服务完全是数字化的。如果你来看看我的房间，你会看到两个大屏幕，在屏幕上，我可以实时分析我们的员工的反馈，那就是他们在我们的内部社交媒体上的想法，以及他们在外部社交媒体上的想法。我一直在看它们，并从中得到乐趣。我每天只看一次，看看是什么让人们留在我的应用中。

现在，当我们对心理健康和幸福进行分析时，这些都要求匿名，我们看的是整体。人们有什么样的担忧和焦虑？我们意识到很多人都关心财务状况。这就是为什么我们改进了幸福框架，将财务状况良好也包括在内。幸福框架中不仅仅有精神健康、身体健康、目标良好、情感幸福，还有财务状况良好。

因此，这些分析为我们提供了一个很好的关于我们的员工的指标。它补充了我们的 UniVoice 的工作（联合利华员工会在 UniVoice 上发声）。所以，你是绝对正确的，提升幸福感与我们的员工调查结果相联系，与困扰着人们的因素相联系。它将团队联系在了一起。

当自动化和事实都回来时，值得注意的是，我们实现了一个特定的变更程序。例如，我们的一些工厂有“数字工厂”计划，它们使用越来越多的预测算法来决定何时生产特定的化学制品，如何包装。“数字工厂”计划正在 3 座大工厂展开，我们进行了自动化培训。我们为这个新的工程组织举办了学习网络研讨会。我们任命了一名技术领导，为他们提供支持。

我知道我有点操之过急了，但在 3 月初，我和我的首席执行官与我们最大的工会签署了一项协议，承诺对他们的技能进行再培训。每次我们裁员时，我们都要对他们进行再培训。我个人的愿景是，我 100% 的员工都会重回正常生活，获得新技能，重新上岗。我知道我的团队说我疯了。“他们永远不会达到 100%。”但我想把这作为一种愿望。如果我们达到 95%，我就可以满意了，但我不想放松，我想争取 100%。

因为我不希望看到某位员工说："我不关心你的员工再培训，不关心重新上岗，不关心重新参与工作。"因此，我们真的希望在企业中发挥带头作用，将技术自动化方面的学习内容开源，并使之与实际相关，免费提供给世界各地的人们。我们还希望利用技术和大数据，因为它能让我们更快、更大规模地实现这一目标。

因此，例如学习记录、证书的便携性，以及让人们在招聘平台上共享这些信息的设施是至关重要的。使用区块链可以提供一种验证凭据和技能集的方法。我们正在探索这些。所以我的愿景是联合利华的每一个人都与未来息息相关，并希望激励其他公司。

我们的工作可能会变得多余，但我们的员工将是相关的、合适的。当我们以正确的方式重新部署员工时，我们会对他们进行技能再培训，然后来到新的工作岗位上。我们重新让他们以不同的形式和能力与联合利华或其他合作伙伴合作。所以这就是我的愿景，我们全部的员工都是相关的，很多工作都会变得多余。这一切都有道理吗？

作者：这很有道理。我们不仅钦佩你们的雄心壮志，而且钦佩你们为实现这一雄心壮志而实施的战略，我们在你们正在做的事情中可以清楚地听到这一点。仅仅发表声明是不够的；真正重要的是行动。你如何承担起预测未来角色的责任？你如何把科学应用到这个过程中？

莉娜：问得好。我们与世界经济论坛密切合作。我们逐个国家开展业务，我们与领英建立了合作关系，我们还与沃尔玛和我共同主持的其他零售和快消品公司建立了合作关系。因为全球 19% 的就业岗位在消费品行业，所以联合利华、沃尔玛都不能视若无睹，全球 19% 的员工都在为我们工作。

这些人要么直接为我们工作，要么做我们要求他们做的事情，也就是去购物。所以，我们去参观贸易，或者去养活这个行业，然后传递给人们。我们利用人工智能，并在领英的帮助下，逐个国家进行预测，绘制出那个国家的地图。让我举个例子。

我们知道，卡车司机的数量在增加，他们的工作是否会保留下来？但是明天早上你可能无法把卡车司机变成数据科学家。这不是一个桥梁的角色。所以我们思考每一份工作，然后我们问，邻接的工作是什么？这个人能做什么？掌握什么技能是明智的？需不需要让他们转行去做他们无法胜任的事情？

所以对于每一种职业，每一种技能，比如我正在做的包装香皂，我们会看包装工人实际上能做的 5 件事，看看他们可以过渡到什么技能，然后我们专注于那些技能。这就是员工的目标变得重要的原因，员工会说，“你知道吗？我不想做那个，我想做这个。我不想做与数据相关的工作，但我绝对想做与我们的品牌相关的工作”，等等。

因此，我们使用我们根据目标和发展所做的工作来绘制这些地图。因此我们逐个国家绘制我们的人员地图、职业地图，并寻找邻接关系，寻找我们可以搭桥的地方，因为你不能将一个点与每一点相连，只能从 A 桥接到 B 桥。

我们并没有在全世界所有国家都这样做，但是我们选择了六七个国家作为试点，试验这种方法。所以，我们和我们所有的工会进行了长时间的交谈，他们正在与我们一起努力实现这一目标。然后当我在其中的五六个国家取得成功时，我们将在全部 190 个国家复制它的规模。

作者：感谢莉娜，感谢你与我们分享你的激情和智慧。

莉娜：我对人类进步这一主题充满热情，我很感激有这个机会让大家听到我的声音。作为人类，我们拥有巧思、天赋、智慧和知识，这些可以让我们从正在经历的所有颠覆和变化中创造机会。超人类密码是我们能够为其做出贡献并接受其指导的宝贵工具。

对话恩里科·富奇莱博士

恩里科·富奇莱（Enrico Fucile）：世界气象组织（WMO）元数据和监测司数据代表主任，领导191个成员关键气候数据的搜集和预测分析。

作者：恩里科，全球气候已经成为全世界人民共同关注的话题，气象学和环境科学从未像现在这样受到如此多的关注，对你而言，这是一项毕生的工作。你和你的团队受到的关注和肩负的责任是前所未有的。在加入世界气象组织之前，你曾就职于欧洲中期天气预报中心，那里毫无疑问是世界领先的天气预报中心。你还是意大利气象局的成员。随着对气象学、环境科学的需求日益增加，以及我们对应该采取的策略有深入的理解，你的角色也在不断演变，我们就从这里开始今天的谈话吧。

恩里科：是的，我有机会在国家和国际层面工作。我的职责一直是为气象环境机构的业务和研究活动提供技术支持。

我的工作发生了巨大的变化，从给国家机构以直接支持转向像欧洲中期天气预报中心这样的国际组织，该组织正在为34个成员的需求提供服务。对我来说，加入世界气象组织又是一次巨大的飞跃。

世界气象组织是一个拥有191个成员和地区的联合国专门机构。当我在意大利服务部门工作时，我直接服务于民防、航空、农业和其他方面的需求。在欧洲中期天气预报中心，我向成员提供数据、服务和协调。

现在，在世界气象组织，我更多的是在全球范围内提供治理、指导和协调。这是一个级联过程，气象组织在其中提供一套规章和框架，并协调区域和国家组织的工作。

多年来，我们一直在连续不断地搜集这些数据，没有任何重大的中断。所以成为这个世界结构的一部分是非常令人兴奋的，这是一项巨大的技术挑战。

当你在一个国家服务机构工作时，你会意识到你的国家服务依赖于由世界气象组织管理的、由其他国家和组织提供的数据，其他国家也会从你的数据中受益，因此我们是一个大社区的成员。

如你所知，这些年来，科技发生了很大的变化。20 世纪 90 年代的大多数技术现在已经过时了。系统已经改变，以适应数据量的急剧增加以及我们使用数据的方式。我们还看到，不仅数据量在增加，对天气信息的需求也突然增加。这种需求不仅是由与气候变化相关的灾难性事件更加频繁地发生所驱动的，也是由另一个重要因素驱动的，这就是用户的进化。

用户对技术更加敏感，他们有了更多的要求。我们拥有更好的技术，正在创造新的机会，并努力满足用户更高的需求。同样，接下来会有更先进的技术服务和更高的需求，所以这是一个循环，私营公司充满了活力，并在推动这个循环。

环境信息的增加并不总是好的和积极的，因为它往往伴随着巨大的技术责任，以便让用户相信信息是好的，我们正在提供权威的信息。世界气象组织致力于为带来权威的天气信息。

我在这些年的角色演变中看到的是，在过去，对大规模数据生产的需求并没有现在那么大。如今，人们要求公开这些信息，所以政策有所不同。人们更加重视网络技术的使用和服务的提供。我们花了很多时间讨论如何提高我们的权威服务，以及在一个充斥着各种未知气象数据的网络中提高数据的可发现性。

最近，我们与成员进行了这一讨论，成员要求我们对正在出现的数据问题进行审查，并提交一份报告。结论是，数据是达到目的的手段，而不是目的本身。数据的真正价值在于如何有效地利用它来满足社会需求。从短期来看，它支持对恶劣天气事件的响应；从中期来看，它有助于对气候复原力的规划和准备；从长期来看，它可以用于对历史气候的理解，并影响资产。

因此，简而言之，我们被数据淹没了，而我们的首要任务是理解数据的价值。

作者：从保存记录开始，你就一直在搜集来自世界各地的数据。当今最有价值的角色是如何解释这些数据的，如何用这些数据来模拟事件发生的概率？

恩里科：是的，世界气象组织最有价值的作用不仅仅是保存数据和分析数据，还在于为成员国之间及其活动提供标准、指导和协调，使它们能够共同协作，搜集所有天气信息。

让我给你讲一个世界气象组织最成功的项目。我不知道你是否听说过 World Weather Watch，WWW（世界天气监测网），这就是它的名字。1963 年，世界气象组织首次对其进行了定义。这是一个旨在为实时观测大气而建立的全球性基础设施。当时，人们看到了这种需求，因为技术变革带来了机遇。我们有机会利用第一颗卫星从太空搜集数据。这对气象来说是很好的机会，因为这是你第一次能够从太空看到大气层。自 1963 年以来，WWW 一直运行。

WWW 被认为是国际合作的一个例子。今天没有任何东西可以与之匹敌。我们说的是 192 个国家共同努力交流信息，进行独立和集体的观测。世界气象组织在气象基础设施全球化方面的成功是无与伦比的。

我们在 2000 年初做了一个很大的改变，当时我们决定建立一个更好的系统，不仅公开天气信息，还公开其他环境信息。现在它正在运行，名叫 WIS（WMO Information System，世界气象组织信息系统）。数据格局正在发生巨大变化。现在我们有了大数据、云计算、人工智能和新的数据生成技术，所以我们正处在另一个大飞跃的时刻。事实上，我们现在正在设计我们的新系统——WIS 2.0。

转向新系统的动机是对权威天气、水资源和气候信息的日益增长的需求。这些信息将提供给公共、私人和学术用户。这与联合国全球议程有关，包括《减少灾害风险框架》和《巴黎协定》等所有全球优先事项。因此，今天我们有必要让更权威的信息在私下和公开场合都可以获得和发现。这不是一项微不足道的任务，因为我们从成员获得的信息非常复杂，以确保数据具有所需的质量。

作者：这就涉及我们的第三个问题，即你最有效地使用了哪些技术，你是否觉得你可以获得所需的资源，以便能够解释行动计划，并与所有利益相关者一起参与其中？在这个阶段，你有没有觉得自己遗漏了什么？

恩里科：对，我们在全球范围内实现技术时遇到的问题是，我们实现技术的速度通常很慢。我们采用一种技术，尝试在一些国家实施它，然后将技术出口到其他国家，然后制定规则，让所有国家能够齐心协力，共同合作。

我们认为我们有足够的技术来实现我们目前想要实现的目标，但也存在一些问题，主要是建立信任，建立信息的权威性。

问题的解决方法是制定规则并允许我们的成员开发应用程序。例如，我们计划用新技术来交换数据。或许令人惊讶的是，这些技术将包括像 WhatsApp（瓦茨普）这样的社交应用。我们还要努力制定标准，让所有成员都能开发自己的应用程序。这对我们的工作方式会产生重要的影响。

今天，我们相信我们有足够的技术来提供我们需要提供的服务。

作者：我们特别好奇你是如何与成员政府、公司、学术机构，甚至金融领袖打交道的。你有信息，有指南和方向，那么你如何传播、参与、沟通，最终达到你想要的效果？这个进程是什么？

恩里科：这个进程被管理得很好，因为我们组织中有所有国家的常驻代表。他们是政府的代理人，所以从这个意义上讲，我们与所有政府都有直接联系。举个例子，在6月，我们将举行我们的代表大会。在大会上，所有国家的代表都会来讨论我们的战略，并配合我们的实施。这就是我们的WIS 2.0。

作者：你对这个系统、这个进程满意吗？或者说，它还可以改进吗？

恩里科：我们的观点正在改变。我们的成员要求我们改变方向，让我们以更全面的视角，更有针对性地向用户提供服务；一切都在改变。我们正在努力打造一个更高效、更灵活的组织。

作者：这很令人鼓舞。我们相信，如今企业领导人和金融领导人对气候的影响以及我们的行动对环境的影响有了更高的认识，这不仅影响到我们个人，也影响到我们的职业。

我们将能目睹这一进程的演变。我们也必须相信，新的数字通信技术肯定会提高你的参与能力。

恩里科：是的。你知道，数字技术是我们在世界气象组织工作的基础。我们一直在努力改进和继续采用新技术。举个例子，我们想到了欠发达国家的农民，他们没有多少资源来安装气象站和数据中心，无法预测未来的天气事件。你知道，要预测天气，就必须有一个强大的数据中心。在一些国家，人们没有这种能力。今天，通信技术能够弥补这些差距。我们也能够为偏远地区提供服务；对于生活在自然灾害高风险地区的公民来说，这些信息至关重要。

正如我所说，我们很清楚形势的变化，但是现在正在发生的一个重大变化是与私营公司的合作，今年我们将对此进行讨论。今天，由于技术的原因，世界气象组织对公私合营的讨论非常激烈。今天的卫星可以制造得非常小。制造成本低，发射成本低，维持在轨道上运行的成本也低。因此，如今拥有私人资本的私营公司可以用很少的钱来全面运行空间气象项目。这是一个重大的进步！

现在有几家私营公司可以提供特殊商业模型的数据，用于天气预报的商业化。我们开发了一个基于数据自由交换的模型。我们的成员之间正在自由地交换数据。这是全球气象事业中的一个新元素。

作者：这会产生什么影响？它会互补吗？它有竞争

力吗?

恩里科:是的，有政策上的挑战，但在某种意义上，也有技术问题。我可以告诉你，因为你可以考虑建立一个不仅仅由政府提供天气信息的市场。

过去，卫星项目由公共部门、国家，而不是私营部门运营。我们正在努力了解如何建立这个市场。

也有很多关于区块链的讨论。新技术肯定会成为这个市场的基础。我真的相信这将是最有趣的技术进化之一。我认为我们还没有完全准备好。我们确实有必要制定一些书面政策，来努力打造一个高质量的全球气象企业。积极的一面是，人们有意愿在全球气象事业的不同层面上，建立公私部门之间的积极关系。

我们现在正在组织研讨会，并在明年组织一次所有利益相关者都参加的大型会议，以试图了解我们在技术和政策方面可以走向何方。政策和技术将携手建立一个不同的全球气象企业，为所有人带来更大的利益。

作者:恩里科，这是一次很有启发性的谈话。你为我们提供了很多我们以前没有的见解。我们相信《超人类密码》的读者会从你的贡献中受益匪浅。

恩里科:谢谢。我相信，我们也将受益于你们为超人类密码社区做出的贡献。

对话马克·费尔斯通

马克·费尔斯通（Marc Firestone）：PMI（菲利普莫里斯国际公司）对外事务总裁，全球创新变革倡导者，史上最具活力的企业变革之一的共同领导者。

作者：马克，30 多年来，你一直与《财富》500 强榜单上的跨国公司合作，通过采用和实施新技术，你见证了重大的变革。我很有兴趣开始同你的这次谈话，我们希望你描述一下你在技术发展过程中的经历，以及它如何指导你的职业活动。

马克：就我的经验和活动而言，我认为随着技术的发展，我所获得的最正面和最棒的经历是通过互联网获取信息，以及通过庞大的数字化资料库获取信息。事实上，把实体图书馆数字化，然后放到互联网上，或者通过互联网提供源于数字格式的信息，对我而言意义重大。

我发现这对我的专业能力有很大的提升，因为我所做的很多事情都需要自己研究、学习、理解。数十亿人发现，谷歌和其他公司正在以一种有用的格式向所有人提供全世界的信息，这是非常有用的。信息真可谓是浩如烟海。

我记得在 20 世纪 70 年代，当我第一次看到如今的 LexisNexis（综合法律资料数据库）的最早版本时，我感到它非同寻常。我记得在 20 世纪 80 年代和 90 年代把它给朋友们看，那时它已经成了Nexis，当时它开始在报纸和其他媒体上宣传，让我们能够查阅电影的影评或餐馆的评价之类的东西。

当然，现在我们有了谷歌和其他搜索引擎。对我而言，这是技术对我的职业生涯产生的最强大的影响。

作者：当然，搜索的定义已经发生了巨大的变化。我们必须更有意识地致力于我们想要找的东西以及如何找到它。

马克：还有就是信息的成本，你可能需要数据，但信息获取的成本只是过去的一小部分。我会说，与此同时，我仍然喜欢实体图书馆，我在家里的大英百科全书中就能找到大量的信息。因此，我认为从更广阔的社会视角来看，书架上的书籍和互联网上的海量数据肯定都有一席之地。

作者：你所提到的技术是针对传统企业的一种既负担得起又要求很高的变革，而PMI并不是唯一在开发这类产品的公司。当然，各个行业和地域的服务公司都在不断发展。我们有兴趣了解PMI的理念和应用技术的历史。

马克：是的。我认为有两方面。其中一方面当然是推动我们正在彻底变革的技术，这些技术使我们能够为烟民提供产品（否则他们会继续吸烟），这对他们的健康和满意度而言是一个更好的选择。

另一方面是在经营业务中使用技术。关于前者，我想说的是，在过去20多年中（最集中和最广泛的是过去10多年），我们一直在寻找满足烟民的方法，否则他们就会通过点燃烟草或雾化含有尼古丁的液体来吸烟。

这是非常困难的。如果不点燃和燃烧烟草，那么从固体烟草基质中产生气溶胶是非常困难的，毫无疑问，这是香烟的工作原理。这是一个相对简单的点燃烟叶的过程。要制造出一种温度足够低的气溶胶，使之不会产生大量存在于香烟烟雾中的有害化学物质，同时仍然达到尼古丁释放气溶胶的温度，这是很困难的。

这是化学和物理问题，所以这是我们研究和开发工作的很大一部分。随之而来的是我们对生物学、毒理学和临床研究的极大关注，以此开始研究一种新产品，反复检查，看它是不是更好的替代品。因此，通过以上这些工作，我想说的是，我们的理念是确保我们在使用技术时非常精确和严谨。另一方面，我们也关注如何使用技术来提高内部流程的效率，提高与业务伙伴互动的效率，以及增进我们同其他跨国公司之间的 B2B（企业对企业）关系。当然，这些过程相当复杂，并且有大量的相关数据。

然后我想说，对于面向消费者的产品和经营业务这两方面，跨越了这二者的当然是信息技术和通信技术，它们让我们能够专注于消费者。从满足和预测消费者需求的技术角度来看，我们可以说是现代的，甚至极具前瞻性。

作者：看来你正在最大限度地利用现有技术。我们确实想谈谈通信行业中数字技术的发展，以及对问题、挑战和机遇的认识水平是如何大幅度提高的。

我们颇为好奇的是市场、客户和分销渠道之间的交流，以及用户和其他分销渠道反馈给你的信息。它们是如何演变的？通过使用新技术平台，你与客户的关系如何发展？

马克：在我看来，这是一个一直在变化的领域。如果我回想一下我在公司的经历，我会说，这是一个在过去 3 到 5 年发生了很大变化的领域。我们一直从事卷烟行业，这毫无疑问是 19 世纪的老行业了。我们的公司起源于 19 世纪，20 世纪 50 年代到 60 年代以来，我们的发展非常迅速，这主要是通过一些收购来实现地理扩张，但主要是通过自然增长。

我们拥有强大的 B2C（企业对消费者）关系，毫无疑问，消费者可以通过品牌认识我们，但不是其他消费品公司可能与消费者进行的那种互动。在过去的 3 到 5 年中，我们一直在推出新产品，这些产品是我们所谓的“无烟未来”的一部分，换言之，这些产品无须点燃，不会燃烧，但是我们更加关注如何与消费者互动。很多这样的互动都是而且应该继续是与我们销售团队中了解新产品的人进行一对一的交流，他们能够与吸烟的男男女女见面，了解他们的兴趣并解释新产品。

围绕着这些核心的人际互动，我们专注于当前和发展中的技术所支持的通信工具，无论是移动电话、手机、计算机还是其他工具。因此，我们毫无疑问正在进入这些新的通信领域。

现在，由于销售含有烟草或尼古丁的产品，当我们使用某些媒体工具时经常遇到限制。但是相对于这一基准，我们当然很有兴趣听取那些有问题或需要更多关于如何使用新产品信息的消费者的意见。同样，抽烟简单，不需要人们去学习。

一个基本上依赖电子技术来实现功能的新产品不可避免地会有各种各样的问题：如何清洁新产品，电池能使用多久，闪亮的灯代表什么意思，等等。因此，就像其他销售电子产品的公司一样，我们希望尽可能地提高沟通水平。

通信行业对我们非常重要的另一个方面是小型化。我想说，我们产品加热烟草的过程是通过复杂的电子器件实现的，而使用这些电子器件加热烟草的能力取决于小型化。在过去的 30 多年里，通信行业在小型化方面取得了非凡的成就，这正是我们所关注的。其次，这些产品涉及电池。我们卖的不是那种需要用到墙壁上的插座的大型产品，而是便携式的、方便的、易于使用的产品，电子产品的售价通常不到 100 美元或 100 欧元。

因此，更强大、更持久的电池开发无疑存在于许多行业中，但我个人认为通信行业推动了电池的大部分创新，这对我们而言同样非常重要。

因此，通信行业让我们意识到消费者在许多方面需要的功能，既包括信息交换的主动沟通，也包括实现信息交换的技术。

作者：马克，PMI 不仅因为你的愿景，还因为你迄今为止为实现无烟未来所采取的行动而被大规模宣传。你能否在不泄露商业机密的前提下介绍一下你现在处于这个过程的哪个阶段？

马克：是的，宣传的规模很大，坦白地讲，这在 5 年前是我无法预见的，我在这家公司和我们的前母公司工作了很多年。我的意思是，5 年前，如果我没记错的话，我们 100% 的收入都来自可燃烟草产品的销售。然后从 2017 年开始，我们明确表示，我们的愿景是用替代产品取代香烟，这是比吸烟更好的选择。该策略并不是进军其他行业，由此降低香烟在我们总收入中所占的百分比，或收购另一家公司出售香烟。我们认为这是我们最大力的行动，也就是说，全世界大约有 1.5 亿男女烟民会买我们的产品。

世界上大约有 10 亿烟民，我们希望看到，可燃烟草有一天将不复存在，人们不再吸烟。就 2017 年底的一些例子而言，我们大约 13% 的收入来自新产品。所以从 2015 年到 2017 年底，我们新产品的收入占比从 0 增长到约 14%，可燃烟草的收入占比从 100% 下降到约 87%。

如今，我们的新产品已经进入了40多个国家，这些国家大约有600万成年烟民现在已经转而使用我们的无烟产品。

我们已经说过，到2025年，我们希望看到4 000万烟民成为无烟产品的消费者。因此，我们正处于全力支持这项新战略的阶段。这是我们的主要战略，我们公司的83 000名员工都非常关注它。我们当然还没有走到尽头。我们仍在大力发展新业务，但我们肯定远远超出了假设阶段，远远超出了公司实际在做的阶段。

你知道，要测试一家公司的诚意，最好的办法就是看他们如何分配资源。我可以说，在过去三年多的时间里，我们把大量资源从传统的核心香烟业务转移到了新的无烟产品业务。我们的销售队伍、营销活动，当然还有研发活动，都是我们投入资源的地方，以确保我们在商业上是成功的，从而对我们的消费者，以及整个社会而言都是成功的。

我认为，这是一种不寻常的商业战略调整，也就是说，我们正在用2015年以后的产品取代2014年前后的产品，即逐渐取代香烟和烟具产品。我们这样做是为了让那些继续吸烟的人有一个更健康的选择，随着世界上越来越多的人从吸烟转向使用不可燃产品，这将有利于公共健康，进而有利于整个社会。

对我而言，这非常令人兴奋，而且极其复杂，它很迷人。

由于健康方面的原因，成为这个项目的一员也让我非常满意。

作者：马克，对于任何组织而言，像你这样改变自己都是一项极其复杂的任务。当你把公司的愿景和战略第一次介绍给我们时，最吸引我们的是它真正体现了我们的超人类密码倡议的核心原则，即在人类和技术的关系中以人为本，最大限度地利用技术。

你经常与全球思想领袖和有影响力的人打交道。世界其他国家对此有什么反应？你收到的响应范围是什么？

马克：“响应范围”是一个很好的问法。我想说的是，反应各不相同，有支持、热情、感兴趣、迷恋，这都是正面的。但有时我们遇到的反应是，“对不起，请再说一遍，我不明白。你不是在做香烟生意吗？这怎么可能？”这是一个非常合理的、充满疑问的回应。

我之所以强调这非常合理，是因为对我而言，我们每周至少有一次坐在谈判桌前，我必须停下来提醒自己，我们所做的一切对于质疑和冷嘲热讽而言都是非常重要的。其中包括“我不敢相信你真的在做这件事”这样的质疑，也包括“你不过是一家香烟公司，这里一定有什么诡计”这样的冷嘲热讽。

所以我认为种种不同的反应跨越了这个范围。然而我的经验是，它是很显眼的光谱线，质疑者在最左边，那么，在光谱线的另一端是冷嘲热讽的人。所以我要说的是，光谱线肯定严重地向中间偏左倾斜，因为人们明白，从根本上说，我们是一家消费品公司，我们传统上从事烟草业务，所以新产品无疑是所有消费品中最有争议的一种。

但作为一家消费品公司，我认为绝大多数人都理解这样的观点，即如果你制造的消费品存在支持与质疑的不平衡，那么你应该努力减少这种不平衡。换言之，如果你正在制作一个人们使用的小工具，不管出于什么原因，人们可能会喜欢这个小工具，但是这个小工具有负面影响，当然，如果你能消除或显著减少这些负面影响，你就应该这样做。而社会不仅应该允许这一点，而且应该使之成为可能。从根本上说，这就是我们用中性词和具体的术语所做的事情，例如，“人们正在吸烟。在任意一年某国的烟民中，可能有 5% 到 10% 的人会戒烟，这意味着 95% 或 90% 的烟民会继续吸烟”。

拿 90% 来说，这意味着从统计学上看，在一段时间内，A 国现在的烟民中有 90% 会继续吸烟。不一定是 10 个人中有 9 个会继续吸烟，而是在 A 国的烟民中，90% 的人会继续吸烟。吸烟会导致疾病，这是数量和持续时间的函数，意味着随着人们吸烟的持续时间增加，他们患严重疾病的风险也会增加。

所以我们要说的是，对于这 90% 的人，我们会给他们一个替代选择，一个更好的产品选择，这些产品不含香烟烟雾，但足以令人满意，尽管它不是零风险，也会上瘾，而且也存在非常低的导致疾病的概率。对于烟草行业所有有争议的方面，我们认为这只是一个基本的主张，即那些想要继续吸烟的人应该能够获得关于危害较小的替代品的信息。

当我们和人会面的时候，这些就是我们提供的关键点。当然，我们承认我们处于一个非常有争议的行业，并且我们公司也存在很多争议。然而，我们寻求的是在各种回应中，即使是那些最愤世嫉俗的回应，我们都要对数据进行公正、科学的评估，最终为那些继续吸烟的男女烟民的利益着想。是的，这对我们而言是一个商业主张，对烟民而言也是一个商业主张，其结果直接关系到 10 亿烟民的健康和福祉，当然还有他们周围所有人的健康和福祉。

作者：马克，当我们开始研究健康的未来，研究技术如何帮助我们改善健康这个问题时，我们可以诚实地告诉你，我们没想到我们会与 PMI 讨论这个话题。当我们得知全世界有 10 亿烟民时，我们也很惊讶。

于是我们惊喜地发现，你不仅有一个无烟的愿景，而且你正在影响它。通过这种转变，你正在投入财力和人力资源，并利用广泛的外部资源来创造这场革命。这确实是革命性的。我们知道，其他人会像我们一样，质疑 PMI 如何会参与到关于健康未来的对话中，实际上，作为一个组织，你可能会对我们未来人口的健康产生最显著的影响，我们非常感激能够通过你了解到这些内容，并能够通过超人类密码宣言分享这些内容。

马克：谢谢。谢谢你这么说。我非常感激。我的公司和我的同事已经将这一使命和战略愿景融入我们所做的一切中。我们对它的成功感到非常兴奋。

对话李在永

李在永（Jaeyoung Lee）：KGMLab 总裁，文明与技术学教授，韩国国民议会前议员，电视评论员，科技创业顾问及投资人。

作者：在永，在你担任公职期间，韩国首次被评为世界上最具创新精神的国家，这本身就令人钦佩，但到了 2018 年，韩国已经 4 次取得了这一成就。根据你在私营部门和学术界的经验，当然也作为第一个获得表彰奖的政府成员，你将这一成就归功于什么？关于韩国的未来和技术革命，它告诉了我们什么？

李在永：这一成就在很大程度上归功于三星，三星获得的美国专利比除 IBM 之外的任何公司都多。把投资创新渗透到整个国家的供应链的过程非常有趣。是的，虽然韩国正在进步，在技术创新方面的进步尤为突出，但韩国还需要做更多的工作才能将这种创新文化传播到其他行业和全国人民的思想中。

现在，韩国是世界上智能手机普及率最高的国家，95% 的韩国人拥有智能手机。韩国公司和政府都在大力推广 5G（第五代移动通信技术）。我们已经有 3 家主要的电信公司在 5G 上投入巨资。韩国人对使用科技非常感兴趣，我想说，他们对高速互联网的兴趣超过了世界上的其他所有国家。我认为，无论是在人力资本还是硬件方面，我们都拥有非常好的基础设施，可以推动新的创新。韩国有 5 000 万人口，国家的大小刚好合适。它足够小，也足够大，可以测试很多这样的技术。许多西方科技公司实际上是来韩国测试他们的新发明的。我认为，我们已经在全球市场上做好了充分的准备，以适应和测试这些新技术。

但与此同时我也认为，为了向前迈进，我们需要改革教育。我们仍然要求我们的学生根据他们参加大学入学考试的成绩进入一流大学。考试不能真正反映出他们的创新或创造性思维，但这一制度自大韩民国成立以来就已经存在，大约有 70 年的历史了。改革需要付出巨大的努力，而且将在未来产生巨大的社会冲突。我认为这将是我们目前面临的最大的进步挑战。

作者：有趣。我们还有一个问题与韩国很早就采用的技术有关，也许这项技术是由三星革命性的技术和基础设施推动的，它就是人工智能。麦肯锡最近的一项研究报告称，我们今天所理解的几乎一半的有偿工作都可以实现自动化。现在，显然需要一段训练、扩展和实施的时期，但我们现在有能力做到这一点。然而，全球跨国公司的首席信息官中，部署甚至测试人工智能的还不到 50%。你认为韩国公司在应用人工智能等变革性技术方面更先进吗？

李在永：我认为，或许像其他发达国家或发展中国家一样，韩国的公司分为两类。一类是确实在投资未来科技的公司，另一类是不投资或不能投资未来科技的公司。很明显，三星是在新技术上投入巨资的公司中最典型的例子之一，它正在世界各地建立人工智能研究所。

其他公司，如LG、SK这些大公司，它们确实投入巨资，而且它们确实有雄厚的财力去投资。但与此同时，韩国经济仍然严重依赖劳动密集型工作。这些公司在投资新技术方面做得并不好。我的意思是，它们甚至没有在基础自动化方面投资，所以这是一个问题。

但是鉴于我们的经济在很大程度上依赖于这些能够投资新技术的大型企业集团，我认为，随着时间的推移，这终将渗透到其他行业，并对我们的工作方式和公司生产产品的方式产生巨大影响。

作者：你认为，无论是在政府内部，还是在观察人与机器之间关系演变的其他机构内部，如今是否存在公开的对话？这是谈话的一部分吗？

李在永：是的。2017年夏天上台的这届政府成立了第四次工业革命委员会。在这个委员会中，他们讨论了很多未来科技，以及如何将这些科技应用到当前的日常生活中。在讨论中，他们谈到了某些法规对于这些技术进步的阻碍。

由于这个委员会是由韩国领导人设立的，因此政府最高层已经表现出积极的兴趣，并正在布置工作。各部委都在关注此事，韩国有很多论坛，包括大大小小的私人论坛，特别是学术界，大家都在讨论这些问题。

作者：虽然三星在韩国创新奖的评选中无疑是一个重要的影响者，但人们对韩国及其技术实力也有其他的赞誉和认可。技术真的已经渗透到每一代人和所有的商业、社会和商业活动中了，难道不是吗?

李在永：是的。例如，当苹果公司推出 iPhone 时，韩国甚至不是引进 iPhone 的国家之一。我认为引入韩国的第一款机型是 iPhone 2，这发生在 2009 年在美国推出 iPhone 智能手机的一年半之后。但那一年也是三星推出首部智能手机的年份。所以，到目前为止，在短短 10 年内，我们的手机普及率是世界上最高的。这再次显示了我们对新技术的极大兴趣。

作者：是的，我们认为我们可以把目光投向韩国，看看韩国在人类和技术之间敏感的关系中所表现出来的东西。据估计，到 2022 年，有 7 500 万个工作岗位将被取代，并创造出多达 1.35 亿个新岗位。最令人不安的是二者之间有 6 000 万人的差距，作为 21 世纪的员工，他们对此是否做好了准备，我们无疑面临着前所未有的挑战。当然，对于以技术为主要业务的公司而言，这要容易得多，技能再培训相对会更少，而应用更深层次技能的培训教育会更多。

李在永：较大的公司应用与它们自己的行业相关的技术来推动它们的行业向前发展。我认为，在某些国家，基于它们已经拥有的产业，什么样的技术会流行是自然选择的。

与此同时，我认为，尽管我们做好了充分的准备，或者我们对这些新技术持开放态度，但我们仍然看到了潜在的巨大社会冲突。最近，韩国一家领先的科技公司试图推出拼车服务应用，但遭到了出租车司机的强烈反对。成千上万的出租车司机涌上街头，其中一些人采取了极端的自焚行动。

该公司最终放弃了推出这项服务的想法。它只是展示了一种技术或新技术的应用是如何威胁人们的。在那次事件中，政府成立了一个特别委员会，讨论如何找到一个解决方案来安抚双方。这只是一个例子，说明了社会向第四次工业革命迈进的困难。

我们一半以上的行业是劳动密集型的中小型公司，其中一些公司将会创新。但是对那些不创新的公司的员工，我们能做些什么呢？

这是一个巨大的挑战。当我在我的选区竞选一个席位时，我估计选区内 50% 的人口所在的公司都不愿意留住员工、引导他们、支持他们完成这些变革。作为一名必须通过选举来影响变革的政客，我需要提出能够给我的全体选民带来利益的解决方案。

只要民主社会的政客们需要安抚普通民众，我就拿不准如何以最好的方式做事情或为未来做准备。人们正在思考这个问题，我们不能否认这种必然会发生的巨大变化，无论我们是否做好了准备，这种变化都会发生，但是我们参与的这个政治体系是前进的巨大障碍。

作者：应对这一挑战的方法之一是政府、大学和企业之间进行更有效的合作。带薪实习课程将企业和教育机构结合在一起，使雇主、学生，当然还有学校一起受益。政府也可以支持这种合作教育。你认为韩国教育机构和企业的合作前景如何？

李在永：我认为它会有发展，我认为这种始于美国和加拿大的合作模式肯定会在全世界推广。韩国的顶尖大学肯定在与企业合作，但我认为，企业需要更多地与大学分享它们需要什么样的员工，而且要透明，因为这样做符合我们所有人的利益。

但我认为企业还需要迈出另一步，或者说几乎需要实现一次飞跃，那就是思考 10 年或 20 年后它们需要什么样的工人。我现在在大学教书时看到的是，这些大学愿意与企业合作，为企业培养学生或教育学生，以及它们今天需要的工作技能。

但是，我不确定这些工作技能在 10 年、20 年后是否还有用，甚至依然是优秀的工作技能。我认为企业并不成功，或者他们没有真正考虑未来的图景会是什么样子。虽然大学可能在学术上考虑这一问题，但它们并没有将其应用到当前的教育系统中。所以我认为思考未来需要什么样的人才很有必要。这需要有长远的眼光，企业需要向大学投入更多的资金来培养未来的工作技能，这可能在当下或明天不会带来回报，但肯定会帮助整个社会为未来做好准备。

例如，我们已经在医疗领域看到了这一点，但我认为我们需要将其推广到其他基础性产业。

作者：我们认为，在大学与企业的合作关系中，有两个潜在的领域可以让大学发挥作用。其一正如你们所言，指导教育机构了解未来的需求，以及增强合作项目的重要性。其次，在帮助潜在劳动力重新获得技能方面发挥作用，从而为组织带来教育经验和专业知识的力量。你认为这在韩国是否可行？是否合适？

李在永：当然可行。我认为我所说的“高等教育”是非常需要的。因此，这些员工需要持续不断地被重新引导用新的方式做事。我认为大学生肯定在其中发挥了作用，但韩国在私立教育方面也投入了大量资金。现在，那些私立教育机构更倾向于教育中学生为上大学做准备。但是它们有一个生态系统，可以把学生带进来接受教育。

我认为私立学校的一个好处是，它们比大学更灵活，因为大学有很多必须遵守的规定，而且很难改变课程。大学做任何决定都要花很长时间。

如果私营教育机构能够与企业合作，那么它们可以发挥更大的作用。我认为企业需要将其视为对员工和未来员工进行技能再培训的方式之一。

作者：我们认同你的观点，并认为这是你在下一届选举任期中肯定会产生影响的一个领域。我们认为，政府积极主动地鼓励这一点是非常重要的。我们最关心的是中小企业。大公司有人力和财力资源来致力于研究和重新评估。联合利华是一个典型的例子，它说明了大公司如何将个人放在变革的首位。但我们最担心的是那些把每一元钱和每一小时人力劳动都投入仅仅是为了继续当前业务的公司，而不是那些能够为未来做准备的公司。

李在永：我认为政府需要学习如何改变它的观点。政府真的需要从一个非常不同的角度或多种角度看待事物，难道不是吗？我们的政府如此严厉地压制这些，因为它认为这是扰乱公共教育的事情。但如果政府能改变它的思维方式，认为既然我们有这个行业，既然我们有庞大且成熟的生态系统，也许我们可以好好利用它，对吗？如果政府看到了其他机会，可以让其为建设更美好的未来发挥作用，并让私营教育机构与中小型公司合作，正如你所言，用政府资金或诸如此类的支持来再培养技能，我认为这是一个很好的做法，或者至少可以缓解二者之间的矛盾。

作者：你曾是世界经济论坛亚洲团队的成员，通过你与世界经济论坛全球领导力学者项目的合作，你见证了主宰论坛主要舞台的巨大技术变革。你认为像世界经济论坛这样的多边机构在管理“技术与人性”关系中的作用是什么？

李在永：2009 年，我加入世界经济论坛时，他们有一个完整的团队致力于将科技公司推向全球舞台。谷歌最初在世界经济论坛上推出时，还不是我们现在所知道的谷歌，脸书和其他科技公司也是如此。

我相信这些主要的多边机构今天能做的就是真正深入社会问题。像韩国的租车行业这样的社会冲突，不仅会发生在韩国，也会发生在世界各地。

政府需要在缓和这些问题方面发挥重要作用。我认为这肯定可以成为其他国家借鉴的例子。

例如，关于这些问题的解决方案或讨论需要在世界经济论坛中占据更大的比例。这些多边机构肯定有责任在全球分享这些经验，我认为这就是未来所在。

作者：在永，如你所知，超人类密码的根源是我们必须将人类以及人类的积极发展置于人类与技术之间关系最前沿这一核心信念。对于我们如何能够在未来保持最以人为本的技术，以及在贵国人民的发展方面，你有什么看法？

李在永：你知道，作为一名政客，我认为政府需要在这个领域扮演头号角色。我们不会轻率地强加限制创新的法规，但我们绝对需要认识到，如果这些技术在没有任何监控甚至没有使用或审查这些技术的机制的情况下被开发、引进并应用于社会，那么这些技术可能是危险的。

其中一个例子是人工智能的开发，这确实需要密切监控。再次强调，我们不是要限制创新，而是要确保创新在正确的领域以正确的理由得到应用和使用。我认为，政府在民间社会和私营部门的帮助下，需要对它们能给这次讨论带来什么有更深的理解。我们的未来真的取决于此。

作者：在永，我们非常感谢你抽出宝贵的时间参与这次对话。我们希望这只是我们就这一倡议进行对话并开启我们的进一步合作。

对话莫希特·乔希

莫希特·乔希（Mohit Joshi）：印孚瑟斯公司（Infosys）总裁，全球金融科技行业先驱，领导世界各地的创新银行，金融服务和保险，医疗保健和生命科学变革。

作者：莫希特，近20年来，你在世界各地金融服务和技术的交叉领域工作，在印孚瑟斯担任各种各样的角色，经历了我们经历过的最具活力的商业转型时期。我们认为，谈谈你在公司巨大变革前沿亲身经历的变革的一些相关见解，从这里开始我们的对话会很有意思。

莫希特：我刚到印孚瑟斯的时候，当时正是互联网泡沫刚破裂的时候。当时有点悲观。数字和电子商务似乎将改变世界，但这或许是一个错误的承诺。

事实上，如果你回顾过去5年，看看我们经历了多少变革，建立了多少新企业，创造了多少新产业，就会发觉这真的很了不起。从相当卑微的开始到对技术有更深层次的兴趣，再到万维网的商业化，在过去的5年中，我们看到事物以更快的速度增长。如果你看看当今世界各地的公司，你会惊讶地发现，几乎所有人都试图同时做三件事。

第一阶段，人们意识到他们需要在全球经济环境中具有竞争力。人们仍然需要关注他们的成本收入比，关注生产的单位成本，但是全世界的公司都在关注工业化。许多大公司还没有实现从头到尾的自动化。它们有许多手工流程，导致效率低下，进而导致许多生产商成本过高。

银行、保险公司、制造公司和零售商都需要工业化。这意味着在核心操作中采用自动化和人工智能，并尽可能关注实用程序，而不是试图自己做所有事情。如果可能的话，它们要将重点放在使用公共云作为成本优势的来源，而不是构建自己的数据中心。

第二阶段是数字化，我承认数字化显然是一个非常宽泛的术语。让我们稍微分析一下，从关注客户开始。在过去的5年里，客户体验受到了极大的关注，而且不仅仅是外部客户，甚至内部客户也是如此。如何获得类似苹果的用户界面？如何获得类似苹果的体验？对于大多数公司而言，这已经变得非常重要。除了体验部分，重点还在于数据。与10年前相比，许多大型公司如今更加热衷于数据。如果你看看谷歌或脸书之类的公司，你会发现这些公司都是建立在对数据和客户在特定情况下的反应的深刻理解之上的，但越来越多地，即使是金融机构、零售商，情况也是如此。

我认为数据是我们所看到的这场数字革命的第二阶段，接下来是有关于创新的阶段，有关于网络安全的阶段。同样，即使在数字方面，人们也非常关注云计算。在工业化方面，关注云计算是为了提高成本效益，而在数字方面，关注点是云计算可以提供卓越的体验，那就是云计算的速度。

要加强工业化、更有创造力，所有公司都亟须改变它们的工作方式。我们谈了这个问题。我认为敏捷开发和 DevOps 革命[①]正在改变世界，这对公司的组织方式、核心业务的交付，以及核心产出有重大影响。这也意味着必须高度重视雇员的教育或再培训。

显然，我在过去 5 年中看到的东西都有技术成分。我们可以谈论人工智能、自动化、区块链和中级体验技术，但如果你退一步看，过去 5 年中发生的一切都集中在显著的成本效益和产业化上。它关注的是显著的包容性，专注于改变我们的工作方式。

作者：金融服务业一直被认为是所有市场经济发展的核心支柱。在你的工作中，你向发达市场和发展中市场引进和提供工具，我们很好奇，根据你的经验，发展中市场如何最有效地利用数字技术？具体而言，他们如何影响其民众的金融包容性？

莫希特：我相信，为发达国家更广泛的人群带来金融服务显然将有巨大的潜力，在发达国家，高达 60% 的人口仍未被传统银行覆盖，也未被传统保险公司覆盖。这是一个重要的机会，因为它显著降低了分销成本。在农村地区，只用手

① DevOps 一词来自 Development（开放）和 Operations（运营）的组合，突出重视软件开发人员和运维人员的沟通合作，通过自动化流程来使得软件构建、测试、发布更加快捷、频繁和可靠。——译者注

机就可以建立分支机构，甚至整个代理网络。手机在允许小企业和个人参与有组织的金融系统方面发挥了显著的作用。

如果你从印度的角度来看，拥有统一的身份或生物特征辨识对实验室来说是非常重要的。例如，在印度开设银行账户的最大挑战之一，无疑是你无法证明自己的身份或者无法给出一个固定的谷歌地址。当然，有了支票身份，12 亿人就可以向银行提供足够的“客户身份验证”（KYC），并以此开立和经营一个银行账户。

随着时间的推移，这些人在系统中进行的所有金融交易便形成了数据。有了这一点，他们就有了信用记录，从而可以更容易地获得贷款。如果你试图使用传统的分支网络来实现这一点，则几乎不可能。如果你不得不依靠政府来提供一个传统的身份，比如驾照或护照，也会很困难，因为在大多数这类国家中，只有不到 10% 的人口能够获得驾照或护照之类的东西。

事实上，你现在可以用数字方法证明你的身份，而且这种效率已经把一个账户的服务成本从每年几美元降低到每年几美分，这产生了巨大的影响。这意味着很多人可以参与其中。

作者：在发展中国家和发达国家的政府处理和促进金融包容性方面，你看到了什么不同之处？

莫希特：各国政府都关注金融包容性，我认为这很有意义。首先，它增加了税基，因为参与者更多了，特别是在发展中国家，西欧和美国也是如此。你越把经济从非正式部门拉到正式部门，税基就越发扩大，从而扩大了参与经济的潜在群体。我觉得西方一直在担心政府获取个人数据，这就是为什么我们没看到社会保障号码系统的现代化，也没看到类似的生物识别计划在西欧出现。

我认为，随着时间的推移，在建立了正确的保障措施之后，这可能会变得极其重要。目前为止，西方的一些金融包容性项目主要针对生活在贫困线或贫困线以下的人，以及帮助这部分人口提高诸如食品券这类项目的效率和有效性。我觉得，焦点将越来越多地转移到包容性和教育的结合上，因为这将覆盖更大一部分人口。多达 40% 到 60% 的美国人无法在短时间内拿出 400 美元。我认为，这一统计数字凸显了在金融服务领域需要做的事情中，包容性和教育都是非常重要的。

作者：是的，我们认同你的观点。人工智能正在给我们的工作角色带来巨大的变化。你在 50 多个国家拥有超过 22.5 万名员工。贵公司对团队成员未来的角色有什么设想和准备？

莫希特：我们对未来的业务持乐观态度，因为我还没有遇到过任何一家公司、银行或政府打算在未来 10 年内在技术上的支出低于前 10 年的水平。我认为，我们可以把公司、政府和个人在技术上的支出增加视为一个既定事实。这显然给了我们一个重要的机会，因为我们正在构建世界上一些最大的公司使用的框架、基础和系统。从公司的角度来看，我们很可能会看到企业在技术上的支出出现长期增长。

我们确实有必要确保我们的员工准备好接受新技术，同时也准备好接受新的工作模式。例如，以前你可能使用传统的瀑布式软件开发方法[①]，但是现在你转向了敏捷软件开发[②]。我们可能正在开发系统和应用程序，并在客户的专用数据中心支持它们，而且必须在云端完成。这意味着我们必须重新培训我们的员工，给他们提供工具、平台和物理位置，以便他们能够学习。而且我们正在这样做。

我们还拥有相当年轻的员工队伍，公司员工的平均年龄只有 27 岁。因此，公司普遍都是乐观主义，而且有很多自下而上的推动。这并不是说我们必须推动员工去学习，实际上，我们的员工是在推动我们为他们提供更新的工具、技术和培训范例，让他们学习。例如，我们决定启动一个项目，使用软件培训人们开发无人驾驶汽车。我们计划向 100 人开放，但是有 7 000 人想参加这个项目。公司员工对学习的渴望很

---

① 瀑布式开发是一种把项目分解为有限的阶段来开发软件的方法。只有在审查并验证其前一阶段时，开发才会应进入下一阶段。——译者注

② 敏捷式开发是一种迭代的、基于团队的开发方法。这种方法强调以完整的功能组件快速交付应用程序。——译者注

高，因此，随着在技术上的支出将会增加，我们对未来相当乐观。

就更广泛的、全系统的影响而言，我认为我们必须保持乐观。尽管自动化和人工智能将导致某些领域的失业数增加，但总体而言，我认为人工智能和自动化将是创造就业的巨大力量。我们已经看到，在零工经济中，我们已经有了全新的角色。例如，10 年前谁知道会有社交媒体顾问，对吧？我们看到世界上大部分地区的生活水平正在快速提高。在过去几年里，数十亿人摆脱了贫困，这主要也是由于技术的应用和全球化。

新的就业机会被创造出来。这并不是说人们无事可做，也不是说人们会用尽他们想要的东西。我认为，虽然在这个阶段，就业机会显然难以量化，但其可能来自现在不存在的行业。在过去的 1 000 年里，科技的进步都是通过提供其他商品和服务，以及长期的更高的生活水平而发展起来的。我认为这一波人工智能、自动化和数字化的浪潮没有什么不同。

作者：印孚瑟斯拥有一个研究实验室和创新中心网络，与全球顶尖的大学和教育机构合作。我们经常听到的担忧之一是，中等教育机构和高等教育机构是否有能力跟上推动职场所需的新技能的创新步伐。

科技公司如何与学校进行最有效的合作？从小学到大学，如何让学生们为现在和未来做好准备？

莫希特：是的，我认为这是一个真正的挑战。事实是，我们对新技能的需求很大，而且在未来几年，这种需求只会增长。我们希望确保我们不会造成数字鸿沟，我认为这也是你们的观点。显然，世界各地的大学都提供计算机、高级程序和数据科学方面的培训，但我们希望确保每个人都能获得这些培训。我们一直在与一些组织合作，例如 Go.org，它专注于美国的计算机科学教育。我们一直致力于在印度与类似的非营利组织合作，因此，对于小学和中学，我们正在努力提供培养未来的劳动力所需的教师和材料。

我们与世界各地的大学都建立了正式的关系，因为我们从那些学校招聘毕业生。对我们而言，在多个国家建立关系很重要。我们把这些大学的教职工带到我们的公司，告诉他们我们对未来几年新增就业形势的看法，并就他们的项目和培训材料如何适应未来的企业和政府的需求给出反馈，以便他们可以开始将这些内容纳入他们的课程。

最后，我们在做的另外一件事情是自己创建大量平台，供我们的许多客户使用。然后，我们开始对现有劳动力进行再培训。我们有现成的材料，例如，我们与世界上的一些大银行合作，因为他们对员工进行了大数据技术方面的培训。如果你从人口的各个方面来看，无论是对在校儿童、大专院校的年轻人，还是现有的劳动力，我们都创建了相应的项目和参与方式，这样我们就可以把技术的福音传播给尽可能多的受众。

作者：在你的组织内，你一定知道如何更好地了解你的客户以及你自己的组织需要什么样的技能再培训。如何让你的员工超越目前正在进行的项目，了解他们未来的角色是什么？

莫希特：当然。我们得打个比方。在我们看来，技术可以分成三个层次。第一层是当今广泛使用的技术。举个例子，这个层次的技术是像 Java 这样的工具，或者目前我们大部分人都在做的技术。第二层是目前正在使用的更现代的数字技术。例如，大数据应用程序、大数据平台、前端设计工作以及自动化领域的工作。这些都是今天的硬技术。

然后，当我们展望未来的时候，便来到了第三层次，这是日后即将出现的与未来相关的技术。例如，先进制造、增强现实和虚拟现实，以及先进的人工智能。这些技术将会塑造未来，但目前还处于萌芽阶段。然后，我们看看我们工作的分布。我们在第一层次上做了多少工作？第二层次上做了多少？第三层次上做了多少？我们分别为这三波科技浪潮提供了什么样的劳动力？在接下来的 1 年、2 年、3 年、5 年、10 年里，这三波科技浪潮中的劳动力分布会出现怎样的变化？

例如，如果今天有 50 人从事第一层次的工作，40 人从事第二层次的工作，10 人从事第三层次的工作，那么 5 年后，第二层次将变成第一层次，第三层次将变成第二层次。因此，你需要清楚地了解新世界是如何运行的。一部分是通过再培训，一部分是通过雇用新人并对他们进行培训，还有一部分是我们所做的“横向招聘专家”。

我们对未来1年、2年、5年和10年的技术需求有一个相当清晰的认识，基于这一需求，我们需要在技能再培训、重构和招聘方面做出哪些调整？显然，我们定期监控这个计划，并随着环境的变化对其进行修改。我们用一种相当复杂的方式来尝试理解这个世界，理解技术的变化，并调整我们自己的招聘和培训，以便能够有效地应对这些变化。

作者：了解你的流程非常有趣。我们对印孚瑟斯为全球客户提供咨询和服务的业务很感兴趣，你认为这些客户中有多少人了解目前迅速降临到他们身上的变化？

莫希特：老实说，我认为大多数大公司都意识到了变革的发生。我认为，它们意识到自己正在与一群新的竞争对手打交道，与被赋予了强权的客户打交道，它们也在应对来自员工的高期望。尤其是随着越来越多的千禧一代进入职场，劳动力的性质开始发生变化。我认为人们意识到世界正在改变，特别是高层和董事会。

然而，我认为变化的速度仍然让人惊讶。我认为，在某些行业，变化显然发生得更快，尤其是零售业。这个行业已经发生了一场创造性颠覆的浪潮，而在10年前，酒店业、零售业、汽车业的一些最大的参与者甚至都不存在。在其他一些行业，比如资源、保险，甚至银行业，情况已经发生了变化。

人们确实意识到了变化的速度和他们需要做出的改变，但是不同行业的变化速度并不一致。尤其是随着数据在地位上的变化，新的被赋予强权的客户的出现，以及我们由于人工智能和公共云计算而拥有的新工具，我觉得变化的速度只会加快。未来5年的变化速度将远远超过过去10年的变化速度。

作者：那么不计其数的小型公司呢？这些公司的主要负责人都在一线工作。他们不一定有机会或财力去设想。我们能给那些可能没有能力，甚至不知道从像你们这样的公司那里得到指导和服务的企业提供什么样的指导？我们如何激励和影响他们，让他们走出去，最大限度地了解他们如何进行创新？

莫希特：我认为既有积极的一面，也有消极的一面。积极的一面是，从未有过像今天这样的时刻，信息变得触手可及，而且你清楚地知道世界各地的同行在采用技术方面正在做什么。实际上，这是我们可以利用的所有资源。从来没有过这样的时候，我们没有理由无知。在前沿趋势方面，人们可以学到很多东西。

我还觉得，在某种意义上，技术变得廉价了很多。不久前，建立自己的数据中心、购买自己的硬件、构建自己的应用程序，这些都是世界上最大的公司才能做到的事情。今天，初创企业使用最尖端的技术，并以极低的成本在全球部署。小企业的机会也很大，因为突然之间，你可以与规模大得多的企业竞争。实际上，对于小公司而言，它们拥有的一个巨大的优势就是并没有太多的既得利益者。因此，如果没有大公司所具有的组织惯性，小公司可以更轻松地进行自我转型，这是一个重要的机会。

另一方面，对于大公司而言，我认为挑战是如何采用创新来保持灵活性。如你所知，很多时候，公司变革的主要障碍并不在于技术过于复杂或难以采用，而是人们抵制变革，在小公司里，推动变革有时反而更容易。我觉得现在是小公司、新公司在发展速度方面有显著优势的时候。我们毫不怀疑，它们中最聪明的人会让投资机构成为未来的独角兽公司。

作者：莫希特，你的指导本身就是鼓舞人心的。早些时候，你被选为世界经济论坛的全球青年领导人，这是一项莫大的荣誉。祝贺你。

在过去的4年里，作为一名全球青年领导人，你有机会更多地参与世界经济论坛的事务。我们很想知道你如何看待世界经济论坛（如联合国、世界贸易组织和其他多学科机构）如何在促进更高水平的繁荣和科技平等方面发挥作用。在世界经济论坛和其他组织的经历让你在这方面有什么经验？

莫希特：我认为世界经济论坛的作用非常重要，因为世界经济论坛在促进多方利益相关者对话的能力方面确实是独一无二的。通常，如果你看看联合国，它仍然主要是一个政府间机构。如果你看看许多行业协会，比如印度的英国工业联合会或美国的商会，这些机构的主要成员都是公司。

从这个意义上讲，世界经济论坛是独一无二的，原因是它在政府、企业、非营利性组织和初创企业中几乎具有同等的代表性。因为世界经济论坛允许多人参与，所以对话更丰富。从我的角度来看，作为世界经济论坛的一名全球青年领导人也让我能够接触到一个真正的多方利益相关者的网络。特别是，我还在英国工业联合会做了很多工作。我觉得许多机构都很重要，尤其在这个变革的时代，它们允许用多种形态表达自己，提供大量的研究材料和知识供参与者使用，并且在许多公司发生巨大变化，以及个人正在寻求模式、趋势和工作方式方面的建议的时候，它们可以发挥决策咨询人的作用。

作者：是的，在每一年的发展过程中，你是否有意识地思考过这个问题，那就是对于你所属的群体，你将如何利用它，从中学习，并为之做出贡献？

莫希特：当然。我觉得这是一个重要的机会，可以认识不同的人，了解不同的观点，发展自己的观点，并能够回馈他人、回馈社区，我从那里学到了很多，收获了很多。

作者：这是我们超人类密码倡议的另一个核心支柱，正如我们与你分享的，超人类密码的愿景实际上是始于我、我的合著者卡洛斯·莫雷拉，以及蒂姆·伯纳斯·李3年前在达沃斯的一次对话。当时讨论和设想的是一系列文章，内容涉及与所有正在或可能在使用技术的人交流的重要性，以及现有和可能存在的平台的挑战和机遇。由此产生的效果是我们在过去18个月里与许多人进行对话。现在，这些对话将以书籍、系列广播的形式出现，并于6月开放在线对话。其核心是希望在每一种关系中，尤其是人类和技术之间不断发展的关系中，保持人的中心地位。

我们渴望通过应用技术来影响对平等的追求，我们正在见证这一点。

我很好奇，当你继续在印孚瑟斯担任领导角色时，这个前提是如何影响你的行动的？你认为人类如何能从技术中获得最大利益？

莫希特：我觉得技术为我们提供了一套非常强大的工具、技术和平台。归根结底，人类必须在技术中扮演核心角色。我们必须在塑造技术方面发挥关键作用，而不是让技术塑造我们。过去的趋势是积极的。在过去的15年或20年里，我们取得了诸多成就，包括生产力获得巨大提高，数十亿人摆脱贫困，全球经济实现爆炸式增长，以及我们所不知道的新产业出现，所以我觉得我们必须对未来保持乐观。

到目前为止，人工智能等新技术的趋势倾向于赋权。它倾向于为我们人类提供必要的工具来做新事情，例如，检测和分析数据中的模式，使革命性的见解成为可能，使我们的生活变得更好。就像你的观点一样，我的看法是乐观的，以人为本。

作者：听到这个消息，我们一点也不惊讶，而是感到鼓舞。这对我们来说是一次丰富的采访。我们很感激。有趣的是，你已经在印孚瑟斯工作了18年，对于千禧一代而言，当他们考虑要在一家公司任职时，这是相当长的时间。在那段时间里，你见证了惊人的技术创新。印孚瑟斯在这场技术革命中的组织作用以及所扮演的角色，你已经期待了很长一段时间。随着我们的进展，与你们继续进行这样的对话将会很有趣。

莫希特：谢谢。我期待着这次对话，因为它非常重要。当我们试图理解这个不断变化的世界时，它对我们所有人都很重要。

对话达芙妮·基斯

达芙妮·基斯（Daphne Kis）：世坤投资大学（WorldQuant University，一所致力于推进教育的全球性的、完全免费的在线大学）首席执行官，顶尖女企业家。

作者：达芙妮，在你的职业生涯中，你曾担任过首席执行官、出版人、制片人、投资人，在数字革命的形成阶段，你最终成为创新的培育者。你的履历表明你一直是变革的推动者。今天，我们希望从谈论你在个人转变过程中目睹的变化开始我们的谈话。

达芙妮：谢谢。我很高兴有机会就这一重要对话和你们提出的观点发表意见。我完全认同技术对社会的贡献至关重要，包括我们关注的教育领域。我在技术领域工作了30多年，在我职业生涯的早期，我关注的是面向企业、面向业务的软件。

在这个时代之后，大量面向消费者的创新纷纷涌现，毫无疑问，我们既是这些创新的受益者，也是受害者。重要的是，平台现在是全球性的，技术的实施并不存在接入最后一英里的负担，并且所谓的流水线的规模已经呈指数级扩展。从本质上讲，技术的承诺比以往任何时候都更能得到实现，它改变了我们生活的世界。

但这一切的背后仍然是人类的努力，让一切变得越来越容易的动力仅仅是人类的本性。在一个新的高度上，我们看到了数十年的具有革命性的工作成果。俗话说，最大的变革就是变革的速度，这些我们都经历过。

作者：与今天相比，前30年的发展速度如何？你是“PC论坛”的先驱，PC论坛是领先的执行技术会议，在这场数字革命的短暂历史中，为诸多合作提供了平台。你个人如何应对变革的速度？

达芙妮：应对变革的唯一方法就是在变革的基础上再接再厉。一切都在不断发展，我们今天看到和使用的产品必须具备敏捷性。在过去，企业软件的构建是稳定的，但是是固定不变的。在云端构建B2B软件使我们能够定期迭代产品并更新软件。对于软件的设计和实现而言，内置的反馈循环现在是不可或缺的一部分。这是我们在世坤投资大学所做的工作中非常重视的东西。

随着技术占据中心舞台，你所能期望的就是迭代和响应这种变革速度的能力。要真正实现人人都在谈论的终身学习，必须培养人类的敏捷性。就人们如何看待教育而言，这是一个重大的范式转变。响应能力必须存在于学习经验的DNA中，这与过去截然不同。

作者：这或许是你将世坤投资大学与其他教育机构区分开来的另一种方式。当我们最近一起在达沃斯的世界经济论坛年会上讨论教育的未来时，我们只是蜻蜓点水一样地提及了这个话题。我们如何才能在学生们来到你的学校或进入其他大专院校之前，在小学和中学里获得更灵活、更敏捷的教育？

达芙妮：在这个时代，人们可以接触到很多知识，我们要求他们不断学习。我们需要从很小的时候就开始教授那些关键的技能，使人类能够灵活地应对他们生活的不断变化的世界。

艺术是一个很好的例子。我是“青年观众学习艺术”的全国委员会成员，这是一个为全国500多万儿童服务的附属网络。除了培养人才之外，艺术学习采用一种迭代式的方式，它通过开发和执行“共同进化”这个概念来教会年轻人创造和合作。这与过去的教育方式有很大的不同，过去，个人成就是衡量成功的唯一标准。未来是协作的，对于今天的学习者而言，这将转化为多媒体产品，在计算机科学和编码能力建设的辅助下应用于数字艺术。

在世坤投资大学，这已经转化为金融、数据科学和计算机科学交叉领域的跨学科金融工程理学硕士学位课程。传统上，这些学科被视为非常独立的领域。但正是在这些学科的交叉点上，我们培养出了具有批判性思维的人才，他们有机会在未来取得事业上的成功。

我相信，5年后，如果你想做财务管理，你最好拿到金融工程学位，而不是MBA。随着数据和技术进一步推动一切，在这些领域积累有意义的知识将是成为成功的财务管理者的要求，也是你在工作中做出可靠的商业决策的要求。

作者：创建世坤投资大学的催化剂是什么？

达芙妮：世坤投资大学是由世坤投资创始人、董事长兼首席执行官伊戈尔·图钦斯基（Igor Tulchinsky）创办的。作为一名金融工程师，他发现人才在全球是均匀分布的，但教育机会肯定不是。他创立了世坤投资大学，让全球各地的人才都能参加教育课程，帮助他们在不负担学费的情况下发展事业。世坤投资不雇用世坤投资大学的毕业生。我们专注于打造下一代数据驱动的决策者。

我们相信，人们具备这些技能会对他们所在的社区产生巨大的影响。在短期内，我们致力于吸引世界各地的优秀人才，为他们提供独特的晋升机会，以加快他们的职业发展。我们目前有来自 90 个国家的超过 1 800 名学生学习金融工程硕士课程，以及大约 2 000 名数据科学单元的学生，他们都是免费入学的。我们的数据科学单元为学生配备了数据科学和分析技能，这对于应聘当今最热门的工作而言至关重要。

从长远来看，我们希望创造一种教育模式，为教育提供一个新的标准。实体机构在 20 世纪运作良好。随着学生债务的增加，高等教育学位的价值正在被重新评估。在当今快节奏、充满活力的经济环境下，这些传统机构很难应对学生不断变化的兴趣和行业需求。我们的目标是开发针对市场需求而构建的高度可扩展且灵活的在线课程。未来，在教育、政府和商业的交汇处有着巨大的机遇。

作者：请和我们讲讲启动这一项目所需的基础设施，以及你如何看待未来5年的发展？

达芙妮：我们的兴趣在于提供与培训相一致的高质量教育。我们的平台内容和技能建设能够适应市场需求，而且我们会不断添加单元以补充跨学科核心知识库，以及基于个人兴趣和职业目标的选修课。

传统上，金融一直是技术创新的受益者。在这里，我们有机会利用传统上应用于金融业的技能，并将它们引入其他将会从创新中受益的学科。无论在城市规划、医疗保健还是农业领域，我们都希望用具体的业务用例来补充我们的核心课程，然后人们可以将这些用例转化为各自领域的重要工作。

最终，我们带来的价值是我们正在建立一个生态系统。我们生活在一个越来越以结果评判教育的世界。因此，我们正在建立另一个渠道，它本质上是一个市场，在这个市场中，在我们学生所在的地区，公司可以发布职位，我们的毕业生去应聘。事实上，我们正在创造一个能够自生的生态系统。虽然我很关注增加受教育的机会，但我也很关注促进职业发展，以及确保人们继续有机会进入不断变化的劳动力市场。通过将课程、教育工作者、学习者和雇主与可获得性、价值、质量和对更广泛社区的信任结合到一个生态系统中，我们可以提供整套方案。

作者：达芙妮，我们为这一愿景喝彩，我们只能凭想象确定可能的过程是什么样子，你所建立的是无限的教育。第一届学生什么时候毕业，或者他们已经毕业了？

达芙妮：是的，我们现在有 60 名来自不同地区的毕业生。我们最大的骄傲就是我们正在创建一个全球社区。我们有塞内加尔的同学和新加坡的同学一起做小组项目。他们遍布全球 90 个国家，包括美国的和亚洲的，我们 40% 的学生在撒哈拉以南非洲的国家。通过 WhatsApp 等各种交流渠道，学生们表达了对于自己在世界各地结交朋友的感激之情。如果你想要了解其他人如何用各自地区的细微差别来处理问题，那么只能扩展到那些经历过的人。

这种点对点的参与延伸到学术知识，学生们在这里分享他们不同领域的专业知识。高等教育往往低估了学生为共享学习环境带来的知识，以及他们可以共享的专业知识的多样性。一个学生可能有金融背景，另一个学生可能有计算机科学学位。他们利用各自的优势在两年的课程中互相帮助，可以为职场树立良好的榜样。

作者：我很好奇你对企业和像世坤投资大学这样的教育机构之间未来的关系有什么看法。像世坤投资大学这样的教育机构如何在技能再培训中发挥更大的作用，并为未来的技能再培训做准备？

达芙妮：随着工作本身的性质变得更加专业化，企业的生存将取决于它们是否在正确的时间拥有正确的团队和正确的技能。我们已经看到越来越多的公司与教育机构合作，帮助它们提高现有员工的技能，并审查非传统教育课程的学生。

我们的希望是挖掘出在合适的环境下能够获得市场所需技能的人才。我相信，我们会看到这种做法在教育机构和公司中变得越来越重要和普遍。企业与学术界的合作伙伴关系将迫使两边都要开发新的能力，并以跟上市场变化的速度发展它们的产品。

一个有趣的统计数字是，我们大约 40% 的学生年龄在 30 到 39 岁之间。每个人都有学士学位，但他们很早就意识到，无论从事什么职业，都需要提高自己的技能。我们的学生拥有化学、应用物理、财务管理、酒店管理等几乎所有学科的学位。据推测，他们正在获得一系列技能，这些技能高度相关，会使他们在未来获得竞争优势。将来，教育机构排名必须考虑职业成就。某人毕业 5 年后会怎样？他们的职业生涯如何影响他们生活的社区？在我们这个由数据驱动的世界里，我们可以更多地关注这些可衡量的长期结果。

除了典型的度量标准之外，我们还评估上述这些结果，以预测最适合个人、政府、教育机构和企业的结果。为这种敏捷性做准备不再是可选选项。

作者：让我们来谈谈入行和成长的障碍，以及随着时间的推移你所目睹的情况。今天，已知的技术界限肯定比你刚开始时知道的界限更少，随着 5G 在发达国家和发展中国家的引入，地域将不再是障碍。无论是财务顾问还是战略顾问，资本资源库从未如此丰富。具体来说，让我们讨论一下科技领域的女性。30 多年来，你一直是该领域的顶尖人才。我们无疑正在见证越来越多的女性担任技术领导和变革管理角色。你认为这是什么原因？

达芙妮：和你们一样，我们取得的进步让我很受鼓舞。但是，你们知道，我们还有很长的路要走。那里的进步实际上归功于全球女性的辛勤工作。可以说，人们越来越认识到，尤其是在科技领域，领导力不仅需要技术知识，还需要商业知识、人力资源知识，以及最重要的沟通技巧，而这些传统上都是女性擅长的领域。正是这种动态方法在女性长期缺乏代表性的行业中发挥了作用。

越来越多的女性也在社会、文化和经济中扮演关键角色。如果你仔细想想，这些颠覆其实只是几年前的事情。但是很明显，随着技术和社会的进步，我们需要继续专注于展现观点和背景的多样性。我认为最好的公司都明白这一点。也许最重要的是，女性越来越认识到自己的价值。

我最近一直在想，数据科学家着实是 21 世纪的社会学家。解释数据着实是一门社会科学，只是我们现在处理的是更大的数据集。此前，我们对 100 人进行了调查，从中得出了大量的社会学结论。我们现在有能力使用庞大的数据集，但这并不会使我们在分析中所用到的辨别能力的重要性低于100年前。如果说社会科学是女性所代表的领域，那么我们就需要把数据科学的工具带到女性所在的领域中。

作者：达芙妮，在你的职业生涯中，你一直支持超人类密码的核心前提，即把人和积极的发展放在人类与技术关系的最前沿。你曾经是商业领袖、导师，现在是开明的教育推动者。谈话的最后，我们想知道以人为本的管理及其原则将如何影响你未来的工作？

达芙妮：我认为，我们都接受这些价值观是至关重要的。坦白地讲，对我而言，技术是一种手段，而不是目的。技术开发本身并不那么有趣。真正令人敬畏的是以一种有意义的方式改善或增强人类体验的能力。这就是我的动力。

如今的科技行业肯定正在努力应对这一现实，因为没有人停下来思考他在做什么以及为什么要做，所以发明造成了巨大的伤害。我们现在知道如果你不优先考虑这些原则会发生什么。因此，任何在技术和教育交叉领域的从业者都应该清楚这一点。我们肩负着以明确的意图和目的进行创新的重大责任；我们有能力以一种前所未有的、异常令人兴奋的方式做到这一点。对我个人而言，我10年来一直在用“做了什么”来表达我“为什么做”。这项工作不是顶峰，它将继续向前推进。

作者：毫无疑问，我们要为你和你团队的远见卓识喝彩，我们期待着不久就能参加世坤投资大学的毕业典礼！

达芙妮：谢谢你们支持我们的工作，也感谢你们给我这个机会来分享世坤投资大学不同寻常的旅程。

对话费德里科·古铁雷斯·苏卢阿加

费德里科·古铁雷斯·苏卢阿加（Federico Gutiérrez Zuluaga）：哥伦比亚麦德林市市长，工程师，城市安全专家，社区转型代理人。

作者：超人类密码是为了在创新者、实施者和技术用户之间建立对话，这些技术能够在我们生活生态系统的所有元素中实现动态变化。我们的目标是为促进技术与人类之间繁荣和积极的关系提供一个论坛。我们很高兴能够与你进行这次重要的谈话。

费德里科，你1974年出生在麦德林，亲眼看见了麦德林在1991年成为世界上最暴力的城市中心。今天，你负责领导麦德林的第二次转型，使之成为世界上技术最先进、最具包容性的城市中心之一。你什么时候意识到你的城市可以通过应用科技来让它重获新生？

费德里科：很多人对麦德林的印象仍然停留在20年或30年前，这些印象主要来自旧新闻、电影和电视连续剧。但这并不是这座城市今天的现实。麦德林是一座正在转型的城市，过去的痛苦和伤疤已经愈合。我们团结在一起，与城市共同进步。因此，我们肯定我们是一座转型中的城市，不仅在物质方面，还在社会方面。麦德林的市民已经逐渐了解了创新的力量，创新能改变每个人的状况。

我相信，创新改变了人们的生活，在麦德林，我们利用技术创造了深刻的社会变革。我们正在寻找一种解决方案，来帮助那些最需要帮助的人，即那些生活在山上的公民。当然，这需要新技术，但它的影响是由它如何改变居民的生活来衡量的，而不是它的新奇程度或技术复杂程度。缆车和“Mi Medellín”平台是我们在这座城市开发的一些例子，它们让我们能够通过技术解决重大挑战（例如出行、公民参与）。

作者：你的教育和工作经历如何影响你成为麦德林未来变革推动者？

费德里科：我的职业是土木工程师。我很清楚，科学、技术和创新对为公民创造更好的生活条件有非常积极的影响。我年轻的时候从事的职业就是帮助别人。我的专业背景和近20年的公共服务经验使我有能力服务和领导我的社区，我深信我们的人民理应拥有一个更美好的社会，一座让他们的家庭和生活更美好的城市。

作者：2016年1月，我们在达沃斯见过面。在就职的那一年里，你推进了许多先前提出的倡议，并因此受到赞扬。然而，在过去的24个月里，在你的领导下，麦德林加快了推进技术进步的步伐。2019年的达沃斯世界经济论坛宣布麦德林将创建拉丁美洲的首个第四次工业革命中心。虽然麦德林在2012年获得了全球年度最具创新力城市奖，但它的目标是成为国家的科技中心。第四次工业革命中心是对这一进步的验证吗？

费德里科：获得这种认可对于麦德林而言非常重要。这是几届政府，特别是全体公民长期努力的结果。对我们而言，这是与公民参与息息相关的一种认可，也是对麦德林人民的直接认可。

当你获得人民和诸如世界经济论坛这样的机构的信任时，就会有一种满足感，知道自己的城市正朝着正确的方向前进。这也意味着像美洲开发银行和国家政府这样的重要机构信任麦德林。

作者：你对第四次工业革命中心有什么期望?

费德里科：让这些先进技术帮助改善我们国家人民的生活质量，当然还有麦德林人民的生活质量。另一方面，我们必须避免这些技术由于伦理困境和它们进入不同城市的速度而可能带来的陷阱。它们不能成为社会问题和冲突的新根源，因为这意味着使推进第四次工业革命的速度成为创造利益的工具，而不是意味着新的牺牲。世界经济论坛的第四次工业革命中心是公私合作伙伴关系，它们利用主办城市作为实验室，制作原型，并推进关于我们的城市应该和不应该做什么的实践知识。

在这种情况下，我们希望接收来自世界各地的许多公司，并让它们成为我们中心的合作伙伴——这些公司不仅来教我们，还向我们学习如何使用这些革命性的技术。麦德林代表了具有独特特质、文化和 DNA 的新兴城市典范。它为世界提供了一个绝佳的机会，可以通过诸如“Ruta N”[①]这样的成熟的实体与我们的科学、技术和创新生态系统建立联系。

作者：麦德林的市民将如何从中受益？

费德里科：毫无疑问，这将有助于提高我们公民的生活质量。这是一个吸引外资、提高创业技能、发展由第四次工业革命技术支持的新型创业的机会。最重要的是，增强我们人民的才干，以满足当前生产部门的需求。

此外，我们的创新生态系统将在几年内达到一个新的成熟水平，麦德林将能够在成为全球创新枢纽的目标上迈出一大步，吸引这些领域的先进公司，在第四次工业革命技术领域创造世界级人才。

作者：“智慧麦德林”的建立旨在2011—2021年间将城市从传统经济转变为知识经济，这是一项充满活力的公共和私营部门倡议，创新将成为城市议程的一个关键特征。将知识、资本资源与企业、国家、学术机构，以及最重要的公民的影响力协调一致的重要性是什么？

费德里科：20多年来，我们的城市和政府一直在重大问题上做出决策，与学术界、私营部门和公民通力合作。这项联合工作确保了这座城市有一条清晰的道路，也确保了变革的深入和持久。

---

① Ruta N是麦德林的一个非营利组织，通过创新的科技思想和业务，在麦德林进行创新，从而提高竞争力。——译者注

纵观世界，在知识时代取得成功的地区不是那些拥有更多“聪明”人的地区，而是那些拥有更多通过创新举措把更多“普通”人联系起来的地区。这就是网络和生态系统的力量。

作者：你如何让公民参与到智慧麦德林的任务中？你如何看待这些挑战？

费德里科：我们的城市拥有公共部门和私营部门长期合作的历史。把那些想把自己的精力和工作交给城市支配的公民考虑进来，这样我们才能实现社会所要求的变革。作为麦德林市的领导人，我很自豪地相信这一点。

作者：这座城市已经开发了许多充满活力的平台，比如Ruta N，它正在投资当地的风险投资项目。其他平台包括政府实验室、Mi Medellin、生命之城、开放数据、麦德林数字和Comuna创新。请为我们讲讲这些项目，它们如何吸引麦德林的利益相关者，以及你们今天所见证的结果。

费德里科：Medata和Mi Medellin是其中的两个项目。Medata是一个开放数据战略，它将使我们成为一座智能城市，实现数据的调用、开放和使用，以此作为政府、公民行动和决策的工具。目前，我们有230多个数据集，其中包含来自市政府不同部门以及外部的信息。

Mi Medellín是一个共同创作平台，它把所有市民的想法和灵感汇集在一起，成为我们城市转型的一部分，社区的所有居民、私营部门的代表，以及学院都参与其中。自创建以来，该平台已收到18 000多个想法。

作者：贵国政府对投资创新的承诺程度如何？

费德里科：程度非常高。不仅是我们的政府，我们的社会也是如此。麦德林是哥伦比亚在科学、技术和创新活动上投资最多的城市——占其GDP的2.14%，可能是拉丁美洲最高的城市之一。

作者：社区以其最纯粹的形式反映了其公民的心灵和灵魂。超人类密码的核心是我们的核心信念，即数字技术可以积极改变所有人的生活，正如你在麦德林清楚地证明的那样。你认为麦德林迄今所取得的成功是在人类和技术之间建立适当平衡的结果吗？

费德里科：是的，因为我们主要投资于技术、科学和创新，但我们一直只在有积极社会影响的领域慎重投资。我们的居民是我们的公共政策和投资的中心。经济以及科学、技术和创新的发展就是为此目的而设计的，即提高麦德林所有公民的生活质量。

作者：从你的经验来看，未来技术创新以人为本如此重要，你能为世界各地的其他社区提供什么指导和支持？

费德里科：如今，一个社会不会继续生产更多我们现在拥有的东西，除非这个城市不仅生产这些元素（我希望它如此），而且确保它的中心目标是创新，改善人们的生活，优先为社会最紧迫的问题找到解决方案。

城市的巨大挑战总是基于其公民表达的对地区的需求和知识。因此，只有积极解决社会问题，提高人民的生活质量，技术变革才有可能实现。

作者：费德里科，感谢你富有洞察力和启发性的谈话。我们期待着麦德林的第四次工业革命中心成立后，能再次与你相聚。

费德里科：在那里欢迎你们将是我们的荣幸。

对话马克·德尚

马克·德尚（Marc Deschamps）：当今世界领先的科技投资银行公司德雷克之星合伙人公司（Drake Star Partners）执行主席，他在 17 岁时创立了自己的第一家互联网技术公司，之后在欧洲各国领导大型企业科技项目。

作者：马克，我们使用超人类密码的目的是为像你这样的人提供一个论坛，来推进关于技术与人类之间关系的对话。在缺少技术管理者的情况下，有人告诉我们什么可以做，什么不能做，什么应该做，什么不应该做。我们的信念是，所有的利益相关者都必须意识到做与不做的影响是什么。

我们特别感兴趣的是你如何看待这一点。你在科技领域有过很多经历。当你只有 17 岁，还是个学生的时候，你就开始为一项国际赛车系列赛开发创新的计时互联网技术协议，这引领你进入了技术管理的职业生涯。你曾与罗技和飞利浦等市场领军企业合作，你是英国电信公司一项充满活力的宽带计划的首席运营官，与欧洲最早的独角兽公司之一 Chello 共同开发并领导了第一个图像支援终端。现在，在你目前的职位上，在你技术生涯的第三个阶段，你正在引领科技并购交易，你已经建立了世界上最主要的以技术为中心的中间市场投资银行。

你已经见证了技术进步和应用的巨大变化。所以我们想听听你自己如何描述你在这个技术进化过程中的经历，是什么让你每天早晨从床上爬起来，并坚持下去？

马克：我要说，首先这是对创新本身的一种根深蒂固的信念。创新激发创新。我有机会体验过那些鼓舞人心的人和成就，也就是你们所说的顶尖创新人物。我父亲是行业翘楚，他对我产生了影响。但对我而言，最核心的影响是，我很快进入了一个我认为有需求的环境中。因为我擅长数学，所以我被邀请参加一级方程式赛车比赛。在那次比赛中，他们使用了大约 50 名学生来计算赛车数据，并将其传递给车队、车手和观众。这是个人计算机问世的那一年，所以我和几个朋友决定让个人计算机来做这件事。这激励我成为一名程序员和极客，并相信技术可以改变世界。

作者：作为一名学生技术专家，30 多年前，你肯定是同龄人中的异类。今天，情况已经改变了。你觉得我们的中学和我们的大专院校在提供自己的技术教育方面表现如何？这些机构本身是否提供了足够坚实的平台？它们是否鼓励学生达到在不涉及技术的情况下也能对技术有所了解的程度（这是学生可以做到，或者说应该做到的）？

马克：我们确实需要找到方法，让孩子们通过他们喜欢的体验来接触科技，并让顶尖人物影响到他们。显然，这不是让他们都成为程序员，那样会浪费机会。这意味着我们需要给他们带来许多来自不同人和不同职业的例子。可能是一位厨师有了一项创新，也可能是一位企业家推出了他创造的商业服务。用孩子们喜欢的东西给他们灵感。

在技术发展的形成期，大学里那些享有特权的孩子接触到了其中的一些创新。我认为我们必须在更年轻的时候参与进来。我认为我们必须把那些顶尖人物的例子在他们年轻的时候就带给他们，让他们在更早的时候就受到影响，从而决定他们想做什么。但这并不意味着他们在 9 岁的时候，就知道自己会成为程序员、建筑师等。但是他们可以开始表达自己，表达自己可以做什么，了解自己可以做什么，知道自己可以在世界上产生影响。

作者：作为在公司工作的成年人，我们每天都在了解用技术可以完成的惊人的事情，但我们可以告诉你，在世界上的大多数地区，这并不是高中课程的一部分。技术没有进入中小学的核心课程，这显然不应该。

马克：我完全认同。我看到我的孩子们首先在家里发现了技术。他们在家里用平板电脑和其他设备与技术互动。他们正在探索如何与机器进行交互，如何在家庭环境中与社区中的朋友进行交互，如果他们在家庭环境中得到支持，就会激发一种好奇心，这种好奇心将伴同他们的人生之旅。

所以创意的概念、创新的概念非常重要。我们的孩子已经在向父母和老师介绍清洁空气的重要性。一切都会变得更好，因为他们会给像我这样的老一辈人施加压力，我们需要在电动汽车、消费管理等方面加快步伐。

但与此同时，我希望孩子们明白，除了施加社会压力，他们还能做得更多。孩子们可以立志改变世界。这就是创新管理，这就是编码，这就是创意。我认为，孩子们在很小的时候学到的概念越多，就越有能力去做这些事情。

作者：我们最近听说新加坡从 5 岁开始教授创业项目。这并不在国家教育体系内，而是作为一项课外活动，据我们所知，有超过 14 000 名学生注册。因此，我们认为这是引入创造性发展技能的一个很好的例子，也许最重要的是从一开始就证明任何事情都是可能的。

马克：最近我有幸与美国宇航局的创新负责人进行了交流。他们告诉我，他们计划把国际空间站改造成月球基地。从如何带人到月球转变成现在如何带人到火星。当然，他们坚信地球生命的解决方案存在于我们的星球之外。回到我刚才的话题，把顶尖人物带到我们的年轻人面前，我知道像这样的人，他们的想法、他们的技术、他们的创新，以及他们将会得到的资金，这样可以激励更多的年轻人，让年轻人能够接触到顶尖人物的信息。

作者：马克，我们之前已经讨论过孵化器和加速器的价值和重要性，我们知道你非常支持这些遍布世界各地的平台，投入了大量的时间和资金。但是，你认为商业和金融业领袖如何才能为这些计划做出最大的贡献？

马克：在创新融资方面，让我们把一部分资金转移到最早的阶段，转移到年轻人、小学和中学教育系统。这是观念作用。

我认为，人们对金融市场之于创新的重要性也缺乏足够的理解。即使在发达国家，人们的金融知识水平也必须以指数级增长。货币及其管理只被小部分人理解，对大部分人而言是一个令人恐惧的主题。作为传统上为企业工作的投资银行家，我们需要采取的心态是，让更多的教育惠及年轻的受众。

作者：加速器基础单元、孵化器基础单元的力量强化了这样一个事实：当我们合作时，伟大的事情就会发生。即使我们不知道我们要合作的是什么，不知道为什么我们和别人在同一个房间、同一座大楼，或坐在同一张桌子旁，伟大的事情也会发生。我们认为，越早把它引入我们的教育体系，我们从中获得的好处就越大。

马克：是的，而且越来越多的情况下，团队的概念不再需要存在于物理环境中。这是社区的力量，包括社区工具、社区链接、消息传递、随之而来的交流、工作场所、云端基础等。因此，这就是如何将团队的概念超越一个班级或班级中的一个小组。你如何将菲律宾的一所学校和蒙特利尔的一所学校，以及巴黎的另一所学校联系起来，让它们一起进行创造？

当人们拥有不同的技能时，团队概念也能发挥最佳效果。这是一个我们需要很快引入的概念，也是我们在商业中学到的一个概念，因为我需要一个会计、一个工程师、一个项目经理，以及一个团队领导来把它们组合起来。引导年轻人加入加速器和孵化器的另一个好处是，他们能学到在想象方面协作的好处。

包括我们在内的公司面临的挑战之一是，我们希望有准备的年轻人加入我们。这是一个快节奏、无情、竞争激烈的企业融资市场。因此，我们希望拥有快节奏思维和快节奏技能的年轻人加入我们。如果他们准备好了，他们就有优势。这对他们而言既有趣又有吸引力，你可以从他们的成果中看到这一点。那么，我们如何才能让他们更有准备地投身其中呢？我认为可以通过在公司和实验室之间建立更深层次的关系。

作者：马克，你确实体现了我们的超人类密码，你做的所有事情都以人为本。毫无疑问，你在追求和应用技术市场知识、金融市场知识和关系管理专业知识方面，都取得了成功。

马克：我希望我能与你们的超人类密码项目和支撑它的原则有更多的互动。我认为这是一项很好的事业。我们必须继续前进。所以非常感谢你们给我这个机会来贡献自己的力量。

作者：谢谢你，马克。这是一次内容非常丰富的谈话。

对话罗德里戈·阿沃莱达

罗德里戈·阿沃莱达（Rodrigo Arboleda）：快车道研究所首席执行官，“一名儿童一台电脑”项目共同发起人，建筑师，社会创新者，城市中心多边指数转型的推动者。

作者：罗德里戈，你已经利用技术实现了最有价值的生活，从你对建筑的研究和麻省理工学院媒体实验室形成阶段的开拓性工作开始，到今天，你已经通过结合公共、私人甚至慈善合作的大规模创新伙伴关系成为变革中的领先创新者。在这个充满活力的商业转型时期，我很好奇你的个人经历是怎样的，以及在这段时间里你是如何发展的。

罗德里戈：谢谢。是的，我的职业是建筑师，20 世纪 60 年代我在麻省理工学院上学。从麻省理工学院毕业后，我回到哥伦比亚，从事建筑实践，并在麦德林的第五个年头成为哥伦比亚建筑学会的主席。在那里工作的时候，我和我的朋友兼麻省理工学院的同学尼古拉斯·尼葛洛庞帝（Nicholas Negroponte）一起，在 IBM、福特基金会和麻省理工学院的赞助下，于 20 世纪 70 年代初参与了一个将建筑师过渡到数字时代的项目，“AutoCAD”软件就是源于这个项目，它为建筑提供了一个图形化的用户界面，这是建筑技术应用的一个突破。

1973 年，美国政府决定将全球 1 500 座重要建筑绘制成数字格式，为此，麻省理工学院和尼古拉斯绘制了拉斯韦加斯的地图，在一辆汽车上搭建了一个360度的老式摄像机，绘制了整座城市的地图。这就是今天所谓的谷歌地图。

20世纪80年代初，世界信息学中心再次与尼古拉斯合作，在巴黎开始了一项新的拓展，目标是让5岁以上的孩子参与数字技术。这是一种超级前卫的教育方式。我回到了哥伦比亚，在贝利萨里奥·贝坦库尔（Belisario Betancur）总统的支持下，我们将该项目的特许经营权带到了拉丁美洲的哥伦比亚。

这就是我利用数字时代进行技术改造和技术教育新方法的彻底变革。这成了我余生的激情所在。当尼古拉斯于1985年在麻省理工学院创办媒体实验室时，第一个项目是延续我们在哥伦比亚建立的项目。这包括波哥大高原农村地区的14所学校，以及一个非常大的房间，里面有250台苹果电脑和IBM个人电脑，还有一台来自数字设备合作公司的超级VAX电脑。从此，我开始致力于通过教育和技术帮助社会。

这个项目催生了“一名儿童一台电脑”的想法。凭借我在商业发展领域中私营部门的经验，这个项目成了改变世界的一个巨大机会。我们知道孩子们如何才能获得与纽约、东京，甚至柏林最有特权的孩子同等数量和质量的知识。但在这个特殊例子中，我们把该计划带到了亚马孙丛林、安第斯山脉和非洲平原。

在尼古拉斯的陪伴下，我担任了“一名儿童一台电脑”计划的首席执行官近 8 年。远离发达国家城市奢华生活的儿童学会了如何通过数字计算机编写和创建代码，并将它们应用到日常生活中。这种数字计算机是一种能量消耗非常少的机器，可以在阳光下使用，也可以从学校带回家。

作为一个非营利组织，我们最终交付了 300 万台笔记本电脑，价值约 8 亿美元，并在一个前所未有的突破性社会创新项目中管理整个制造和分销物流。

作者：当技术为了更好的应用而不断进化的时候，你的生活轨迹，以及你利用技术的方式着实很有意思。你很少为了个人利益而参与技术的开发和应用。你认识到数字技术的变革力量，不仅在发达国家如此，在你年轻时去过的发展中国家也是如此。随着“一名儿童一台电脑”计划的实施，数字技术呈指数级发展，进入了以前没有人敢进入或梦想进入的市场。

罗德里戈：是的，正是这一愿景为我带来了医疗技术企业家莫里斯 · 费雷（Maurice Ferré）博士，奇点大学的创始人兼首席执行官、著名著作《指数型组织》的作者萨利姆 · 伊斯梅尔（Salim Ismail），并且让我三年前在迈阿密成立了快车道研究所。我们的结论是，如果我们不改变负责政府和环境监管的公共部门官员的心态，不改变学术界的思维方式，那么无论私营部门的动机如何，作为国家都会失败。

因此，我们成立了一个非营利实体来帮助社会，在这个特殊的例子中，城市作为现代国家未来活动的主要元素，应加速而不是拒绝指数发展型技术的采用，但前提是这些技术能够带来积极的社会影响。

我们之所以选择哥伦比亚麦德林为重点，是因为尽管由于贩毒，这里作为一个社会实体正濒临消失，但他们发现私营部门、公共部门、学术界和非政府组织都有一个共同目标，即如何通过创新科技改造城市，特别是在有社会影响的地区。

这就是我参与麦德林项目的经历。 事实证明，这对有关各方都是一次成功的经验。这也催生了在波哥大的一个项目和在迈阿密的一个项目，现在许多其他国家和城市要求我们引入这种方法来帮助它们转变到数字技术和指数发展型技术。

作者：罗德里戈，让我们到此为止，这样我们就可以在这一点上具体展开。你向我们强调的是，你最初的目标已经自然地进化了。你不仅不断地将自己置于技术和人类的交汇点，而且你总是期待着其他人会受到怎样的影响。

我们认为这在很大程度上会让项目找到你，让机会找到你，让个人找到你，知道你是最终的社会创新推动者。这是对你极大的赞誉。

罗德里戈：20 世纪 50 年代，哈佛大学一位名叫埃弗雷特 · 哈根（Everett Hagen）的教授写了一本著名的书《社会变革理论》，他在书中写道，他在世界上发现了三座城市，一座在日本，另一座在缅甸，第三座是哥伦比亚的麦德林，尽管它们缺乏自然优势——没有可通航的河流，没有大规模的农业，附近没有海港，完全被山脉包围，交通不便等，但它们还是成了发展和创新的推动者。

所以当麦德林面临可怕的毒品交易，社会几乎处于摧毁的边缘时，这种特殊的文化起到了重要的作用。公共部门、私营部门和学术界聚集在一起，创建了一个名为“Pro Medellín”的非营利实体。通过这种合作关系，它们决定以创新为旗帜。

1962年，受到肯尼迪总统的启发，麦德林市的领导宣布，他们想让麦德林成为创新科技中心。为此，社会的全部力量必须团结在一起。

如何把学术界、私营部门和公共部门这三个社会因素结合起来，形成一种前所未有的发展工具，这一直是关键，麦德林发现了这种模式，我们建议所有城市也采取同样的模式。

作者：麦德林在哥伦比亚的重生是一个伟大的故事。其他确定了关键发展问题的城市如何抓住具体机会解决问题并取得进展，比如迈阿密的交通问题？

罗德里戈：我们在快车道研究所采用的方法之一就是找出一个社会面临的关键问题。迈阿密由于城市的密度大以及越来越多的人进入这个地区，最近邀请我们参与一个交通项目。迈阿密今天陷入了两难境地，那里有一些地区像迈阿密市中心一样人口密度很高，但其余的通勤者需要在非常繁忙的主干道和高速公路上花费很长的时间。因此，需要考虑的因素之一是新建公共交通系统。

因为你们都对中国的事务了如指掌，所以你们一定知道，中国人现在正积极让世界改变对他们的看法，即他们是别人发明的模仿者。他们现在以自己独特的发明为荣，并以科学为导向。他们开发了一种非常富有创新性的中低速磁悬浮轨道技术，最近在湖南省实施。我们相信这将是未来美国高密度城市技术的一个突破。这将包括资本支出的大幅减少和维护工作的大幅减少，因为没有移动部件，没有摩擦。由于磁悬浮技术，火车车厢都飘浮在18毫米左右的空气中。我们现在正致力于为所有公共轨道服务提供这种革命性的未来技术。

作者：这将如何影响迈阿密市未来的合作伙伴关系？其他城市如何从该计划的愿景和执行中受益？

罗德里戈：我们认为，未来单靠政府无法解决社会问题。单靠私营部门也无法解决社会的所有问题。非政府组织和学术界只能支持和促进关于解决社会问题的想法。只有公共部门、私营部门和学术界这三个社会要素为了同一个目标联合起来才能做到这一点。我认为迈阿密可能是最直接的实验，这确实是未来的方式。否则，这将是一次彻底的失败。

单靠政府是做不到的。它们需要私营部门的创造力、灵活性和企业家精神。只靠私营部门不能成功，因为其中一些投资必然是赔本的买卖。但想法是把亏损的部分最小化，但是要增加变革性。

作者：罗德里戈，你一直在与世界各地的国家合作，所以你有与各级政府打交道的经验。发展中国家与发达国家在采用这种以人为本的生态转型方法方面是否有明显的不同？你能看出区别吗？

罗德里戈：是的，坦率地讲，我认为现在发展中国家比发达国家的意识更强。因为它们不止在一个方面感受到了压力，它们变得非常敏感。尤其是年青一代对环境保护以及科技可能带来的社会影响变得越来越敏感。我们需要抑制的一个因素是对技术方程式的贪婪。但是，如果我们能更多地实施社会转型，就可以开始在影响当今国家发展的力量之间，即技术、金钱和个人成功之间，取得更好的平衡。

我认为，人们开始意识到，除非我们共同行动起来拯救地球，否则我们的子孙后代将会生活在一个艰难的世界里。

作者：是的，你认为教育机构会在私营企业和政府之间的合作中发挥更大的作用吗？

罗德里戈：是的，但是教育机构必须改变自己。我们发现，正如我们今天所知道的，教育机构将在不远的将来成为过去。那些更灵活的、更倾向于将教育视为需求问题而非供给问题的教育机构越来越意识到，它们需要生产的是世界需要的东西。例如，仅就人工智能而言，目前美国在管理算法和人工智能需要的工具方面存在100万人的缺口。

作者：这把我们带到了你回答了一半的问题，那就是，当你继续指导政府、公司和基金会之间的变革和合作时，你认为如何才能最有效地向所有这些利益相关者传达这样的信息，即在没有全球技术管理者的情况下，它们必须独立自治和自我管理，而且总是以人为本？

罗德里戈：我们有两个方法，一个是城市兄弟会，分享通俗的科学知识，另一个是改变负责城市生活方方面面的人们的观念。今天，随着3D打印机和创客实验室的出现，新的口头禅不再是边做边学，而是边建边学。如果你有一个想法，就去构建它。展示实际结果是今天改变人们心态的最佳方式。因为人们厌倦了在研讨会上听到一些奇思妙想，而之后却什么也没有发生。

而且技术进步的速度太快，你没有时间谈论它，你必须去做。这个目标应该是我们现在遵循的主要方法。以身作则，边建边学。也许因为我是一名建筑师，我受过设计思维的训练，如果不去思考设计过程，那么你作为一名建筑师就失败了。但他们现在已经将相同的词源应用于生活的其他许多方面，因此，如果你把所有这些转型元素和技术结合起来，那么你真的可以以一种积极的方式对世界产生影响，这就是我们的愿望。

作者：我们认为这是一个很好的生活目标，而且很明显，你仍然过着这种生活。虽然你开始这段旅程已经很多年了，但是当你谈论这些项目时，你仍然保持着同样的热情。

罗德里戈：对，没错。你需要对这些事情有激情。感谢像你们两位这样的人，你们是这场运动中鼓舞人心的力量。当你找到了这种互惠型的思维，当你发现墙上的回声放大了信息，你就会得出结论，我们正在做正确的事情。

对话朱莉娅·克里斯滕森·休斯

朱莉娅·克里斯滕森·休斯（Julia Christensen Hughes）：圭尔夫大学商业与经济学院院长，以学生为中心的变革型领导的倡导者和活动家，融合商业和企业社会责任研究的全球创新者。

作者：朱莉娅，在你的职业生涯中，你一直专注于高等教育机构的教学质量。在成为圭尔夫大学商学院院长之前，你是高等教育教学协会的主席，并作为该大学的教学支持服务主任，支持“以学生为中心的学习”文化的发展。如今，圭尔夫 MBA 项目因其对企业社会责任的关注而跻身全球前十。

你的成就告诉我们，在你的教育服务职业生涯中，你一直看好学生的未来，以及他们潜在的影响力。你认为你的以人为中心的教育领导方法是什么样子？

朱莉娅：我一直相信教育改变人生的力量，最好的教育能帮助我们认清我们是谁，以及我们想成为什么样的人。我认为，如果引导得当，教育可以使我们接触到复杂问题的提出和解决。这些问题越来越与当今世界上最具挑战性的问题相一致。

学生可以学习到不同团队在帮助解决问题方面的能力，如何调和多个看似不同的观点，并以强有力的方式将它们整合在一起。这样的过程提供了发展基本技能和知识库的机会，这些技能和知识库可以帮助一个人规划未来的道路，或找到他们感兴趣的方向。一旦确定了完整的地图，或把所有的点连接起来，这就会成为他们未来的方向。

鉴于未来往往是未知的，这些技能必须推广到多个联络网，正如我所说的，必须适用于不同类型的问题。不幸的是，由于根深蒂固的系统性障碍，高等教育往往无法实现这一承诺。在我的书中，我对高等教育的教与学进行了大量的研究，概述了其中的一些障碍，以及克服这些障碍所需要采取的措施。

因此，我把我的以人为本的教育领导方法归功于我对教育力量的信念，但同时我也看到了所有的障碍。因此，我的整个职业生涯都在尝试克服这些障碍，对它们进行研究，撰写相关的文章，最终将它们彻底解决。

作者：朱莉娅，你今年再次来到达沃斯世界经济论坛，继续进行始于2018年的一场非常重要的对话，支持将商业作为造福世界的力量。你认为圭尔夫大学商学院被公认为一流商学院的意义是什么？你如何帮助推进联合国可持续发展目标？

朱莉娅：圭尔夫大学商学院被公认为一流商学院对我的领导能力有很大帮助，我正试图为我们圭尔夫大学商学院提供这种领导能力。这是外部验证，证明我们走在了正确的道路上。10年前，当我成为院长时，我们经历了一次战略规划实践，最终实现了我们的愿景，即为可持续发展的世界培养领导者，同时学院也致力于此，我们与各种利益相关者、雇主、学生、校友、教职员工一起经历了一个彻底的过程。当我们谈到领导人对可持续发展的世界的愿景时，意见几乎是一致的。它得到了非常大力的支持。这是一个深思熟虑的过程，我非常自豪，事实上，我或多或少感到有些欣慰，因为这所学院是由这些不同的长期存在的单位组成的。但我们最终达成了一个共同的愿景，正如我喜欢描述的那样，这是贯穿我们所有工作的主线。

但当时，没有多少商学院讨论这个问题，所以我们确实是异类，我们是慎重考虑后决定这样做的。我们坐落在圭尔夫，四周都是资金雄厚、历史悠久的著名商学院、常春藤等。所以，我们知道我们必须让自己与众不同，但我们也想真正做到与众不同，这就是我们的落脚点。

但我知道我们引起了一些质疑。有些人认为这可能只是一时的风尚，或者我们过于关注某个特殊的问题或边缘的东西，而不是关注主流。当你试图领导某件事的时候，这在很大程度上取决于你的个人信誉，而且从你的组织外部获得其他人强大的支持对你的士气和精神都很有帮助，对吧？当你真正打破常规工作时，得到认可是很重要的。它给那些需要得到保证的人带来了保证，无论是你所在机构的高层领导，还是那些将要站出来支持你的潜在慈善家、捐赠者和校友。

因此，我们首先要获得认可，成为签约方，然后成为该团体中的领导者，及顶尖人物，这非常令人欣慰，也非常有助于讲述我们的故事，说我们是一场至关重要的全球运动的一部分。

在与联合国可持续发展目标合作以及帮助推进该可持续发展目标方面，我们采取了各种各样的方式，我喜欢考虑我们即将毕业的人才，许多学生对做出这样的贡献充满热情。因此，我们嵌入了内容，并教授了必修的课程，例如，本科阶段的企业社会责任课。我相信，我们是少数几所要求开设这一领域课程的商学院之一，直到最近也是如此。我应该说，现在许多商学院都开始接受这一点，因为它们看到这是未来的主流，而不再是边缘的东西。但在我们的课程中，学生们将了解联合国的可持续发展目标，他们的项目是找到一家在其中一个或多个目标方面取得进展的公司，并撰写它们的案例故事。然后，我们将这些故事提交给 AIM2Flourish 计划①。

AIM2Flourish 计划的任务是帮助商学院讲授可持续发展目标。因此，该计划已经成为商学院学生正在撰写的案例研究的储存库，每年他们都会为 17 个可持续发展目标分别选择一个非凡的故事。我可以自豪地说，在他们做这件事的几年

① AIM2Flourish 是全球首个引导未来商界领袖为所有人建立一个繁荣世界的全球性计划。——译者注

里，每年都有一个来自圭尔夫的团队被选中，这很了不起；这表明我们是一个更大的生态系统的一部分。我们地区的一些企业正在做这项工作，而且是真正地做成这项工作，我们已经能够让我们的学生接触到这种思维，让他们明白这确实在发生。我们通过各种方式又一次获得了外界的认可。这使我们能够派遣学生团队到纽约市的联合国，这对我们的一些学生领袖而言是一次难得的机会。

另一个例子是我们的中心孵化器项目。我相信创业精神，并认为它是家庭和社区能够自主决定的一种方式。我体验过尼泊尔和喜马拉雅山的可持续旅游业。当可持续旅游业做得好，受到人们的尊重，并且当地人能够在经济和文化上受益的时候，这就是商业的力量，它让生活变得更好。我们所有参与中心孵化器项目的学生都提出了新的商业想法。我们让他们通过一个小型 B 企业认证流程，这样他们就能充分了解一个企业的状况，使所有的 IT 系统都与这个业务方向保持一致，成为一种有益的力量。

作者：朱莉娅，让我们谈谈最近启动的商学院排名倡议，该倡议旨在根据教育与人类技能的一致性来评估学校。

朱莉娅：我应邀与一流商学院的院长和企业负责人就商学院古老的排名体系进行交流。其间提出了三个问题。第一个问题是，我们为什么要关心排名？排名为谁服务？所以我们进行了利益相关者分析。第二个问题是，我们不喜欢目前这个排名的原因是什么？第三，如果我们可以想象未来的理想状态，它会是什么样子？排名会以什么方式变化来反映这一点？

要带来革命性的变化，第一，你必须了解是什么系统性障碍阻碍了进一步的进展。我很快就意识到，大多数排名的运作方式都提供了令人难以置信的激励，这种激励会让企业朝着背离向善的方向发展。我们谈论的是商学院排名，但如果你仔细看，通常进行排名的是 MBA 课程。大多数商科学生并没有读 MBA 课程，他们读的是本科课程，但所有的重点都放在 MBA 上。这样可以将资源从高质量的本科商业学位经验中转移出来。

第二，许多排名过分强调了入学学生和毕业生之间的薪资差距。这导致了在学生学习的内容和课程的重点方面的各种把戏。因此，许多课程将重点放在了金融上，以培养那些薪酬增幅可能最大的投资银行家。我认为，此举在一定程度上受到了一种愿望的影响以支持“一流”学校 MBA 当前的收费结构。但我不知道这是不是衡量质量的标准。

例如，在目前的排名模式中，加入我们 MBA 课程的学生如果离开企业界，并将其业务和领导技能应用于非营利性组织，他们的薪水可能会下降。或者像我们这样的学校把重点放在领导力硕士课程上，为军队、警察，甚至医院管理人员等统一服务培养领导者，又会如何？这些功能在排名的绩效衡量尺度上没有任何体现。这是个大问题。

第三，如此多的权重基于以过时的标准进行排名的学校声誉。排名中没有本科生的声音，也没有参与商业辅修课程非商学院学生的声音，而且非营利行业的领导力没有任何分量，除非薪酬与企业薪酬相当。所以，我们需要改变很多，把重点放在培养世界需要的领导者上，我认为学生的声音必须是关键。

幸运的是，英国《金融时报》宣布愿意对排名进行根本性反思。他们不支持跨学科，例如，为了支持联合国可持续发展目标，许多工作都是在边缘进行的。它的神奇之处在于，将不同的学科聚到一起，从多个角度创造性地解决问题。这样做的期刊或书籍都没有排名；它们甚至不会计算在内。

作者：圭尔夫大学是合作教育的早期实践者。你认为企业在准备转换工作角色时面临的最大挑战是什么？你认为教育组织和公司会在未来更加紧密地合作吗？

朱莉娅：我们的支柱是积极学习，做有影响力的研究，以及社区参与。我经常说，只有把最后一件事做好，其他的事情才会发生。我认为送孩子去学校学习四五年的想法是一件奢侈的事情。这种情况会继续发生在富裕家庭中，但我希望即使在这种情况下，学生们也有机会全程参与合作机构的安排。我们知道，当学生用真实世界获得的经验来发展技能时，他们会把自己的学习成果带回到课堂上，用于以后的课程学习，并从中获得更多。我认为这就是未来。

我还认为未来将会有更多新颖的安排。我们将看到商界与中学和高等院校之间的联系日益紧密，它们将提供更容易获得且学费实惠的教育，并把重点放在应用上。

作者：你认为孵化器和加速器将如何在发展过程中发挥作用？你认为我们只是处于这个模式的早期阶段吗？

朱莉娅：是的。这将会继续发展。自从我们在圭尔夫启动孵化器以来，短短几年里发生的事情令我不敢相信。但我们发现，我们希望为学生提供多种方式来学习创业和创新技能。例如无学分的创业周末，在这里，如果你有了一个想法，就来参加头脑风暴，学习思维过程；又如大学会为所有学生提供创业辅修课；各种培养方式应有尽有。我们发现很多创造性的想法来自生物科学、计算机科学、工程学。我们如何帮助这些学生学习商业和创业是我们正在探索的一个关键问题。

接下来，我们为那些想法更深入的学生提供孵化器。对他们而言，我们可以提供资金支持，指导他们，让他们顺利启动，然后帮助他们加速。我们现在见证了学生经营的企业在短短几年内就将产品出口到世界各地，简直太神奇了。

对于那些没有继续创业的学生而言，他们会带着一种创新或创业的心态加入各自的公司，他们总是问自己，我们怎样才能做得更好？我认为这对每个人都有好处。

作者：朱莉娅，你体现了我们所设想的核心原则和超人类密码，我们非常感谢有机会同你一起踏上这段旅程。

朱莉娅：谢谢你们的这个重要的倡议，并允许我为它做出贡献。

对话戴维·舍瑞尔

戴维·舍瑞尔（David Shrier）：提取身份公司（Distilled Identity）首席执行官，全球公认的金融创新权威，政府经济发展顾问，著有多本关于金融科技、区块链和网络安全的书籍，在麻省理工学院和牛津大学任职。

作者：戴维，你无疑是先驱。你已经成为全球公认的金融创新权威。几十年来，你一直在与企业和政府合作，促进经济发展。你在麻省理工学院和牛津大学这两个世界领先的教育机构担任学术职务。我们很有兴趣从你在这个数字创新变革时期所见证的事情开始这次谈话。

戴维：在我的职业生涯中，我一直着迷于如何用技术解决大问题。这在学术界和企业界都很有趣。一方面，我正在建立业务，与大公司合作，同时经营初创公司，观察如何从零开始创新。而且，在过去的 19 年里，我有幸能够坐在学术界的大厅里，与下一代创新者一起工作。我从我的学生身上学到了很多。

我对区块链一无所知，直到一些学生来找我说，“教我们区块链吧”。所以我认为这是一个很好的学习机会。但我一直是一名数据库程序员，在数据公司工作。区块链本质上是一个数据库。我发现，在一个生态系统中有很多不同的利益相关者，他们都试图将事情推向一个新的方向。政府、企业和学术界相互影响。我认为这个交集没有被很好地理解。就在今年，我启动了一个为期数年的项目，以更多地了解我们如何围绕技术转型这一主题构建成功的创新生态系统。

作者：我们发现最令人畏惧的是变革的速度。特别是金融服务业，它一直是市场经济的核心支柱之一。因此，你既是一名学生，也是一名教师，了解政府、公司和教育机构如何才能融合在一起，并发挥最大的效用。英国、欧盟和美国等发达市场的监管基础设施是否有能力承受我们现在所看到的变革速度?

戴维：这是一个非常有趣的问题，因为事实上，尤其是在过去的 6 年里，我花了很多时间与监管者和政策制定者打交道，他们试图找出应对颠覆性变革的方法。在你看来，金融创新的变革速度正在加快。从历史上看，监管往往滞后于创新，这是我听到的美国和英国等发达市场的许多监管者和政策制定者表达的态度。

我们开始在某些方面越来越多地看到监管激进主义。这在新兴市场更为常见，所以在阿联酋、百慕大或毛里求斯等地，你会看到政府向前迈进，试图通过在金融领域的直接政策来刺激创新。而在美国或英国，无论技术创新是什么，都会有谨慎的评估，然后做出深思熟虑的反应。

我们花了相当多的时间对此进行分析，几乎得到了希波克拉底式的政策誓言[1]。你知道，首先是不造成伤害。当你失误的时候，就会得到像纽约州的"比特币牌照"一样的东西，总的说来，它的效果是让作为创新中心的纽约市坐了几年冷板凳，直到人们想出一种不同的方法。

简而言之，你通常不希望监管者主导，因为这可能导致创新胎死腹中。最终的结果是政府的基础设施支持一个方向，而市场想要朝不同的方向发展。也就是说，监管者和政策制定者在意识到正在发生的这种快速变化时，正寻求做出更积极的反应。例如，美国证交会下属的美国金融业监管局等机构已成立了金融科技咨询委员会，我就是会员之一。它们这样做是为了更快、更明智地应对证券市场的变化。

英国国际贸易部与伦敦金融城也成立了金融科技委员会，以更好地响应行业需求。此前，英国政府创立了英国创新金融协会，旨在拉近政府和行业之间距离的。在这个分析中，你会注意到我并没有过多地谈论欧盟，这是因为欧盟正在进行一项雄心勃勃却又非常有趣的实验。

我已经通过各种方式与欧盟和欧盟委员会合作了大约10

---

① 希波克拉底是古希腊医师，被西方尊为"医学之父"，西方医学奠基人。最为让人纪念的是他留下的《希波克拉底誓言》。这个誓言影响深远。其核心是对知识传授者心存感激；为服务对象谋利益，做自己有能力做的事；绝不利用职业便利做缺德乃至违法的事情；严格保守秘密，即尊重个人隐私、谨护商业秘密。——译者注

年。先前的模式与七国集团（G7）或发达国家的其他政府类似，它们会关注新事物的出现，并寻求对其做出监管回应。例如，它们对人工智能的看法就遵循了这条道路。但是它们正在尝试新的区块链实验，这有点有趣，因为它们比典型的政府研发支持更进一步，建立了它们3亿欧元的区块链基金，并且真正试图将区块链作为解决欧盟新企业在形成方式、融资方式、资本形成和增长方面的结构性缺陷的一种方式。这个实验的结果将会很有趣。

最后，我们开始看到的一件有趣的事情是，经合组织这个在历史上并不被认为是前沿创新机构的组织已经开始引入新的领导层，并努力推动对话而不是回应对话。因此，在35个成员及其附属机构中，特别是格雷格·梅德克拉夫特（Greg Medcraft）领导下的金融管理局，他们正寻求推广新标准，并协调与区块链和人工智能等前沿技术相关的行动。

作者：戴维，经合组织是由什么组成的？主要是发达国家？还是全都是发达国家？

戴维：对于这个问题，我不会以官方身份代表经合组织发言，只能提供一些观点，经合组织由36个成员组成，这些成员主要是世界上最发达的经济体。所以北美各国、西欧各国、土耳其、希腊，以及南欧各国都是成员。日本是另一个成员，它不是正式的创始成员，而是同澳大利亚、墨西哥一样是后来加入组织的成员。

但你可以把它想象成36个最发达的经济体，新兴经济体将参与对话，并成为讨论的一部分。

作者：谁将给发展中国家带来最大的价值？那会是什么样子？如果没有不负责任地利用那些在技术、财务、社会和慈善方面寻求最大支持的市场，教育机构和企业如何才能创造价值？

戴维：这是一个有趣的问题。世界银行、国际金融公司，以及英国国际发展部等其他机构多年来一直在新兴经济体开展工作。但我们也看到私营部门的参与者正在出现，他们希望在新兴经济体推动技术主导的发展，而不是直接的政府行动，或非政府机构、慈善机构、多政府机构的行动。

我遇到了一个讨论经济发展与可持续发展的团体，他们说："本质上，我们要教各国如何在营利的基础上发展自己的经济，让世界银行变得无关紧要，而不是让它们依靠施舍。"我认为谈论最有效的方法还为时过早。我猜想我们将会看到各种各样的景观，这些不同的机构将尝试不同的干预措施，看看什么是有效的。有趣的是，尽管华为在西方市场、美国、加拿大等地受到诋毁，但它为非洲的发展做出了很多积极的贡献。

虽然它可能是出于经济动机，但它也在帮助我们这个星球上最不发达的大陆实现关键的数字包容。

作者：中国和印度对撒哈拉以南非洲地区基础设施的投

资，在很大程度上证明是一个增长引擎。虽然发达市场的传统制度通常会导致增长缓慢，但在一些发展中国家，一些传统制度实际上正在引领革命。

戴维：是的，这是一个非常有趣的观点。我经营着一家人工智能驱动的初创公司，我们的重点关注领域之一是促进身份包容和数字包容。我们在努力寻找合作伙伴的过程中发现了一些所谓的数字创新者，我不打算指名道姓，但在金融科技委员会中，你认为是进步的或向前看的公司（即你认为是关键词的公司），实际是抵制参与的。它们坐在后面说："好吧，让我再看到 10 个正在做这件事的人，然后我们就和你一起工作。"然而，一些你认为非常传统和行动缓慢的现任者却被证明是最积极和最前卫的。

当市场处于转型时期，出现创新拐点时，你就会明白这一点。我们正在经历另一场转型，比如支付、银行和活期账户。许多零售和小型企业基础设施的核心正在被重塑。人们的反应表明，我们的市场正在转型。看看它在未来 3 到 5 年的表现将非常有趣。

作者：是的，说它是动态的是一种保守的说法，这是肯定的。在国内，当然也包括整个欧洲，统计数据告诉我们人力资源正处于困境。到 2022 年，世界经济论坛最新的就业报告告诉我们，人工智能和机器学习将取代 7 500 万个工作岗位。然而，市场将需要 1.35 亿人来填补今天不存在的工作角色。这是一个惊人的数字。

你如何看待 7 500 万和 1.35 亿之间的鸿沟以及这一声明的目的？它唤起了你什么想法？

戴维：首先，我相信 7 500 万这个数字，但对创造 1.35 亿个就业岗位信心不足。不过，我们假设人口在增长，所以根据人口的百分比，这或许是可信的。我们在劳动力中看到的这种颠覆与我们在工业革命中看到的颠覆是类似的。如果你想一想，你的工厂需要大量的体力劳动者，然后蒸汽机出现了，突然间你就能完全改变产品的生产方式。所有种类的工作都过时了，这就是颠覆所带来的剧烈程度。

颠覆正在发生。通过引入更智能的机器，并将它们融合到各个行业，我们的生产力得到了大幅提高。但是创新并不一定要发生在我们身上，我们可以做些事情来应对它。这就是我们如何巧妙地重新调整劳动力规模的问题。在 20 世纪八九十年代，我们在处理与自动化相关的劳动力转移问题上并不明智，不管是对英国中部地区的钢铁工人还是对美国中部地区的汽车工人。结果，公司的利润基本上得到了优化。它们做了被激励去做的事情，解雇了一些人，而后果则留给"社会"去处理。

与之相比，比如说，美国军方处理复员士兵并让他们重返社会的方法是，让他们接受培训，获得教育学分，给予他们过渡时期的支持。当我们对一个人说"好，你的工作不再是未知数，你必须弄清楚你的新工作是什么”的时候，我们对这个人采取的是一种更结构化的智能方法。

因此，我满怀希望，不仅仅是希望，我还倡导采取积极的努力来重新培训这些工人的技能，创造未来的新技术工人，正如这份报告所谈到的那样，社会上的这些新工作岗位需要拥有新能力的人。其中一部分岗位需要更大的认知灵活性。在人工智能领域领导这项工作的公司之一叫作“RIF 学习”，它是计算社会科学这一更广泛主题的一部分。但我们的想法是，我们可以与人工智能合作，教导大脑更快更好地获取新知识。

这将变得很重要，因为随着技术变革的步伐加快，我们必须每隔一两年就获得新认证或学习一项新技能。因此，这需要一种与传统的四年制学位不同的教育模式。相反，在以前，也许你获得了硕士学位，然后你就可以工作一辈子了。也许你每 3 年、4 年或 5 年接受一次企业培训，参加一些短期课程，但仅此而已。所以现在，我们需要教人们变得更加灵活，帮助改革他们获取知识的方式，而人工智能可以帮助做到这一点。

作者：戴维，你认为个人是否有机会，或者鼓励个人继续依附于他们的机构？

戴维：你是指他们的学术机构吗？

作者：是的，他们的学术机构。

戴维：有可能。我必须谨慎地谈论我自己的书，因为你知道，我确实与一些附属机构有关联。我们确实提供数字课程，在课堂上我们尝试重新训练人们的技能。因此，在预先声明了自身利益的情况下，我认为这是有帮助的，因为你知道教育方式，知道思想之光、学习的模式。因此，麻省理工学院的学习模式与宾夕法尼亚大学甚至哈佛大学的学习模式是不同的。如果你习惯了麻省理工学院的教育方式，那么你会对它有持续的亲近感。甚至当我们尝试推出这些在线课程的时候，我们也在为如何给启发式的教育方式评分而为难。我们做了一个实验，让其中一个模块变得简单一点，我们收到了抱怨，因为学生们说，我选这个是因为我以为它会像麻省理工学院的课程一样难。

作者：非常有趣！

戴维：实际上，我们不得不回过头去，让课程变得更难。当我们在牛津开设课程时，我们有意识地采用了欧洲的评分标准，这比美国的评分标准要严格得多。美国教育倾向于以消费者为导向，几乎是娱乐式的，每个人都希望努力得到A。在欧洲，我发现评分标准更加严格。我们必须做出调整，因为牛津的类型与我所熟悉的任何美国类型都不同。

我确实认为人们会有一些亲近感，但是数字技术给我们提供的另一个机会是你可以浏览商品和在不同的商店之间做比较。你可以混合搭配，这样你就可以如愿以偿地得到想要的课程……我这样说他们会可能会杀了我……但你可以去哈佛商学院上战略课，也可以去麻省理工斯隆管理学院上分析课。你将从每个机构中挑选出最优秀的课程来构建你的知识组合。

作者：非常有趣。所以这是一个个人策划的教育计划，因为它不只是以为期 3 年、4 年或 7 年的教育。

戴维：“个人策划的教育计划”这话说得妙，因为你不能指望别人把课程表交给你。你必须设计你的职业生涯，设计你的课程来匹配你的技能和机会。未来处理起来会更加复杂，但这也是人工智能可以帮助你的地方。你几乎可以想象，你会有一个为你策划职业生涯的机器人顾问。随着时间的推移，这种情况可能会成真。

作者：这听起来很有趣。接下来我们从这里回退几步，讨论一下初等教育和中等教育。初等教育和中等教育会发生什么，应该发生什么？作为一名在一流教育机构工作的学者，你认为会发生什么？

戴维：哈，现在我们进入了一个完全未知的领域，因为我不从事初等教育。我有两个孩子，一个 10 岁，一个 12 岁。我看着他们接受教育，但我想强调的是，尽管我在这一领域工作过，但我不是从事初等教育的人。过去 19 年里，我只在大学任教。

有此警告在先，我认为初等教育和中等教育全都一塌糊涂，我们教育年轻人的方式糟糕透顶。当然我现在要从美国的角度来说，因为在世界其他地方，情况有很大不同。在美国模式中，我们过于强调考试。太强调死记硬背和反复消化。人的批判性思维的能力丧失了。学术体系鼓励从众，因为从众本质上更容易衡量。这对老师而言更高效，也更容易。小学教师终身职位的概念导致出现大量平庸的教师，因为他们不像麻省理工学院或哈佛大学那样遵循相同的任期标准。此外的问题还有资金不足，以及我们有反科学的力量把观点和基于非事实的教条注入学术教科书。

我们的教育系统存在很多问题。我不确定我们将如何解决这些问题。人们要经历非常严谨的记忆、反刍、标准化测试模式，然后从高中毕业。他们中的一些人进入了优秀的大学，在培养批判性思维技能、形成自己的观点和生产知识方面，大学更为松散凌乱。有些学生因为准备不足而不知所措。更糟糕的是，只有处于金字塔顶端的少数特权人士才能利用这些更具活力的学习环境。一些大型州立学校、社区学院和在线大学更倾向于采用这种记忆和反刍模式。因此，该模式也开始向上渗透到大学教育中。

我们反对他们这样工作，因为今天和明天的雇主需要雇员具有创造力、灵活性、批判性思维和认知动力。如果幸运的话，在大学之前，我们所做的一切都无法让学生们为这种环境做好准备。

我知道，当我们开始把课程放到网上的时候，我们说过我们要做得与众不同，因为在线模式开始重复传统模式中最严重的缺点。所以我们要把认知科学的原理和我们在过去 50 年中所学到的关于大脑的知识注入课程的设计中。我们将让它以项目为基础，以团队为基础，并教授批判性思维。尽管评分比较困难，但我们准备建立一个教学团队，以便能够处理自由形式的评分和用户生成内容，而不是完全依赖于标准化测试。对于我们现在这 1 万名使用了这种模式的学生而言，这是一个巨大的变革。他们分布在 120 个国家，他们正在改变世界。

作者：我们很好奇你如何看待教育组织、机构和公司未来如何能够或可能不得不更紧密地合作。你认为像麻省理工学院和牛津大学这样的机构在开发和实施技能再培训课程，甚至对技能再培训课程评分方面发挥怎样的作用？我们认为，教育机构在帮助企业重塑劳动力方面将会发挥更大的作用。

戴维：我想是的。在过去的几年里，我在麻省理工学院和牛津大学都尝试了一些不同的实验来研究如何做到这一点。我们在校园里开设了一门叫作“未来商业”的金融科技创业课程。这是北美第一个金融科技研究生班。学生们想要走得更远，所以我们创建了这个校园加速器课程，以帮助他们把想法推进到可以转化为业务的程度。其中一些想法来自学术研究。所以这是一种模式。

在我们正在开发的另一种模式中，我们正在与欧洲一家大型金融服务公司和牛津大学赛义德商学院合作，开展一个专门针对企业创新的人工智能课程。我们将与它们合作开发教育内容，一方面，这不仅对它们自己的员工有利，也有助于其他人更明智地了解人工智能，并将他们在其他领域的技能转化为人工智能。而且，该模式还可以用来调整公司内部的具体问题，并让不同的学生团队来解决这些问题。

对企业合作伙伴的好处是，它们获得了想法，有人帮它们解决了企业的关键问题，它们获得了未来员工的渠道，以及从学生和学术机构的角度扩展了自己作为创新型组织的品牌足迹。从学生的角度来看，学生获得了处理实际问题的实践经验，这些经验与吸收了数百家公司的知识且以经过测试的学术框架或战略框架相结合，以此来制定创新的最佳实践。在这个案例中就是围绕人工智能进行创新。

然后，从学术机构的角度来看，这不仅是一个提高学习质量的机会，也是牛津将教学质量与实际操作或知识应用更加紧密地联系在一起的机会。同时，它也为教师的研究创造了一个动态的测试平台。学术研究人员一直在寻找更多、更好的数据。通常情况下，学术研究都是针对大学一年级学生群体进行的，因为这是可以利用的资源。我们从现实环境中获取的数据越多，学术机构产生的思想质量就越好。

这是我研究了 20 年的模型的一部分，我第一次有机会将它们整合在一起，讨论如何将最深奥的学术思想与最实用的企业现实紧密联系起来，并实现从一个领域到另一个领域的无缝迁移。

作者：我们赞赏你的远见卓识和20年来坚持不懈的精神。这对其他学术机构而言将是非常鼓舞人心的，我们可以想象目前大学或学院的商业模式将在未来几十年内发生转变。

戴维：我完全认同。实际上，我们今年还将成立另一家公司，专注于以一种对企业更友好，或对现实世界更友好的方式来对教育体验进行创新，这将会有助于所有利益相关者。

作者：你作为一名创新的管理者、学术领袖、企业和政府的向导，我们很想知道，以人为本的技术开发如何影响你的思维过程，以及如何指导你的日常活动？

戴维：我花了很多时间思考一个问题：我们如何塑造人工智能，而不是让它塑造我们。一个关键的例子就是人工智能的伦理问题。当我们构建一个新的人工智能算法时，它的结果是什么？有什么意想不到的后果？自动放贷似乎是个好主意。现在我们将能够做出更多的决定，向更多的人发放更多的贷款。但如果你让它不受监管，人工智能算法就会自己学会歧视。我们开始出现“自动化不平等”，这恰好是一本讨论算法歧视的书的名字。

另一个例子是新闻和媒体，国家行为者积极利用脸书新闻订阅、脸书和推特，以及社交媒体平台来重塑选民的思想，改变西方民主的进程。我这样说并不夸张。我今天早上刚刚读到一句话，一位高级情报官员说，你可能知道哪个国家在吹嘘它是如何通过人工智能的应用来改变人们的思维方式的。这是一个人机混合系统。

作为商业创新的例子，它是非常前沿的，这种人与算法的混合产生了假新闻，然后战略性地将其部署到社交网络中有特定影响力的人身上，然后加强它，制造假新闻的泡沫。但是效果令人震惊。我一直在努力为人工智能的讨论注入更多的伦理道德。我们人类社会正在建设人工智能，所以我们人类社会可以决定我们将这项新技术应用到什么地方。

作者：戴维，我们非常感谢你分享经验和见解。感谢你让我们了解你的变革性创新的未来。我们期待着继续这一对话。

戴维：我很荣幸能参与关于超人类密码的对话。这些都是为了我们共同的未来需要讨论的重要议题。

对话李思拓

李思拓（Risto Siilasmaa）：诺基亚董事会主席，网络安全先驱，著有《偏执乐观：诺基亚转型的创业式领导力》一书。

作者：李思拓，你是网络安全的先驱，让世界首屈一指的科技公司扭亏为盈，今天你是这场数字革命中创新背后的推动力。对我们而言，最重要也是最有趣的是，你领导着这场运动的早期、中期阶段，而拥有150年历史的诺基亚则是处于成熟阶段的公司。

超人类密码的设想是在技术创新者、实施者和用户之间创建对话，这种对话能够在我们生活的生态系统的所有元素中实现这种动态变化。我们的目标是提供一个论坛，以促进技术和人类之间繁荣和积极的关系，我们很高兴能够与你进行我们认为极其重要的对话。

诺基亚曾经是一家在一直处于数字时代前沿的公司，后来迫于市场压力苦苦挣扎，到如今被媒体称为有史以来最成功的转型案例之一，你因此得到了广泛赞誉。现在，诺基亚已经成为全球技术行业的领导者，你认为诺基亚的转型应归功于哪些核心价值观？

李思拓：从来没有单一的东西、价值或过程能够保证转型成功，但我们付诸实践的一个方面是基于情景的思考，这在以前是不存在的。请让我把它放到一个更大的背景中。现在，随着数据科学在机器学习和各种新技术的推动下大步迈进，这些新技术使我们能够理解或至少可以从大量数据中创建统计理论，领导者可能经常听到对公司未来前景暗淡的解释，因为有太多的数据、太多的机器可以分析这些数据并得出结论。

有些领导者的第一反应是："你不能预测我们的业务没有发展的基础。你不能这么做。走开。当你有真正的答案时再回来。"不幸的是，这是许多领导者在面对他们不喜欢的事情时的反应。相反，在这个新世界里，我们更常见的人们的反应应该是："好吧。这是一种情景。我不是说我相信它或不相信它，也不是说我喜欢它或不喜欢它。这只是我们需要努力去更深入理解的一个情景。"

如果我们能创造一种欢迎坏消息的领导文化，或者说至少坏消息不再不受欢迎，因为我们没必要不接受坏消息，我们就会说："好吧。这为我们创造了一个新的情景。"没有哪家公司有资源去追踪无限数量的情景，我们不得不选择有限数量的可信情景，然后开始工作。

对于任何选定的情景，我们都想了解如何尽早知道这个情景是否能变成现实？什么样的指标、什么样的 KPI（关键绩效指标）可以增加这种情景的有效性？什么样的数据能证明它是错误的？

而且，我们总是可以马上采取行动。对于消极的情景，我们能做些什么来减少这种情景的发生？我们现在能做些什么，或者在接下来的几天、几周、几个月里能做些什么，以此改变这种情景的概率曲线，让它变得不太可能？

如果是积极的情景，我们的行动则相反：我们怎样做才能增加概率？我们在公司的不同层面上有许多场景，这使我们能够处理不确定性，并创造一种数据就是数据的文化。这种文化没有色彩。很容易看出未来我们将如何处理更多的数据，这就是我们在诺基亚所做的事情。

我们有很多设想的场景，其中一些导致公司的衰落，还有一些导致了公司的转型。我们在董事会和管理团队中以系统的、数据驱动的、分析的方式处理所有这些场景。然后我们筛选，并重复这个过程，搜集新的数据，改变场景，淘汰一些，创造新的，我们在相当狂野的旅程中前行。

作者：这真的很吸引人。这一事件的催化剂是什么？是某个特定的时刻，还是从你在早期角色中所目睹的事情逐渐演变而来？

李思拓：这基于我对战略的思考方式，这是一种企业家的世界观，至少是一种以工程为导向的企业家思维。但是，真正让诺基亚起步的是微软宣布推出 Surface 平板电脑。我不知道你对微软了解多少，每个人都认为微软是一家软件公司，他们的合伙企业一直是微软成功的关键。

微软做操作系统，然后卖给它的OEM（原始设备制造商），戴尔、康柏、惠普，等等，这些公司已经向微软支付了许可费。后来，微软的商业模式发生了变化，它开始直接与OEM竞争，将自己的Surface平板电脑推向市场。那是一个惊天动地的时刻，如果我们对此视若无睹，那么就太蠢了，因此我们开始想："好吧。如果微软开始与这些公司竞争，它为什么不开始与我们竞争，把自己的智能手机推向市场呢？"于是，我们与微软联手，建立了专属合作关系，我们与它的平台紧密相连，决定使用Windows Phone操作系统。

微软可能会成为我们的竞争对手，所以我们很自然地想："好吧。万一发生了呢？那我们该怎么办？我们如何防止？此外还会发生什么事情？"然后我们开始沿着这种场景规划的道路前进。我们的每项业务都有多种设想的场景。这是一个非常有教育意义的过程。当我们决定将我们的手机业务出售给微软，将"芬兰皇冠上的宝石"卖给一家被一些人认为是对手的公司的时候，尽管那是一个令人心碎的时刻，但我们知道这么做是正确的，由于有这些基于场景的详尽分析，我们没有犹豫。我们已经考虑了其他的选择，知道这比次优选择要好得多，所以对我们而言这是一个简单的决定。剩下的当然是让世界上的其他人相信这是最佳的前进路线。

作者：我们坚信同步命运理论。著名灵性导师狄巴克·乔布拉对巧合科学的研究和教导的核心是那些有意相互关联的事件。我们经常听到人们说“凡事皆有因”这句话，但是很明显，在这种情况下，你已经对这种决策和变革的方法有了先入为主的想法。

你得到了一个机会，能够在一家芬兰引以为豪的公司中以最大的规模去落实这一决定。我相信，在整个过程中，与其他公司在不同阶段的合作都经过了仔细的评估和考虑，在某些情况下还面临挑战，所以我们只能想象，在你做出决定之前，你的公司内部存在的讨论的激烈程度和复杂性。

李思拓：我认为我们可以影响那些看似随机的事件。就像高尔夫球运动员杰克·尼克劳斯（Jack Nicklaus）一样，当他的第18洞一杆进洞时，有人称赞说：“恭喜，多么幸运的一击！”他回答说：“谢谢，我注意到，我练习得越多就越幸运。”这就是基于场景的思维给公司带来的东西。我们最终会影响我们自己的未来，不仅是官方商业计划中描述的未来，还包括我们不希望的未来和我们不相信的未来。我们将可能性的分布转化为我们的优势，并创造出一种非常幸运的感觉。

作者：李思拓，我们还对Future X Network计划特别感兴趣。这个计划的核心是通过协作进行创新，这是我们超人类密码的关键支柱之一，我们想了解更多关于Future X Network的愿景，以及迄今为止进行的一些相关活动，还想知道你如何通过这个计划衡量成功。

李思拓：很明显，我们正在做的一件事就是将网络的能力，尤其是无线网络的能力提升到一个全新的水平。但我们为什么要这么做？为什么这么做有意义？也许最有意义的原因是解决索洛悖论[①]。

那么，为什么我们没有在前几次工业革命中看到生产率增长呢？显然，事实是我们已经数字化了世界上大约 30% 的价值创造，而对于这 30% 的价值创造而言，生产力的年增长率大约为 2.8%，这正是从历史上看应该达到的水平，但是对于那没有被数字化的 70% 的价值创造，生产力的年增长率还不到 1%。

但是现在，网络有了新的功能，这对于真正的工业自动化、真正的远程无线管理机器人、无人驾驶，以及自动化的物流中心是必需的，例如，我们可以开始数字化以前没有数字化的那部分价值创造。很明显，这有望带来大量价值更高的创造。

美国的贝尔实验室已经计算出，从 2028 年起，我们可能会看到生产力以每年近 3% 的速度持续增长。这在短短几年内每年将带来数万亿美元的收入。因此，从全球的角度来看，这是非常有意义的，也有望推动我们解决人类面临的一些生存问题，当然，全球变暖是其中的首要问题。

这就是每天早上我们每个诺基亚人醒来时都很乐于回答

① 索洛悖论是指，IT 产业无处不在，而它对生产率的推动作用却微乎其微。——译者注

各种“为什么”的问题的深层原因。我为什么要起床？为什么要去办公室？为什么这是有意义的？我可以和你们谈谈技术，谈谈那些正在改变的东西，但我认为大多数人对事物的技术细节并不是那么感兴趣。这种高层次的、目的驱动的观点也许更有意义。

作者：是的。我们对此非常感激。组织的变革要求公司内的每个人都采用你提出的愿景（实在没有更好的词可以形容了）。你并没有把这个愿景强加给员工，而是把它呈现给员工。通过这种转变，你是否发现你正在使诺基亚团队的成员能够更多地考虑新的业务运营方法？

李思拓：如你所知，没有什么是永远完美的，一切都是一场旅行，因此，声称世界各地的每一位诺基亚员工都以同样的方式看待我们的愿景是愚蠢的。我们公司有好几种文化。我们是在一系列收购的基础上建立起来的公司，所以不同部门拥有非常不同的传统，但是我们有一个共同的使命，有一个把我们联系在一起的世界愿景。

我们把这个愿景称为可编程世界，Future X Network 就是创造可编程世界的技术，或者是我们对那个世界的贡献。可编程世界显然意味着我们将会搜集关于世界上正在发生的事情的前所未有的海量信息。我们正在构建这种能力。作为人类，我们正在构建从如此庞大的数据中获取意义的能力。

然后我们可以反过来影响现实世界，基于我们从这些数据中得到的理解，这显然使整个世界变得可编程。如果A、B两件事情发生了，我们可以提前决定在现实世界中应该发生哪一件。当然，在机器学习中，可以是A、B、C、D、E、F、G……很多件事发生，因为很多东西可以结合在一起，引起反应。这是一个令人兴奋的愿景，但也是一个有点可怕的愿景，当然还有网络安全问题。如果世界是可编程的，那么由谁来编程？

作者：当然。促使我们从一开始就构思这个平台的一个问题是，我们缺少一个全球技术管理者。什么技术可以采用？如何应用？如何管理和监管？这些问题是我们面临的巨大挑战之一。到目前为止，我们在这次对话中的收获之一是，你不仅希望实现诺基亚及其所有利益相关者的最大潜力，而且希望对全世界人民产生重大影响。当然，这需要经过深思熟虑的发展，在许多情况下还需要采用创新的沟通方式。

我们知道你和你的组织是有关互联社会和采用新技术的关键政策辩论的主要贡献者。你对公共和私人合作关系如何促进人与人之间的平等有什么看法？你如何看待公民管理和诺基亚之间的关系？

李思拓：我们在100多个国家设有办事处，但我们在更多国家开展业务，因为各地都在建立网络。我们公司与政府合作的历史由来已久，因为我们建立了世界上最复杂的网络，供本地电信运营商运营，而这些显然是关键基础设施的一部分，政府得以发挥作用。政府或国家控制正在使用的频段，因此运营商、政府和我们之间一直存在公共和私人合作关系。

当然，现在我们看到了越来越多的公私合作的理由。又一次，我指的是人类面临的生存挑战：污染、饮用水的供应、每个人的食物。贫困仍然是一个问题，尽管我们在过去 20 年里取得了巨大的进步。全球变暖不仅增加所有这些挑战的维度，还增加了新的挑战，如难民问题、大规模移民问题。

这些挑战给我们带来了政治不稳定，而且所有这些都加剧了政治不稳定。总有政客想利用外部敌人的浪潮，不管是难民还是其他因素。因此，这确实是世界历史上的一个重要时刻，我们需要比以往任何时候都更加团结，以解决任何国家都无法单独解决的问题。

有一种反向网络效应在起作用，如果所有人都没有到位，那么就很难让人类中的一小部分人做出牺牲，因为他们觉得这无关紧要："即使我们牺牲一切，也毫无影响。"我们都需要团结一致地前进，因此在我看来，我们需要在不同的层面上建立公共和私人合作伙伴关系。

许多大公司通过行业协会、世界经济论坛、联合国等机构积极参与这些主题。诺基亚也名列其中，我们觉得自己对全人类都有义务。

真正困扰我的是人们如何看待可持续发展，公司如何看待可持续发展，投资人如何看待可持续发展。他们认为，一家公司在可持续发展中的作用是展示它如何减少用电量，如何在夜间关闭办公室的灯，如何减少它对世界的负面影响，在我看来，这是错误的看法。我们应该讨论的是一家公司整体上的净影响。如果我们作为一家企业，所做的事情是有益的，整体上肯定会超过我们为了更大的利益所做的事情带来的负面影响。

面对我们帮助世界生存和应对这些挑战的一切行动，我们能否将负面影响减少 5% 或 3% 几乎毫无意义。我们有一些公司，它们的整体运营都是负面的。例如，它们的业务和产品对健康不利，因此，如果它们因为去年在产生这种巨大的负面净影响方面少费了一点电而受到尊重，那么这种尊重就是不应该的。

我们确实应该计算企业的净影响。如果投资人想成为 ESG 投资人[①]，那么他们就不应该考虑电费或他们在稀有金属上的花费减少了 3% 之类的事情。他们应该关注净影响。

作者：是的。我们认为，我们早就应该开发一些新的指标来衡量企业贡献。也许这可以从更多的这种类型的对话中发展出来。你今天和其他首席执行官谈论过这些吗?

李思拓：我们支持了叫作 www.uprightproject.com 的组

---

① ESG，即环境（environment）、社会（social）、公司治理（corporate governance）。区别于传统财务指标，ESG 指标从环境、社会、公司治理角度，评估企业经营的可持续性与对社会价值观的影响。——译者注

织。该组织有一个“Upright”项目，该项目正在寻求使用机器学习和科学来计算大公司的净影响。这个项目可能带来变革。

作者：李思拓，诺基亚倡导全球采用5G，这将大大加快数字参与度。对此诺基亚有哪些保障措施？关于如何将这一加速技术用于让利益最大化，诺基亚考虑了那些因素？

李思拓：与前几代相比，5G在几个方面完全不同。首先，这实际上是对我们在过去30年中建立的数字网络基础设施的全面改革。它可以传送比前几代多很多倍的信息，因此如果我们不对核心网络和固定电话网络做进一步的投资就无法应对它。这无疑是一种更强大的无线技术。

5G可以提供更快的数据传输速度、更高的可靠性、更低的延迟，当你做一些在极短时间内就做出反应的事情时，这是必要的，比如远程手术。你可以通过5G无线连接进行远程手术，但无法用4G做到这一点……或者在工厂这种忙碌的环境中运行遥控机器人。

如果我们开始增加增强现实技术的使用，减少虚拟现实技术的使用，那么这对于消费者很重要。因为在增强现实技术环境中，其反应时间需要和人体一致，当你转过头的时候，你的眼睛能看到先前没有看到的东西。当你戴上增强现实技术眼镜转过头，你需要以同样的速度获得新的信息，否则你会感到头晕恶心。此处，光速也是一个限制。

发送信息的数据中心必须足够近，这样光速才不会造成对人类大脑而言太长的延迟，导致我们头晕。所以5G对国家而言很重要，因为它是我们重要基础设施的支柱，而我们以前从未使用过。5G对于工业、工业自动化、消费者和企业的物联网都很重要，对于以前的网络无法胜任的繁重工作也很重要，如增强现实技术、虚拟现实技术、远程手术、工业自动化等。

所以5G真的可以做到我之前在Future X Network计划中谈到的事情，这有点像索洛悖论。5G是该解决方案的关键部分，但5G只是一种技术。例如，它与人工智能相辅相成，因为当我们将物理定律推向边缘时，我们面临的一些挑战太过复杂，旧技术无法提供支持，因此我们需要使用最新的机器学习技术来运行这些网络。

作者：埃隆·马斯克说："记住我的话，人工智能比核武器危险得多。"这表明机器学习和人工智能将取代世界上很大一部分人的位置，这让许多人也有了类似的想法。当然，在这个问题上，他至少已经走了一半，但这是一个很有价值的声音，确实引起了公众的注意。

由于我们现在正在加速机器学习和人工智能的应用，我们确实需要重新思考个人如何通过与人工智能交互，以及与人工智能协调来完成和实现更多事情。两年前，我们在达沃斯与大约50名商业领袖进行了讨论，讨论的主题是未来的劳动力。

房间里只有不到 10% 的人对他们的劳动力会是什么样子以及他们需要如何做出调整有自己的 5 年计划。然而，在同一次谈话中，主持人要求就预期的劳动力增加或减少提供意见。最终的估计结果是，与会公司的员工人数要减少 20% 以上。我们认为，别的不说，这是一个让人大开眼界的对话开端。你在诺基亚是怎么想的？你们是世界上最具创新精神的公司之一。你的员工是否担心他们在未来角色会发生变化，以及你是如何看待这个问题的？

李思拓：就像一切激动人心的话题一样，让我们说一个吸引人的话题，当然，人们会担心未来，更担心自己的未来。这并不局限于任何一家公司，但我认为，机器学习非但没有加速，反而暂时放缓了。这体现在两个方面。一方面是广泛应用当前的机器学习技术，这是我们需要做的。

许多公司甚至根本不了解机器学习。它们什么也没做，也还没有试验，但需要使用这项新技术。这就好像人类早就发明了电力一样，你只需要开始使用它。你用电力来把重复性的工作自动化。从基本上讲，很长一段时间以来，我们人类一直在做机器人应该做的工作。现在，在某种程度上，我们只是把机器人本该做的工作交给了它们。

在另一方面，应用机器学习来显著减少工作量的领域正在扩展，但我认为扩展的速度正在放缓。在我们能够找到有意义的人类工作之前，我们需要提出一些新的科学。所有的讨论都表明，我们可以把首席执行官30%的工作自动化，即首席执行官或许会花三分之一的时间做简单、重复的任务，但如果他们明智地利用时间，就不会这样做。

但机器学习也带来一些社会问题，即使我们只是将它应用于已经可以使用当前技术的领域。人类需要做的工作也越来越少，但这些工作是我们目前所做的最简单、贡献最小的工作，所以问题是，我们能让被解放出来的人做一些更有价值的事情吗？这无疑是一个挑战。

我们不妨想想社会平台，如果我们有一个鼓励实验的平台，鼓励人们尝试新的方法来变得更好，用技术来增强自己……举个例子，我们都知道，从统计学上讲，半数医生的医术低于平均水平。谁愿意让一个医术低于平均水平的医生给自己治疗？没人愿意。利用科技，我们可以提升医生的医术，让他们成为更好的医生。这是一个巨大的机会，同样适用于所有其他性质相似的工作。因此，如果我们有一个社会平台，它鼓励实验，也可以减少人们对成为自动化受害者的恐惧，那么我认为这样的社会将会做到最好。

这就是为什么我一直强烈主张尝试一些新概念，比如基本收入。在芬兰，我们已经进行了一年多的基本收入实验。我们随机挑选了3 000名同意加入实验的失业者，他们有一个基本收入模型来代替他们接受的标准社会服务。这是我们应该走的方向。

我们如何减少恐惧？我们如何鼓励实验？我们如何创建一个灵活敏捷的社会？我们如何考虑这一新技术将导致变革的关键领域，以便我们的立法、监管框架能够为这个新世界做好准备，从而让我们少一些束缚，多一些鼓励？

作者：谢谢，真是很有见地的指导。我们还有最后一个问题。你不仅担任诺基亚的主席，还直接或间接地影响着一大批创新先驱，我想知道你能给他们什么样的指导，以确保人类在其与机器的关系中处于中心，这才是超人类密码的核心前提。你如何将这种想法传递给你所影响的组织中的个人？

李思拓：我们正在努力倡导反思。例如，如果你有时间读我的书《偏执乐观》，就会知道我写这本书的主要目的是让人们反思他们领导公司和团队的方式，以及他们是否应该重新思考他们在做什么。我不是在提供现成的解决方案。我是在告诉大家诺基亚发生了什么，我们是如何应对的，以及什么对我们有效。

我并不是说同样的行为也适用于其他人，但是我鼓励他们思考，不要被自己的角色所束缚，如果我们对自己的角色有一个基于我们所拥有的头衔的预设，并且我们看到拥有相同的头衔的其他人都有一种特定的方式，那么我们就倾向于做同样的事情。

但是我们应该敞开心扉，提升自己，把讨论和思考提升到一个更高的抽象层次，思考我真正的职责是什么？我为什么在这里？我的目标是什么？我的角色的目标是什么？然后基于这种理解重新思考我应该如何表现。例如，作为董事会主席，我对自己的角色的看法与教科书上的答案大相径庭。

作者：李思拓，这是一次富有启发且内容丰富的对话。诺基亚无疑是你进行变革的受益者。通过你的书，以及你对地方、国家和全球合作的贡献，更多人将从你的经历中学习。感谢你对超人类密码运动做出的贡献。

李思拓：感谢你们给我这个机会。

对话鲁玛·博斯

鲁玛·博斯（Ruma Bose）：人类冒险公司（Humanity Ventures）联合创始人和管理合伙人，全球著名慈善家，著有《向特蕾莎修女学做首席执行官》。

作者：超人类密码的设想是，在众多创新者、实施者和技术用户之间建立对话，使得每个行业部门都能实现这种动态变化，我们乐于看到这种方式跨越了我们生活生态系统的所有元素。这成了超人类密码倡议的基础前提，鼓励受你的想法影响的互动，或许更重要的是，鼓励受你的行为影响的互动。

鲁玛，你在商业上取得了巨大的成功，通过一本鼓舞人心的畅销书《向特蕾莎修女学做首席执行官》分享了你的个人经验，你的企业被公认为全球社会创新运动的驱动力。你对社会进步的经验和看法，以及技术在这一进步中所发挥的作用总是受到重视。

鲁玛：非常感谢。与你们交谈总是一种荣幸。我目前工作的主要重点是寻找解决全球难民危机的创新方法。我对这项工作的兴趣始于几年前，当时我正在领导乔巴尼基金会和帐篷基金会。我的导师之一、乔巴尼公司的创始人哈姆迪·乌鲁卡亚（Hamdi Ulukaya）向我发起了一个挑战，让我确定企业在结束这场难民危机方面可以发挥什么作用，特别是我们作为一家公司可以做些什么？我发现，当我们看到世界上发生的灾难时，我们往往感到非常无助，而事实上，如果个人或公司专注于寻找解决方案，那么我们就可以取得比最初看起来更大的进展。难民危机就是一个典型的例子。

我现在有机会深入研究人道主义，了解难民面临的挑战是什么，差距在哪里，以及我们可以在哪里做出有意义的改变。我和帐篷基金会团队最初看到的一个巨大机会是委托进行新的研究。关于人道主义的数据相当有限。我们还发现，其他公司虽然有兴趣提供帮助，但不知道它们可以发挥什么作用。有了我们团队的决心和动力，我们能够建立一个由美国和其他国家的公司组成的重要联盟，动员大家共同努力，确定我们如何才能对结束这场危机产生最大的影响。我们鼓励公司承诺通过雇用难民，将难民纳入供应链，投资难民，以及向他们提供服务来支持难民。

下一个挑战是扩大援助难民的投资。例如，索罗斯经济发展基金承诺向对难民和移民有积极影响的企业投资 5 亿美元。

作为索罗斯经济发展基金的顾问，我的任务是帮助其确定投资理念和策略。这帮助我在一个长期以援助为重点的领域看到了新的机遇。特别是，我看到了应用世界上最令人兴奋的新技术来帮助难民的机会。

我们退一步来看，尽管身处 21 世纪，但严峻的事实是，我们目前面临着人类历史上最大的难民危机。

部分原因在于，人道主义部门和新技术部门各自为政，这基本上使二者处于两个不同的世界。人道主义部门根本不了解技术机会是什么，以及技术有什么用，他们对技术表示怀疑。同样，技术产业结构无法适应创新，以满足人道主义部门的需求。

而且，即使科技公司的创始人和投资人意识到他们的技术可能会有所帮助，他们也常常因为忙于建立自己的企业，而无法承担采取行动的重大挑战。人道主义事业不是他们业务的核心部分。所以他们不知道如何执行。他们不知道该给谁打电话，该做什么。这两个部门是并行的。在人类冒险公司的工作中，我们目前的重点是寻找最具潜力的前沿技术，将其引入人道主义部门。

作者：鲁玛，我们经常听到别人把你描述成一个推动者。我们认为，从你自己的生活经历，从你让事情发生的愿望和你的分享技巧来看，你把你所看到的和想象到的事情传达给更多的观众作为优先事项。有些人将其称为可扩展性。你喜欢看到事物积极地扩展。

鲁玛：我也觉得自己像个翻译。我认为通常的挑战是，当人们说不同的语言时，翻译经常让企业家和人道主义组织失去做出重大积极改变的机会。双方不知道如何合作。然而，我发现，当有人能说两种语言，促进并促成他们的合作时，1

加 1 就变成了 3。让我举个例子来说明这一点。

有一家名为 Dataminr 的人工智能公司，它挖掘大量数据来解释和预测事件。例如，当叙利亚发生化学武器袭击时，Dataminr 第一时间报道了沙林毒气的使用，速度远远快于传统的新闻来源。争取来的时间让疏散得以更快地开始，从而挽救了人们的生命。

Dataminr 的技术已经被美国陆军用于管理地面部队有一段时间了。然而，它并没有被用来通知正在帮助当地人民的救援组织。我们人类冒险公司对 Dataminr 进行了投资，促成了 Dataminr 和国际美慈组织（Mercy Corps）的合作，国际美慈组织是人道主义领域主要的非政府组织之一。我们现在正与其他人道主义组织进行交流，尝试同样的技术，但我可以告诉你的是，截至 2018 年 12 月，中东的国际美慈组织员工已经可以使用 Dataminr 的技术。

国际美慈组织此项目的负责人告诉我们，从 Dataminr 获取实时数据将使他们能够实时向现场团队传达最紧急的信息，这很可能带来的变革性的运营成果有：保障工作人员的安全，以及提高关于实地计划的实施方式和地点的决策。现在，我们希望通过这项技术保障利比亚、叙利亚、也门以及其他地方的每一位人道主义工作者的人身安全。人道主义部门是最后享受创新和技术带来的好处的部门之一。这在某种程度上是成本的反映。但同样，当你忙于拯救生命，并且习惯于以某种方式做事时，你不一定会花时间研究技术领域的新机会。

如果人道主义组织知道无人机技术、微型卫星和电信公司这些东西在其核心市场做什么，那么它们可以应用这些技术帮助它们的行业实现几十年的飞跃。难民经常使用手机这样的21世纪的技术来导航。然而，试图帮助他们的人道主义工作者往往依赖于传真机等老技术。用新技术实现难民救济的现代化，并改善数百万人的生活，这是一个巨大的机会。

作者：鲁玛，我们很感谢通过你了解了越来越多的人所面临的困境。我们认为让我们的读者了解相关的一些数字是有益的，今天有多少移民？有多少救援人员？有多少组织、多少资金被投入到这项计划中？

鲁玛：这些数字令人震惊。截至2019年1月，全球估计有6 800万名难民和流离失所者。在2018年里，几乎每两秒钟就有一人因冲突或迫害而流离失所。3年前，这个数字是6 000万。总数仍在增长。随着气候变化导致的水资源战争和难民迁移的增加，未来将出现指数级的增长。单靠政府无法解决这个问题。我们估计有2 500万名难民为了远离本国的暴力而逃往国外，其余人在自己的国家里流离失所。大多数人生活在贫困中，没有安全感，没有希望。

6 800万人中有一半不满18岁。其中约有2 200万人不满5岁，约500万名妇女预计在未来9个月内会有孩子。一个家庭或个人在难民营的平均停留时间为17年。因此，我们正在创造一整代人和家庭，他们在难民营中长大，无法获得基本医疗保健，无法接受教育，在愤怒和绝望中成长。简而言之，你不想让自己的孩子遭遇的所有事情都降临在了他们身上。

从人类的角度来看，在我参与和处理这场危机的过程中，我看到了人类最美好的一面，也看到了人类最糟糕的一面。我知道，技术可以在帮助我们以更有效的方式进行管理方面发挥巨大作用。

作者：你的职业生涯轨迹让你有机会看到传统资本主义市场结构的挑战和机遇，看到个人和组织对解决国内外不幸者的困境会产生什么样的影响。我们认为这也给了你机会去了解科技公司是如何被构想出来的，以及它们是如何发展和成功的。我们认为，你们正在做的事情的天才之处在于创造了一种商业模式，让你能够与每一位支持者进行沟通，让技术创造者、提供者和推动者能够为人道主义事业做出贡献，否则这一事业将无法实现。同样，你在这里促成这一行动也会让最终接受者受益。

鲁玛：谢谢。

作者：让我们把问题回到可扩展性。你只是其中之一。你打算怎么做？这个网络是什么样子的？你想对那些对此感兴趣的人说什么？我们很高兴能成为对话的一部分。我们希望至少在最低程度上支持你，帮助你吸引更多的受众。我们需要对大家说什么？

鲁玛：我来简单介绍一下我们的工作。我们试图解决两大问题。第一，我们如何将目前最前沿的颠覆性技术应用到人道主义领域。第二，我们如何获得更多机构投资人和私营部门的资金，从而把这些想法带入人道主义领域？

我们是基于规则的基金。我们的基本规则是，如果硅谷30强基金之中有人投资了某家公司，那么我们就可以与它共同投资这家公司，而无须做任何额外的尽职调查。我们所做的是分析这些顶级基金在过去两年中完成的2 500笔交易，并试图找到这些技术可能在人道主义领域产生影响的明确使用案例。就人道主义而言，我们的投资不仅仅限于难民和移民，还包括地震和海啸等自然灾害后的应急响应。

我们能够从分析中识别出100个潜在的用例。我们现在正在接洽这些公司中的每一家，如果我们能说服首席执行官参与试验，那么我们会问能否在他们的一轮融资中加入少量投资（这往往是高要求，使得大多数基金难以进入）。我们让他们把提供人道主义影响力方面的事务外包给我们，然后为他们管理和执行影响力，我们认识到这些高增长的公司通常没有带宽或资源来聚焦影响力。到目前为止，那些我们接触过的潜在试点都邀请我们投资。

我们正在构建一种不同类型的影响力投资，我们的财务回报和影响力回报是不相关的。我们只是与世界顶级基金共同投资，并接管影响力的职能，确保它真正发挥作用。我们与多个非政府组织合作，帮助我们实施这些重要的人道主义创新。

所以，如果你拥有一家科技公司，那么我会向你挑战，看看你的公司、你开发的产品或服务是否可以用来帮助弱势群体。如果你是一家投资公司，请复制我们的模式！让了解影响力并知道如何执行的人去做。如果你能支持公司追求潜在的影响力，那就去做。最后，来和我们一起工作！做我们的合作伙伴，做我们的投资人，做我们的支持者。帮助我们扩展我们正在做的事情，并通过技术创新倡导人道主义影响力。

作者：超人类密码的核心前提是发起一场对话，不要相信我们拥有所有的答案，而是相信我们可以在创造者和像你这样的推动者，以及用户和受益者之间展开对话。你认为有机会创建代码和交流代码会有帮助吗？这对你的内部工作甚至外部参与有价值吗？你正在帮助人们理解，人类与科技的合作会产生 1 加 1 等于 3 的结果。我们在这里是一个例子，在其他领域也有很多其他人做出令人难以置信的事情。但你是问题的核心。超人类密码正在帮助人们理解，当我们合作时，我们会更强大，能力更强。单靠技术不能解决世界上的问题，单靠人类也不能解决世界上的问题，但你所说的和我们正在证明的是，只要齐心协力，我们就能解决问题。

鲁玛：今天我在想，当我 5 岁的儿子长大后，他开始了解当下的历史，在这段时间里，难民危机是中心问题，他看着我说："你帮了什么忙？"我希望能有一个答案，这就是我每天的动力！

作者：非常感谢你能成为超人类密码的代表。

鲁玛：我很荣幸能成为代表。谢谢你们，非常感谢。

对话杰克·法里斯

杰克·法里斯（Jack Faris）：全球预防早产和死产联盟主席，社会传播先驱，杰出的多边社会创新人士。

作者：杰克，在你职业生涯的早期，你领导了美国西部最重要的广告和传播机构之一，但是今天你的关注点已经发展到活跃的社会事业，盖茨基金会、华盛顿生物技术和生物医学协会、全球预防早产和死产联盟等。

数字技术在传播行业的应用极大地提高了我们对问题、挑战和机遇的认识。在一个对人力资本和金融资本的良好机遇的意识无疑达到了最高水平的时代，你在沟通、参与，以及最重要的行动方面有什么经验？

杰克：在我做广告代理的几年里，我发现当为客户波音公司进行宣传时，我们采用了我所谓的高度“慷慨的精神”，并且使用了给予信任而不是声称信任的宣传方式，我们为我们的客户做了很多好事，但我们也在重要的方面感动了人们。例如，在一个案例中，我们做了一个向士兵、水手、飞行员、海岸警卫队队员表示感谢的宣传活动，当时人们并没有对服役的重要性有太多的关注，他们的反应非常积极。这并不是试图推销波音公司，只是波音公司发出的一个心胸开阔、大度慷慨的信息。

我发现在其他情况下这也是有效的。当然，前提是它是真实的。我在盖茨基金会的时候，负责过两个主要的项目。一个是图书馆项目，就是在美国最贫困地区的图书馆里安装联网的计算机，那时这些地方根本没有计算机。另一个项目是基金会早年在全球健康方面的计划。

有趣的是，尽管图书馆项目是一个很棒的项目，并且做了很多好事，但人们对该项目还是持怀疑态度，甚至冷嘲热讽。但我认为，至少在一定程度上，它对微软和这些图书馆的互联网用户都是有益的。因为基金会赠送和安装了微软的软件，还投资了大量的硬件，可以说，基金会是非常慷慨的。

另一方面，全球健康计划几乎被普遍认为是一件好事。所以，我感兴趣的是，我们如何能做一些事情，这些事情至少在某种程度上能让人们与超越自我利益的事情联系起来。我们在基金会做的事情之一是支持全球根除小儿麻痹症，这项努力已经持续了几十年，目前仍在进行中。我们非常希望结束这种局面。我们交流活动的主题是“庆祝疾病结束的最好方式是什么”，答案是“我们去找下一个吧”。

作者：你如何从数十年的传播专业知识的发展和实施中吸取经验，使你所领导的组织受益？这是多么令人惊讶、令人难以置信的混乱的传播环境。你知道，广告业有句谚语是“欲望、需求，看透杂乱的内容”。这在今天仍然很重要，因为信息太多了。我们每个人都可以成为自己的制作人，自己的内容发布者。也许我们可以以全球预防早产和死产联盟为例，说说你是如何传达这一信息的？

杰克：好吧，让我来说说。我想先列出三大要素。一是出乎意料，二是人性，三是名人。

对于出乎意料这点，同样以波音公司为例，一家大公司在电视广告中并不推销自己，而是感谢1 000多万名身穿制服的男女员工，这很不寻常。

我们为华盛顿大学做了一个项目，以帮助我们的选民认识大学的作用，以及大学在经济活力、技术发展和教育方面的作用。关键的战略是与过去和现在都被认为是其主要竞争对手的华盛顿州立大学建立合作关系，这一战略出人意料，尤其是在体育领域。

所以这场运动是围绕“美洲狮”和“哈士奇”对我们未来经济的想法组织的。在其他方面，我们让华盛顿州立大学的校长通过小组演讲、广播广告，以及其他方式谈论华盛顿大学正在做的所有伟大的事情。这引起了极大的反响。客观和实证的方法确实以一种非常积极的方式帮助提升了大学的声誉。

此外，在华盛顿大学这样的大学里有很多优秀的教师，他们有时太出类拔萃了，除非你非常小心，否则他们可能并不讨人喜欢。但是我们发现展现大学所做的事情的一种相当有效的方式是学生，这是人性的一部分。让学生们用自己的语言讲述他们正在做什么、经历什么、学习什么，以及他们正在为之做出贡献的项目，这是非常受欢迎的。对于教师，人们可以不买账，但对于学生，人们往往无法抗拒。这说明了人性的价值。

名人是我们的资产，以全球预防早产和死产联盟为例，如你所知，该联盟的使命是努力大幅降低全球早产率。值得注意的是，早产现在是全世界儿童死亡的主要原因。

让名人参与进来能带来重要的好处。我的女儿安娜·法里斯（Anna Faris）是一位多才多艺的演员，在 Instagram 上就能接触很多人，现在她加入了全球预防早产和死产联盟委员会，并带来了她的亲身经历，顺便说一句，她的孩子早产了 9 周，孩子现在很好，快乐、健康、美丽、聪明。但并不是每个孩子都有这么好的结果，她非常善于邀请她能接触到的人，一瞬间可以吸引数百万人来支持这个组织，或对这项事业产生兴趣。我们的下一步计划就是通过贡献医学数据成为全球研究项目的参与者。

对于孕妇的案例而言，智能手机应用提供医学数据，使孕妇无论走到哪里都能携带她的病历，包括怀孕病历。与此同时，手机应用还为这个全球研究项目提供数据，消除数据的身份，并将其汇总起来，以寻求预防早产和死产的新策略。

因此我认为，正确利用名人可以有效地接触到大量的人。我们可以做一些原本不可能实现的事情。如果我在 Instagram 上放些东西，它可能会传到 5 个人那里。但是，由于缺乏与大公司合作才能有的广告预算，在计划中有合适的、真实角色的名人是非常重要的，可以产生巨大影响。显然安娜的情况是真实的。我认为这可以成为执行某项工作的有力策略。

作者：你已经列举了几个例子，但是你如何设想这个联盟与其他开发人员、实施人员，甚至技术解决方案的财务支持者的合作前景？

杰克：首先我认为，就像你和你的同事一样，我们必须承认我们处在这方面前沿。几年前，我读了一本介绍书的历史的书，书中指出，在人们发明印刷机以及这项新技术被广泛应用之后，剽窃和盗用现象非常猖獗。那时人们还没有发明版权的概念。我可以剽窃一整本查尔斯·狄更斯的书，然后以我的名义在美国出版，而且受害人几乎没有追索权。

我们花了大约100年的时间来发展我们现在认为理所当然的制度。我认为我们现在处于类似的情况，需要大量的制度创新，而且我认为你们的项目对这个过程做出了很大的贡献。

所以，作为起点，我认为这是一回事。关于这个话题，我想到的是战略性慈善行为的力量。当我在盖茨基金会的时候，我从儿童疫苗的领导者那里听到了一个故事。他告诉我，几十年来，为儿童接种疫苗的所有国际项目都陷入了停滞。从事这方面工作的组织只好相互竞争，而且没有合作或协作的能力。

当比尔·盖茨夫妇捐赠1亿美元创建儿童疫苗项目时，比尔·盖茨说这改变了一切。这是他们第一次可以谈论以前从未想象过的可能性。他们可以用以前根本不可能的方式合作。我很高兴，事实上，越来越多聪明的、成功的企业家在寻找做慈善的机会时，都采取了这种方法。在这种情况下，盖茨夫妇发现了这个机会。在其他情况下，我认为非政府组织和其他合作伙伴适当的合作能够为做一些大事提供机会。事实上，我们正在长远考虑如何在预防早产的案例中做到这一点，这可能不会让你感到惊讶。

因为这类项目可以使早产率降低30%到50%，从而每年挽救数百万婴儿的生命，并减少出现非常糟糕的结果的情况。这类项目将从盖茨基金会以及其他机构所资助的组织良好的合作中受益匪浅。

因此，请想想战略性慈善行为的作用，慈善资本具有慷慨精神，准备程度非常之高，所以如果我们能发挥想象力和雄心勃勃的团队精神，并与那些能够被精心设计的正确方案说服的人合作，我们就能在这个舞台上做更多有意义的大事。

我们都读过比尔·盖茨和梅琳达·盖茨夫妇最新的年度来信，其中有两篇让我印象深刻。比尔和梅琳达与因各种罪行而被监禁的年轻非裔美国人深入交谈，了解他们的生活以及他们来自何处，然后直接参与旨在帮助这些孩子找到不同出路的项目。

梅琳达最近谈到了她在非洲的经历。最棒的一点是她随时准备着去和她想要帮助的妇女们交谈。她说，最初她认为她们会谈论艾滋病毒，以及保护自身不受感染。但当她们有机会独处时，话题就会转到她们对避孕的兴趣上。她的这种全身心的投入创造了不仅有战略意义，也有智慧和洞察力的慈善事业。

我最近被一家初创公司 VYRTY 聘为顾问，并且在另一家初创公司 SWVL 中扮演不同的角色，二者互不相关。随着我对它们的了解，我在这两个案例中都看到了它们为全球预防早产和死产联盟的使命所做的工作的潜在应用。接下来让我言简意赅地讲一下。

全球预防早产和死产联盟基于三个基本事实。第一点，正如我前面提到的，早产现在是全世界幼儿死亡的主要原因。可以说这是一个重要的全球健康问题，或许也是最重要的全球健康问题。我们非常关心儿童，通过大力防止早产，我们将挽救数百万婴儿的生命，我们还将为那些虽幸存下来但有终身特殊需要的人节省巨额医疗费用和因残疾导致的费用。所以这是一个非常重要的任务。

第二点，也不太明显的一点是，我们的社会有先进的技术来处理早产儿。正如我之前所言，我的孙子提前 9 周出生，在新生儿重症监护病房度过了一个月，接受了最复杂、最人道、最精心的照顾。他现在很棒。这就是许多出生在美国和其他发达国家的早产儿的故事。但是，对于大多数早产儿而言，他们根本得不到这种护理。

作为文化问题，预防的概念不太被人关注。人们知道早产会发生并且经常发生。在美国，大约十分之一的新生儿为早产儿，这一比例高得惊人。实际上比全球平均水平还要糟糕。但我们往往不考虑预防早产的策略。在大多数人看来，这是一个不受控制、不可预测、无法预防的事件。

第三点是，我们实际上知道的还不够多，不足以更好地预防早产和死产。因此，这一愿望的核心是一项巨大的科学事业。有趣的是，它关注的是一个研究不足的领域。我们花了大量的钱试图了解癌症、心脏病、中风、关节炎，以及其他可怕疾病的原理。我们从未投入资金来试图理解怀孕，因为我们不认为它是一种疾病。但在理解其原理方面，它确实值得更多的重视，而我们目前尚未做到这一点。

因此，全球预防早产和死产联盟与其他许多参与者合作，其中一些参与者非常庞大、重要且复杂，例如美国国际开发署和世界卫生组织，还有像强生这样的公司和像美国畸形儿基金会这样的组织，在盖茨基金会的慷慨支持下，它们正在合作建立研究能力，以及信息和组织样本的信息资源数据库，实现前所未有的妊娠研究。

因此，我们正在搜集数据，目前每名妇女有 1 700 个数据元素，涉及数千名妇女，我们希望在不久的将来，把这一数据的数量级扩大到几十万。这显然会产生大量的数据。正如我前面提到的那样，VYRTY 在这方面的作用有可能使孕妇和准备怀孕的妇女能够搜集她们所有的医疗数据，包括她们的怀孕史，并将这些信息匿名贡献给这个全球研究机构。

SWVL 公司的角色是提供了一种巧妙的技术，该技术可以使分析非常庞大和复杂的数据集变得更加高效和快速。并且以低得多的成本让我们能够理解什么是指数级增长的数据库。这就是愿景。我们还处于非常早期的阶段，但我对它的潜力充满了热情。

作者：这个项目反映了你在职业生涯的不同阶段采取的许多以人为本的举措的融合。最重要的是，你已经意识到服务和组织的结合是必要的，这样才能够将其作为头等大事，并吸引必要的关注。可能的结果是，随着时间的推移，你开发的一系列技能总是为了最大的目标而汇聚在一起，引领社会创新。

杰克：你说得太好了。但是你知道，我意识到无论是 VYRTY 还是 SWVL 都没有邀请我加入他们的团队，因为我没有任何技术能力。我确实想对我的实际技能和能力保持谦虚，但我在做创造性工作方面有一些经验，可以尝试为企业找到追求美好事物的方法。

当然，正如事情的发展，全球预防早产和死产联盟满怀着做一些真正重要的事情的使命感。幸运的是，SWVL 和

VYRTY 都有一种精神，希望将它们的技术用于美好的事物，而不仅仅是成为一个成功的企业。所以我想，这可能就是我稍微擅长做的事情，吸引他们邀请我成为他们团队的一员，让我有机会把他们每个人都与全球预防早产和死产联盟联系起来。

作者：作为一名前博士生、前教授、前大学行政人员，你亲身体验了高等教育机构对社会事件的影响。在这个技术变革的时代，越来越多的学校正在建立孵化器和加速器，与学生一起投入资金和智慧，开发和应用新的创新。通过这些合作，你在技术和业务发展方面有什么经验？

杰克：因为我在华盛顿大学工作，所以我和华盛顿大学的关系比其他机构更密切。我从商业化的角度描述了三个发展层次。第一个层次本质上是对立的。这是一种纯粹的态度，认为大学不应该参与同企业的合作，而且参与商业本身就是肮脏的。

第二个层次是一种善意的宽容。有些人认为这很重要，所以我们应该承认这一点，也许可以迁就一下他们，但要控制住，确保我们首先保护自己的利益。

第三个层次是全心全意地接受这一重要动态，并认识到不这样做将导致长期甚至短期的竞争劣势，就学生和教师这类人才来说尤为突出，但又不仅限于此。越来越多的学生和教师希望看到他们的发明、发现以及他们从事的工作成为推动世界前进的一部分。如果他们在一个机构看不到这样做的机会，就会去另一个机构。所以，我认为在这个规模上已经有了很多流动，并且更加成熟。我确实认为，明智的机构正开始降低对发明授权收入方面的年度收益预期，并认识到，就长期而言，支持创业活动的最大投资回报很可能来自令人感恩的慈善事业。

我认为，这种动态的另一方面是，让企业家摆脱束缚，使其更容易积累必要的资本，使关键的发明和发现能够进入市场，并创造投资回报。另一件事是，当我在华盛顿大学工作的时候，当时的商学院院长和我构想了一个有社会影响力的商业竞争计划，我们实施了这个计划。这是一个很好的例子，说明了如何将学生、教师的聪明才智与外部顾问的技术开发结合起来，但这些都是为了造福人类，造福全世界，尤其是世界上最贫困的地区。

作者：杰克，谢谢你。你参与了我们的活动，为我们提供了信息，并启发了我们，还提醒我们，本着超人类密码的精神，力量、创造力和承诺在于合作。我们非常感谢你的贡献。

超人类密码宣言

今天，我们必须承认，我们要么以牺牲使我们变得伟大的东西为代价去建设一个科技辉煌的未来，要么在伟大科技的帮助下建设人类辉煌的未来。我们共同选择的道路将决定我们的未来是暗淡还是光明。这是人类明智选择的宣言。为了我们的未来，我们敦促你接受以下 7 项宣言。

---

1. 隐私。保护每个人的隐私，对于实现我们未来的全部潜力至关重要。因此，通过互联网传送或存储在接入互联网的设备中的个人数据，应该归个人所有，并完全由个人管理。
2. 同意。尊重每个人的权威和自主权，对于实现我们未来的全部潜力至关重要。因此，个

人数据不应被任何实体或个人用作研究资料、理论依据、诱饵或者商品，除非数据的所有者在知情的情况下明确表示同意，而且这一意向可以撤销。

3. 身份。重视每个人的身份，对于实现我们未来的全部潜力至关重要。因此，世界各地的每个人都有权拥有政府颁发的数字身份，用于出示和验证身份，这个数字身份只能由其所有者进行验证和使用。
4. 能力。提高人类能力，对于实现我们未来的全部潜力至关重要。为此，经批准后安全且负责任地整合个人信息和资源，以提高我们个人的能力是技术的一个基本目标。
5. 伦理。改善人类状况，对于实现我们未来的全部潜力至关重要。因此，一套反映人类最高价值观的普遍道德准则将支配技术的发展、实施和使用。
6. 美德。倡导全人类最崇高的美德并在此基础上进行创新，对于实现我们未来的全部潜力至关重要。因此，无论技术多么先进，它都永远不会取代任何地方任何人的精神目标、道德权利与责任。

7. 民主。实现人类愿景、创造力和教育的民主化，对于实现我们未来的全部潜力至关重要。因此，技术仍将是人类最伟大的合作者，但永远不会代表人类本身。

超人类密码词汇表

这个词汇表中的词汇定义来自维基百科，因为维基百科是人类和技术之间富有成效、以人为本的协作的一个很好的例子。此外，吉米·威尔士创建维基百科的原因提醒我们，当我们邀请整个世界为我们的创新做出贡献时，人类具有内在的力量。2013 年，威尔士在接受《连线》杂志的泰德·格林沃德（Ted Greenwald）采访时解释了 2001 年创建维基百科的催化剂：

> 我们已经在新百科（Nupedia，维基百科的前身）工作了将近两年，但我们只完成了几十篇文章。我想弄清楚为什么花了这么长时间。所以我决定写一篇关于罗伯特·莫顿（Robert Merton）的文章，他最近获得了诺贝尔经济学奖。当我开始着手写的时

> 候，我意识到编辑们会把我的草稿寄给他们能找到的最有声望的金融学教授，这让我感到非常害怕。那时我意识到，这是行不通的，必须让其他人更容易做出贡献。

是的，有人认为维基百科本质上并不是最可信的来源，我们理解这种观点。如果柏拉图今天还活着，他可能会得出同样的结论，因为他说过，“知识只能来自学习资源”。然而，达·芬奇不会同意。问题是，在我们寻求创造一个更美好的未来时，限制知识的发现和传播是阻止我们充分利用人类全部资源的一种方法。是的，广泛开源的创新和解决问题的方法混乱且危险，它并不完美。但曾经可信的“世界是平的”这一结论也是如此。

我们认为，现在正是我们信任人类的全部资源的时候。历史已经证明，当我们集思广益时，我们可以完成超出预期的工作。今天的世界是柏拉图们、达·芬奇们，以及隔壁的贝蒂和汤姆都有所贡献的世界。维基百科提供了这个世界的微观例子。因此，这里我们向你们提供了人们对书中引用的重要技术术语的定义。

算法（algorithm）在数学和计算机科学中是解决一类问题的明确规范。算法可以执行计算、数据处理和自动推理任务。作为一种有效的方法，算法可以在有限的空间和时间内用定义明确的形式语言来表示，以此计算函数。从初始状态和初始输入（可能为空）开始，指令描述了一种计算，该计算在执行时会经过有限数量的定义明确的连续状态，最终产生输出并终止于最终结束状态。从一种状态到下一种状态的转变不一定是确定的，一些被称为“随机算法”的算法包含随机输入。

通用人工智能（AGI）是一种机器智能，它可以成功完成人类能够完成的一切智能任务。它是一些人工智能研究的主要目标，也是科幻小说和未来研究的一个共同主题。一些研究人员把通用人工智能称为“强人工智能”“全人工智能”，或机器执行一般智能行为的能力；另一些研究人员则把强人工智能这个词留给能够体验意识的机器。一些参考文献强调了强人工智能和应用型人工智能（也称为“狭义人工智能”或“弱人工智能”）之间的区别，后者使用软件来研究特定的问题或完成特定的推理任务。与强人工智能相比，弱人工智能并不试图展现人类全部的认知能力。

人工智能（AI），有时也称为机器智能，是机器展现的智能，与人类和其他动物展现的自然智能形成对比。计算机科学将人工智能研究定义为对“智能体”的研究。所谓“智能体”是任何能感知其环境并采取行动，以最大限度成功实现其目标的设备。人工智能可以被定义为“一个系统正确解释外部数据，从这些数据中学习，并利用学习的经验通过灵活适应来实现特定目标和任务的能力”。通俗地讲，人工智能指的是机器模仿与人类思维相关联的“认知”功能，例如“学习”和“解决问题”。

身份验证（authentication）是确认一个实体声称属实的单个数据属性真实性的行为。身份验证与身份证明（identification）不同，身份证明指的是通过声明或以其他方式证明某人或事物的身份的行为，而身份验证是实际确认该身份的过程。身份验证可能包括通过验证某人的身份文件来确认其身份，使用数字证书来验证网站的真实性，通过碳年代测定来确定一件艺术品的年代，或确保产品与其包装和标签所声称的一样。换言之，身份验证通常涉及验证至少一种形式的身份证明的有效性。

大数据（big data）是指对于传统数据处理应用软件而言太庞大或太复杂而无法被充分处理的数据集，即信息的集合。案例更多（即行数更多）的数据提供更强的统计能力，而复杂性更高（即属性或列数更多）的数据可能导致错误发现率更高。大数据的挑战包括数据捕获、数据存储、数据分析、搜索、共享、传输、可视化、查询、更新、信息隐私和数据源。当前使用的词语“大数据”往往指的是使用预测分析、用户行为分析，或其他先进的数据分析方法从数据中获取价值，很少涉及特定大小的数据集。对数据集的分析可以找到“发现商业趋势、预防疾病、打击犯罪等”问题之间新的相关性。

行为定向（behavioral targeting）以用户的活动为中心，在网页上更容易实现。用户浏览网站的信息可以通过数据挖掘搜集，数据挖掘可以从用户的搜索历史中发现模式。使用这种方法的广告商认为，用这种方法制作的广告会更贴近用户，使消费者更有可能受到影响。如果消费者经常搜索机票价格，定向系统就会识别出这一点，并开始在不相关的网站上显示相关广告，比如脸书上的机票交易。它的优点是可以针对个人的兴趣，而不是针对兴趣可能不同的人群。

区块链（blockchain）最初写作 block chain，它是一个不断增长的记录列表，被称为"区块"，使用加密技术链接。每个区块包含前一个区块的加密哈希、时间戳和事务数据（通常表示为默克尔树根）。通过设计，区块链可以抵抗数据修改。这是一个开放的、分布式的分类账，能够以可验证的方式永久有效地记录双方之间的交易。作为分布式分类账，区块链通常由一个点对点网络管理，该网络遵守节点间通信和验证新区块的协议。一旦被记录下来，任何给定区块中的数据都不能在没有更改所有后续块的情况下进行追溯更改，这需要网络中多数节点的一致同意。

代码（code）在通信和信息处理中是一种规则系统，用于将信息（如字母、单词、声音、图像或手势）转换为另一种形式或表示，有时被缩短或保密，以便通过通信信道进行通信，或存储在存储介质中。早期的一个例子是语言的发明，从此一个人能够通过语言把自己看到、听到、感觉到、想到的东西传达给别人。但是说话这种方式将交流的范围限制在声音能够传播的距离之内，并将听众局限于说话时在场的人。文字的发明将口语转换成视觉符号，扩展了交流范围，使之跨越了空间和时间。

加密货币（cryptocurrency，或 crypto currency）是一种数字资产，旨在作为一种交换媒介，使用强大的加密技术来保护金融交易，控制额外单位的创建，以及验证资产的转移。加密货币采用去中心化控制，而不采用集中的数字货币和中央银行系统。对每种加密货币的去中心化控制都是通过分布式分类账技术（通常是区块链）实现的，用作公共金融交易数据库。比特币于 2009 年首次作为开源软件发行，被普遍认为是第一种去中心化的加密货币。自从比特币发行以来，人们已经创造了 4 000 多种替代货币（比特币的各种替代品，或其他加密货币）。

网络安全（cybersecurity）、计算机安全（computer security）、信技术安全（information technology security）是指保护计算机系统免受盗用，保护其硬件、软件或电子数据免受损坏，以及防止其提供的服务中断或误导。由于对计算机系统、互联网、蓝牙和 Wi-Fi 等无线网络的依赖性越来越强，以及包括智能手机、电视和构成物联网的各种微型设备在内的智能设备的增长，这一领域的重要性日益增加。由于它在政治和技术方面的复杂性，它也是当代世界面临的主要挑战之一。

去中心化（decentralization）是一个过程，通过这个过程，一个组织的活动，特别是那些与规划和决策有关的活动被分配或委托到一个远离中央的、权威的地点或团体。去中心化的概念已经应用于私营企业和组织的群体动力学、管理学，政治学，法律与公共管理，经济学，货币，以及科学技术。

数字身份（digital identity）是计算机系统用来代表外部实体的信息。该实体可以是个人、组织、应用程序或设备。ISO/IEC 24760–1 将身份定义为一组与实体相关的属性。数字身份中包含的信息允许对与网络上的业务系统交互的用户进行评估和认证，而无须人工操作。数字身份使我们能够自动访问计算机及其提供的服务，并使计算机能够协调各种关系。“数字身份”一词还表示公民身份和个人身份的各个方面，这是由于在计算机系统中广泛使用身份信息来代表人而产生的。

分布式对象通信（distributed object communication）允许对象访问数据并调用远程对象（位于非本地内存空间中的对象）上的方法。调用远程对象上的方法被称为远程方法调用（RMI）或远程调用，是远程过程调用（RPC）的面向对象编程模拟。人们广泛使用的实现通信通道的方法是使用存根和框架。它们是生成的对象，其结构和行为取决于所选的通信协议，但通常提供额外的功能，以确保通信网络可靠。

加密（encryption）在密码学中是对消息或信息进行编码的过程，只有授权方才能访问它，而未经授权的人则不能访问。加密本身并不能防止干预，但会使潜在的拦截者无法理解内容。在加密方案中，预期的信息或消息（称为明文）使用加密算法（一种密码）进行加密，生成只有解密后才能读取的密文。出于技术原因，加密方案通常使用由算法生成的伪随机加密密钥。从原理上讲，在没有密钥的情况下解密消息是可能的，但是，对于设计良好的加密方案，解密需要大量的计算资源和技巧。授权的接收人可以使用发起人提供的密钥轻松地解密消息，但发起人的密钥不会提供给未经授权的用户。

第四次工业革命（4IR）是自 18 世纪第一次工业革命以来的第四个主要工业时代。它的特点是融合了各种技术，模糊了物理、数字和生物领域之间的界限，把涉及的领域统称为网络物理系统。其标志是在许多领域出现了新的技术突破，包括机器人技术、人工智能、纳米技术、量子计算、生物技术、物联网、工业物联网（IIoT）、去中心化共识、5G、增材制造、3D 打印，以及无人驾驶汽车。就数字化和人工智能对全球经济的影响而言，世界经济论坛执行主席克劳斯·施瓦布将其与第二个机器时代联系在一起。这些技术几乎颠覆了每一个国家的每一个行业。这些变化的广度和深度预示着整个生产、管理和治理系统的变革。

超级高铁（hyperloop）是一种拟议的客运和货运模式，最初用于描述特斯拉和 SpaceX 联合团队发布的开源空气动力火车（vactrain）设计。超级高铁主要借鉴了罗伯特·戈达德（Robert Goddard）的空气动力火车，它是一种密封的管道或管道系统，通过它，运输舱可以在没有空气阻力或摩擦的情况下高速运输人员或物体，同时非常高效。埃隆·马斯克在 2012 年首次公开提到了这一概念，他采用了减压管道，其中加压胶囊安装在由线性感应电机和轴向压缩机驱动的空气轴承上。超级高铁阿尔法的概念首次发布于 2013 年 8 月，他提出并研究了一条从洛杉矶地区到旧金山湾区的路线，大致沿着 5 号州际公路走廊。马斯克在《超级高铁起源》（*Hyperloop Genesis*）中设想了一个超级高铁系统，它可以搭载乘客以每小时 760 英里的速度沿着 350 英里的路线行驶，全程仅需 35 分钟的行驶时间，这比目前的铁路或航空旅行时间快得多。

物联网（IoT）是由车辆和家用电器等设备组成的网络，包含电子器件、软件、传感器、执行器以及允许这些东西接通、交互和交换数据的连接。物联网包括将互联网连接从台式机、笔记本电脑、智能手机和平板电脑等标准设备扩展到任意范围的传统上无声的或不支持互联网的物理设备和日常物品。嵌入了物联网技术的设备可以通过互联网进行通信和交互，并且可以进行远程监控和控制。

慕课（MOOC），是指大规模开放式在线课堂，旨在通过网络无限制参与和开放访问的在线课程。除了视频授课、阅读和习题等传统课程材料外，许多慕课还通过用户论坛提供互动课程，以支持学生、教授和助教之间的社区互动，以及对快速测验和作业的即时反馈。慕课是近年来远程教育领域被广泛研究的新发展，于2006年首次推出，2012年成为一种流行的学习模式。早期的慕课经常强调开放访问特性，如内容、结构和学习目标的开放许可，以促进资源的重用和重新混合。后来的一些慕课对课程材料使用封闭许可，同时保持学生可以免费访问。

纳米技术（nanotech）是在原子、分子和超分子尺度上处理物质的技术。对纳米技术最早、最广泛的描述是指精确操纵原子和分子以制造大规模产品的特定技术目标，现在也被称为分子纳米技术。美国国家纳米技术计划随后对纳米技术进行了更广义的描述，将该技术定义为对至少一个尺寸在1~100纳米之间的物质的操纵。由于潜在应用的多样性（包括工业和军事用途），各国政府已经在纳米技术研究上投资了数十亿美元。

机器人技术（robotics）是工程和科学的跨学科分支，包括机械工程、电子工程、信息工程、计算机科学等。机器人学涉及机器人的设计、构造、操作和使用，以及用于机器人控制、感官反馈和信息处理的计算机系统。这些技术被用来开发可以代替人类和复制人类行为的机器。机器人可以用于许多场合和用途，但是今天许多机器人被用于危险的环境（包括探测和拆除炸弹）、制造过程，以及人类无法生存的地方（例如太空）。机器人可以制成任意形式，但有些是为了模仿人类的外观。据说这有助于让人类接受由机器人完成通常由人执行的某些重复行为。今天的许多机器人技术都受到大自然的启发，从而发展出了仿生机器人领域。

智慧城市（smart city）是使用不同类型的电子数据采集传感器来提供信息的城市区域，从而有效地管理资产和资源，包括从市民、设备和资产中搜集的数据，这些数据经过处理和分析，以监控和管理交通和运输系统、电厂、供水网络、废品管理、执法、信息系统、学校、图书馆、医院，以及其他社区服务。智慧城市的概念是将信息通信技术（ICT）和各种物理设备接入网络（物联网），以优化城市运营和服务的效率，并与市民连接。智慧城市技术允许城市官员直接与社区和城市的基础设施进行交互，并监控城市中正在发生的事情和城市的发展。

间谍软件（spyware）是一种软件，旨在搜集个人或组织的信息，有时在用户不知情的情况下，比如在未经消费者同意的情况下将此类信息发送给另一个实体，或在消费者不知情的情况下控制设备，或在消费者同意的情况下通过 Cookie（存储在用户本地终端上的数据）将这些信息发送给另一个实体。间谍软件主要分为 4 种类型：广告软件、系统监视器、跟踪 Cookie，以及木马。其他臭名昭著的类型包括“phone home”、键盘记录器、rootkits，以及网站信标等数字版权管理功能。间谍软件主要用于跟踪和存储互联网用户在网络上的行动，并向互联网用户投放弹出广告。当间谍软件用于恶意目的时，它的存在通常对用户是隐藏的，很难被发现。

超级计算机（supercomputer）是与通用计算机相比性能更高的计算机。超级计算机的性能通常以每秒浮点运算次数（FLOPS）来衡量，而不是每秒百万条指令数（MIPS）来衡量。自 2017 年以来，有的超级计算机可以达到每秒近 100 万亿次浮点运算。自 2017 年 11 月以来，世界上最快的 500 台超级计算机都运行着基于 Linux 的操作系统。中国、美国、欧盟和日本等正在进行更多的研究，以建造速度更快、功能更强大、技术更先进的百万兆级超级计算机。超级计算机在计算科学领域中发挥着重要作用，被广泛用于各领域的计算密集型任务，包括量子力学、天气预报、气候研究、油气勘探、分子建模和物理模拟。纵观它们的历史，它们在密码分析领域的作用至关重要。

致谢

我们想要感谢诸多人士在为超人类密码撰写文章的过程中所做的贡献。我们的“杰出合作者”布伦特·科尔（Brent Cole）不知疲倦地支持我们的战略和执行，言语无法（恰如其分地）表达我们对你所做的一切的感激之情。“代理人的代理人”马德琳·莫雷尔（Madeleine Morel）无疑是“一切皆有可能”的化身，我们相信你对我们的欣然接受和我们的远见在很大程度上促成了这一认识。感谢你相信我们。我们希望让你感到骄傲。

我们一直贪婪地阅读他人的作品，但通过这个项目，我们又一次发现了对那些在推进业务的同时进行写作和出版的人的尊重。这太难了！没有我们各自的商业伙伴彼得·沃德（Peter Ward）和罗杰·阿吉纳多（Roger Aguinaldo）的理解和支持，这是不可能的。

非常感谢万维网的创始人蒂姆·伯纳斯·李，他在2016年1月的达沃斯论坛上与我们关于互联网未来的对话是本书的催化剂。因为你，我们走上了这条路，并期待前方的旅程。

世界经济论坛的丹尼尔·克里米（Danil Kerimi），有你在的世界会更美好！你从超人类密码之旅开始就和我们在一起了。你对这个想法的欣然接受和对社区的慷慨是无价的。罗德里戈·阿沃莱达（Rodrigo Arboleda），虽然麻省理工学院给了你建筑学学位，但你所建造的那些没有砖瓦的建筑，让我们深受启发。“一名儿童一台电脑”是一个无所畏惧的项目，它将创新技术带到发展中国家的偏远地区，以追求数字平等。唐·塔普斯科特的畅销书《数字经济》写于1994年，至今仍是关于信息技术未来的权威先驱指南，激励着我们俩。我们很荣幸地将唐称为朋友、同事，并继续以他的远见和对未来的热情拥抱为指导。王巍，我们想象不出还有比他更好的中国向导了，无论现在还是将来都是如此。我们两国的未来及其对技术和人类交互的影响不容低估。感谢你做我们的向导。

感谢格林利夫团队的成员：贾斯汀·布兰奇（Justin Branch）、泰勒·勒布鲁（Tyler LeBleu）、林赛·克拉克（Lindsey Clark）、贾斯汀·帕克（Justin Parker）、金伯利·兰斯（Kimberly Lance）、史蒂夫·埃利萨尔德（Steve Elizalde）和科林·福斯特（Corrin Foster），你们展示了睿智完美的专业人士的耐心和同理心。我们永远感谢你们的拥抱和悉心指导。

最后，我们要感谢家人，他们一直在支持我们的旅行欲望，支持我们去创造可以创造的东西。当然，只有我们的妻子知道，这种预见未来的冒险会让我们失去理智。感谢你们继续允许我们探索和追逐梦想！

注释

前言 如何阅读这本书

1. Luc de Clapiers, Marquis of Vauvenargues, *Reflections and Maxims of Vauvenargues*: Translated into English by F. G. Stevens (London: Humphrey Milford, 1940), 186–87.
2. "26 Astounding Facts about the Human Body," MSN.com, April 28, 2018, https:// www.msn.com/en-in/health/medical/26-astounding-facts-about-the-human-body /ss-BBl9CfX#image=19; AND https://www.independent.co.uk/life-style/health -and-families/features/18-facts-you-didnt-know-about-how-amazing-your-body -is-a6725486.html; VIA https://www.youtube.com/watch?v=tozEuziqdpg.
3. Deepak Chopra, *Quantum Healing* (New York: Bantam, 1989),262–63, https://itunes.apple.com/us/book/quantum-healing-revised-and-updated / id1013581458?mt=11.
4. Dr. Werner Gitt, "Information: The Third Fundamental Quantity," *Siemens Review* 56 (November/December 1989), 2–7.

第 1 章　技术的顶点和目的

1. Kevin Kelly, *The Inevitable* (New York: Penguin, 2016), 18, https://itunes.apple.4com/us/book/the-inevitable/id1048849451?mt=11.
2. Erik Weiner, "The Cost of Saying Yes to Convenience," *LA Times*, June 1, 2015.
3. Ryan Whitwam, "IBM, Department of Energy Unveil World's Fastest Supercomputer," *ExtremeTech*, June 8, 2018, https://www.extremetech .com/extreme/271005-ibm-department-of-energy-unveil-summit-the-worlds -fastest-supercomputer?utm_source=email&utm_campaign=extreme-tech&utm _medium=title.
4. Kelly, *The Inevitable*.
5. Kelly, *The Inevitable*.
6. Vernor Vinge, "The Coming Technological Singularity: How to Survive in the Post-Human Era," written for the VISION-21 Symposium sponsored by NASA Lewis Research Center and the Ohio Aerospace Institute, March 30–31, 1993.
7. Elon Musk via @Elonmusk on Twitter at 12:54 PM on April 13, 2018.
8. Susan Fowler, "'What Have We Done?': Silicon Valley Engineers Fear They've Created a Monster," *Vanity Fair*, August 9, 2018, https://www.vanityfair.com/news/2018/08/silicon-valley-engineers-fear-they-created-a-monster.
9. Stuart Jeffries, "How the Web Lost Its Way – And Its Founding Prin-ciples," *The Guardian*, August 24, 2014, https://www.theguardian.com/technology/2014/aug/24/internet-lost-its-way-tim-berners-lee-world-wide-web.
10. Ibid.

11. Ibid.
12. Rebecca Walker Reczek, Christopher Summers, Robert Smith, "Targeted Ads Don't Just Make You More Likely to Buy—They Can Change How You Think About Yourself," April 4, 2016, https: //hbr.org/2016/04/targeted-ads-dont-just-make -you-more-likely-to-buy-they-can-change-how-you-think-about-yourself.
13. Ibid.
14. Ibid.
15. Katrina Brooker, "'I Was Devastated' : Tim Berners-Lee, the Man Who Created the World Wide Web, Has Some Regrets," *Vanity Fair*, July 1, 2018, https: //www .vanityfair.com/news/2018/07/the-man-who-created-the-world-wide-web-has -some-regrets.
16. Klaus Schwab, *The Fourth Industrial Revolution* (Geneva, Switzerland: World Economic Forum, 2016), 15, https: //itunes.apple.com/us/book/the-fourth -industrial-revolution/id1139621463?mt=11.

第 2 章　构建我们最好的未来

1. "Who Is Abraham Maslow and What Are His Contributions to Psychology," PositivePsychologyProgram, September 29, 2017, https: // positivepsychologyprogram.com/abraham-maslow/#needs-abraham maslow.
2. Abraham Maslow, "A Theory of Human Motivation," *Psychological Review* 50, no. 4 (1943), 370–396, http: //dx.doi.org/10.1037/h0054346.
3. "Who Is Abraham Maslow and What Are His Contributions to Psychology," PositivePsychologyProgram, September 29, 2017, https: // positivepsychologyprogram.com/abraham-maslow/#needs-

abrahammaslow.

4. Abraham Maslow, “A Theory of Human Motivation,” *Psychological Review* 50, no. 4 (1943), 370–396, http: //dx.doi.org/10.1037/h0054346.
5. “Who Is Abraham Maslow and What Are His Contributions to Psychology,” PositivePsychologyProgram, September 29, 2017, https: // positivepsychologyprogram.com/abraham-maslow/#needs-abrahammaslow.
6. Vinod Khosla, “Reinventing Societal Infrastructure with Technology,” Medium .com, accessed December 20, 2018, https: //medium.com/@vkhosla/reinventing -societal-infrastructure-withtechnology-f71e0d4f2355.

第3章 水

1. Scott Harrison & Lisa Sweetingham, *Thirst* (New York: Currency, 2018), 611–615, https: //itunes.apple.com/us/book/thirst/id1323714868?mt=11.
2. Ibid.
3. Charity: Water website, accessed December 20, 2018, https: //www.charitywater.org/.
4. “Global Water, Sanitation, & Hygiene (WASH),” CDC, accessed December 20,2018, https://www.cdc.gov/healthywater/global/wash_statistics.html.
5. “Amazon Water Comprehensively Mapped from Space,” Science Daily.com, June 24. 2014, https: //www.sciencedaily.com/releases/2014/06/140624093236.htm.
6. “Stanford Breakthrough Provides Picture of Underground Water,” Stanford.edu, June 17, 2014, https: //news.stanford.edu/pr/2014/pr-radar-groundwater-woods-061614.html.
7. Ibid.

8. Harrison and Sweetingham, *Thirst*, 620.
9. "Waterseer," accessed December 20, 2018, https: //www.waterseer.org/ AND Will Henley, "The New Water Technologies That Could Save the Planet," The Guardian, July 22, 2013, https: //www.theguardian.com/sustainable-business/new-water -technologies-save-planet.
10. Celeste Hicks, "'Cloud Fishing' Reels in Precious Water for Villagers in Rural Morocco," *The Guardian*, December 26, 2016, https: //www.theguardian.com /global-development/2016/dec/26/cloud-fishing-reels-in-precious-water-villagers -rural-morocco-dar-si-hmad.
11. Rosie Spinks, "Could These Five Innovations Help Solve the Global Water Crisis?" *The Guardian*, February 13, 2017, https: //www.theguardian.com/global -development-professionals-network/2017/feb/13/global-water-crisis -innovation-solution.
12. "Diarrhoeal Disease," WHO, May 2, 2017, http: //www.who.int/newsroom/fact -sheets/detail/diarrhoeal-disease.
13. Will Henley, "The New Water Technologies That Could Save the Planet," *The Guardian*, July 22, 2013, https: //www.theguardian.com/sustainable-business /new-water-technologies-save-planet.
14. "Water," Emory.edu, accessed December 20, 2018, https: //sustainability.emory .edu/initiatives/water/.
15. Robert McMillan, "Hackers Break into Water System Network," *ComputerWorld*, October 31, 2006, https: //www.computerworld.com/article/2547938/security0 /hackers-break-into-water-system-network.html.
16. Görrel Espelund, "How Vulnerable Are Water Utilities to Traditional and Cyber Threats?" *ESE Magazine*, May 9, 2016, https: //esemag.com/featured/how -vulnerable-are-water-utilities-to-cyber-threats/.

17. “The Impact of a Cotton T-Shirt,” WWF, January 16, 2013, https: //www.worldwildlife.org/stories/the-impact-of-a-cotton-t-shirt.

第4章 食品

1. From an interview between the authors and Dr. Fraser on April 27, 2018.
2. Ibid.
3. “Global Agriculture Towards 2050,” FAO.org, accessed December 20, 2018, http: //www.fao.org/fileadmin/templates/wsfs/docs/Issues_papers/HLEF2050_Global_Agriculture.pdf.
4. “Food Per Person,” Our World in Data, accessed December 20, 2018, https: //ourworldindata.org/food-per-person.
5. “Globally Almost 870 Million Chronically Undernourished - New Hunger Report,” FAO.org, accessed December 20, 2018, http: //www.fao.org/news/story/en/item/161819/icode/.
6. “2 Billion Worldwide Are Obese or Overweight,” Consumer Health Day.com,accessed December 20, 2018, https: //consumer.healthday.com/vitamins-and -nutrition-information-27/obesityhealth-news-505/2-billion-worldwide-are-obese -or-overweight-723536.html.
7. “One Third of World’s Food Is Wasted, Says UN Study,” BBC.com, May 11, 2011, https: //www.bbc.com/news/world-europe-13364178.
8. Fraser interview.
9. Fraser interview.
10. Fraser interview.
11. Bryan Walsh, “The Triple Whopper Environmental Impact of Global Meat Production,” Time.com, December 16, 2013, http: //science.time.

com/2013/12/16/the-triple-whopper-environmental-impact-of-global-meat-production/.

12. "Food Per Person," Our World in Data, accessed December 20, 2018, https: //ourworldindata.org/food-per-person.
13. Bryan Walsh, "The Triple Whopper Environmental Impact of Global Meat Production," Time.com, December 16, 2013, http: //science.time.com/2013/12/16 /the-triple-whopper-environmental-impact-of-global-meat-production/.
14. Jess McNally, "Can Vegetarianism Save the World? Nitty-gritty," Stanford.edu, August 31, 2011, https: //alumni.stanford.edu/get/page/magazine/article/?article _id=29892.
15. Bryan Walsh, "The Triple Whopper Environmental Impact of Global Meat Production," Time.com, December 16, 2013, http: //science.time.com/2013/12/16 /the-triple-whopper-environmental-impact-of-global-meat-production/.
16. "Livestock's Long Shadow," FAO.org, accessed December 20, 2018, 112, http: //www.fao.org/docrep/010/a0701e/a0701e.pdf.
17. Christina Troitino, "Memphis Meats' Lab-Grown Meat Raises $17M with Help from Bill Gates and Richard Branson," Forbes.com, August 24, 2017, https: //www .forbes.com/sites/christinatroitino/2017/08/24/memphis-meats-lab-grown-meat -raises-17m-with-help-from-bill-gates-and-richard-branson/#3c92b5613fd0.
18. Fraser interview.
19. Fraser interview.

第5章 安全

1. Drew Armstrong, "My Three Years in Identity Theft Hell," Bloomberg.com, September 13, 2017, https: //www.bloomberg.com/news/articles/2017-09-13/my -three-years-in-identity-theft-hell.
2. Jeff John Roberts, "Home Depot to Pay Banks $25 Million in Data Breach Settlement," Fortune.com, March 9, 2017, http: //fortune.com/2017/03/09/home -depot-data-breach-banks/.
3. Nick Wells, "How the Yahoo Hack Stacks Up to Previous Data Breaches," CNBC .com, October 4, 2017, https: //www.cnbc.com/2017/10/04/how-the-yahoo-hack -stacks-up-to-previous-data-breaches.html.
4. Sissi Cao, "The 5 Most Notable Cybersecurity Breaches—and Aftermath," Observer.com, November 29, 2017, http: //observer.com/2017/11/the-5-most -notable-cybersecurity-breaches-andaftermath/.
5. Ibid.
6. "17.6 Million U.S. Residents Experienced Identity Theft in 2014," BJS.gov, September 27, 2015, https: //www.bjs.gov/content/pub/press/vit14pr.cfm.
7. Dan Patterson, "Why Trust Is the Essential Currency of Cybersecurity," TechRepublic.com, May 23, 2018, https: //www.techrepublic.com/article/why -trust-is-the-essential-currency-of-cybersecurity/.
8. Ibid.
9. Ibid.
10. Tom Simonite, "Tech Firms Move to Put Ethical Guard Rails Around AI," WIRED.com, May 16, 2018, https: //www.wired.com/story/tech-firms-move-to -put-ethical-guard-rails-around-ai/.
11. Ibid.

12. Ibid.

第6章 健康

1. “Tithonus,” Britannica.com, accessed December 20, 2018, https: //www.britannica .com/topic/Tithonus-Greek-mythology.
2. Ibid.
3. M. Nathaniel Mead, “Nutrigenomics: The Genome–Food Interface,” *Environmental Health Perspectives* 115, no. 12 (December 2007), A582–A589, https: //www.ncbi.nlm.nih.gov/pmc/articles/PMC2137135/.
4. Ibid.
5. Ibid.
6. P. Tricoci, JM Allen, et al., “Scientific Evidence Underlying the ACC/AHA Clinical Practice Guidelines,” *JAMA* 301, no. 8 (February25, 2009), 831–41, https: //www.ncbi.nlm.nih.gov/pubmed/19244190.
7. AliveCor, accessed December 20, 2018, https: //www.alivecor.com/.
8. “Transforming Patient Care with the Power of AI,” Zebra, accessed December 20, 2018, https: //www.zebra-med.com/.
9. TwoPoreGuys, accessed December 20, 2018, https: //twoporeguys.com/.
10. Neurotrack, accessed December 20, 2018, https: //www.neurotrack.com/.

第7章 工作

1. Susan Fowler, “‘What Have We Done?’: Silicon Valley Engineers Fear They’ve Created a Monster,” VanityFair.com, August 9, 2018, https: //www.vanityfair.com /news/2018/08/silicon-valley-engineers-fear-they-created-a-monster.
2. Catey Hill, “10 Jobs Robots Already Do Better Than You,” MarketWatch.

com, January 27, 2014, https: //www.marketwatch.com/story/9-jobs-robots-already-do -better-than-you-2014-01-27.

3. Ibid.
4. Ibid.
5. Ibid.
6. Russell Heimlich, "Baby Boomers Retire," Pew Research.org, December 29, 2010, http: //www.pewresearch.org/fact-tank/2010/12/29/baby-boomers-retire/.
7. Catey Hill, "10 Jobs Robots Already Do Better Than You," MarketWatch.com, January 27, 2014, https: //www.marketwatch.com/story/9-jobs-robots-already-do -better-than-you-2014-01-27.
8. Al Gini, *The Importance of Being Lazy* (New York: Routle-dge, 2003), 32.
9. Todd Duncan, *Time Traps* (Nashville: Thomas Nelson, 2006), 189.

第8章 金钱

1. From a conversation at the World Economic Forum between the authors and Don Tapscott on January 23, 2018.
2. Tapscott conversation.
3. "Bitcoin: A Peer-to-Peer Electronic Cash System," Bitcoin Wiki Essays, accessed December 20, 2018, https: //en.bitcoin.it/wiki/Essay: Bitcoin: _A_Peer-to-Peer_Electronic_Cash_System.
4. Ibid.
5. Ibid.

第9章 交通运输

1. Dara Kerr, "Electric Scooters Are Invading. Bird's CEO Leads the Charge," CNET .com, April 24, 2018, https: //www.cnet.com/news/the-electric-scooter-invasion-is -underway-bird-ceo-travis-vanderzanden-leads-the-charge/.
2. "People In San Francisco Are Pissed Over These Electric Scooters," May 2, 2018, https: //www.youtube.com/watch?v=T2SK_60VpHs.
3. "Bird Rides, Inc. Agrees to Plead 'No Contest' in Violating City Law and Will Pay Over $300,000 in Fines and Restitution," Santa Monica.gov, May 2, 2018, https: //www.santamonica.gov/birdpleaagreement.
4. Dara Kerr, "Electric Scooters Are Invading. Bird's CEO Leads the Charge," CNET .com, April 24, 2018, https: //www.cnet.com/news/the-electric- scooter-invasion-is -underway-bird-ceo-travis-vanderzanden-leads-the-charge/.
5. Donald Wood, "When Will Rolls-Royce Introduce Flying Taxis?" Travel-Pulse.com, July 17, 2018, https: //www.travelpulse.com/news/travel-technology/when-will -rolls-royce-introduce-flying-taxis.html.
6. Melissa Locker, "Inside Zunum Aero's hybrid-electric plane," FastCompany.com, August 22, 2018, https: //www.fastcompany.com/90211809/inside-zunum-aeros -hybrid-electricplane.
7. Marina Koren, "What Would Flying From New York to Shanghai in 39 Minutes Feel Like?" The Atlantic.com, October 3, 2017, https: //www.theatlantic.com /technology/archive/2017/10/spacex-elon-musk-mars-moon-falcon/541566/.
8. Vinod Khosla, "Reinventing Societal Infrastructure with Technology," Medium .com, accessed December 20, 2018, https: //medium.com/@vk-

hosla/reinventing -societal-infrastructure-withtechnology-f71e0d4f2355.

9. Shafi Musaddique, "Here Are the World's 10 Most Polluted Cities–9 Are in India," CNBC.com, May 3, 2018, https: //www.cnbc.com/2018/05/03/here-are-the -worlds-10-most-polluted-cities--9-are-in-india.html.
10. "Number of International Tourist Arrivals Worldwide from 1996 to 2017 (in Millions)," Statista.com, accessed December 20, 2018, https: //www.statista.com /statistics/209334/total-number-of-international-touristarrivals/.

第10章　通信

1. Colin Lecher, "French Presidential Candidate Mélenchon Uses 'Hologram' Optical Illusion to Appear in Seven Places," The Verge.com, April 19, 2017, https: //www .theverge.com/2017/4/19/15357360/melenchon-france-electionhologram.
2. "France Election: Hard-Left Candidate Melenchon Appears by Hologram," BBC .com, February 5, 2017, https: //www.bbc.com/news/av/world-europe-38875197 /france-election-hard-left-candidate-melenchon-appears-by-hologram.
3. Rachel Donadio, "A French Campaign Waged Online Adds a Wild Card to the Election," NYTimes.com, April 22, 2017, https: //www.nytimes.com/2017/04/22 /world/europe/france-election-jean-luc-melenchon-web.html.
4. Amy Mitchell, Heather Brown, and Emily Guskin, "The Role of Social Media in the Arab Uprisings," Journalism.org, November 28, 2012, http: //www.journalism .org/2012/11/28/role-social-media-arab-uprisings/.
5. Simon Kemp, "Digital in 2018: World's Internet Users Pass the 4 Billion

Mark," WeAreSocial.com, January 30, 2018, https: //wearesocial.com/uk/blog/2018/01 /global-digital-report-2018.

6. Shalina Misra et al., "The iPhone Effect: The Quality of In-Person Social Interactions in the Presence of Mobile Devices," *Environment and Behavior* 48, no. 2 (2016), http: //journals.sagepub.com/doi/abs/10.1177/0013916514539755.
7. Emily Drago, "The Effect of Technology on Face-to-Face Communication," Elon.edu, accessed December 20, 2018, https: //www.elon .edu/u/academics/communications/journal/wp-content/uploads /sites/153/2017/06/02DragoEJSpring15.pdf.
8. The interaction took place at the 2017 M&A Advisor Summit in New York City on November 13, 2017.
9. M&A Advisor Summit, November 2017.
10. P. J. Manney, "Is Technology Destroying Empathy?" LiveScience.com, June 30, 2015, https: //www.livescience.com/51392-will-tech-bring-humanity-together-or -tear-it-apart.html.
11. Aaron Blake, "A New Study Suggests Fake News Might Have Won Donald Trump the 2016 Election," WashingtonPost.com, April 3, 2018, https: //www .washingtonpost.com/news/the-fix/wp/2018/04/03/a-new-study-suggests-fake -news-might-have-won-donald-trump-the-2016-election/?noredirect=on&utm _term=.ad4325386328.

第11章 社区

1. Danilo Matoso Macedo and Sylvia Ficher "Brasilia: Preservation of a Modernist City," Getty.edu, accessed December 20, 2018, http: //www.getty.edu /conservation/publications_resources/newsletters/28_1/brasilia.

html.

2. Christopher Hawthorne, "Critic's Notebook: Brasilia's Embrace of the Future Seems So Quaint," LATimes.com, April 21, 2010, http: //articles.latimes.com/2010 /apr/21/entertainment/la-et-brasilia-20100421.
3. Ana Nicolaci Da Costa, "50 Years On, Brazil's Utopian Capital Faces Reality," Reuters.com, April 21, 2010, https: //www.reuters.com/article/us-brazil-brasilia/50 -years-on-brazils-utopian-capital-faces-reality-idUSTRE63K4CT20100421.
4. Okulicz-Kozaryn Adam: When Place is Too Big: Happy Town and Unhappy Metropolis, 55th Congress of the European Regional Science Association: "World Renaissance: Changing roles for people and places," August 25–28, 2015, Lisbon, Portugal, European Regional Science Association (ERSA), Louvain-la-Neuve, https: //www.econstor.eu/bitstream/10419/124581/1/ERSA2015_00148.pdf.
5. Barbara Vobejda, "Legacy of Urban Sprawl: Desolation and Isolation," WashingtonPost.com, February 12, 1993, https: //www.washingtonpost.com /archive/politics/1993/02/12/legacy-of-urban-sprawl-desolation-and -isolation/4fb940af-a88c-439a-b7cd-a03db70a58a4/?utm_term=.876d1d2bf04d.
6. Icon Build, accessed December 20, 2018, https: //www.iconbuild.com/home.

第 12 章　教育

1. "The Social History of the MP3," Pitchfork.com, accessed December 20, 2018, https: //pitchfork.com/features/article/7689-the-social-history-of-the-mp3/?page=2.

2. “The mp3 History,” mp3-History.com, accessed December 20, 2018, https: //www.mp3-history.com/en/timeline.html.
3. Mark Sweney, “Slipping Discs: Music Streaming Revenues of $6.6bn Surpass CD Sales,” TheGuardian.com, April 24, 2018, https: //www.theguardian.com /technology/2018/apr/24/music-streaming-revenues-overtake-cds-to-hit-66bn.
4. Robyn D. Shulman, “EdTech Investments Rise to a Historical $9.5 Billion: What Your Startup Needs to Know,” *Forbes*, January 26, 2018, https: //www.forbes .com/sites/robynshulman/2018/01/26/edtech-investments-rise-to-a-historical -9-5-billion-what-your-startup-needs-to-know/#63afe9533a38.
5. David Raths, “edX CEO: ‘It Is Pathetic That the Education System Has Not Changed in Hundreds of Years,’” CampusTechnology.com, July 31, 2014, https: // campustechnology.com/Articles/2014/07/31/edX-CEO-It-Is-Pathetic-That-the -Education-System-Has-Not-Changed-in-Hundreds-of-Years.aspx?Page=1.
6. “Teachers’ Dream Classroom,” EdTechRoundup.org, March 31, 2016, http: // www.edtechroundup.org/uploads/2/6/5/7/2657242/edgenuity_dream_classroom _report_033116_final.pdf.
7. Ashley Southall, “Charles M. Vest, 72, President of M.I.T. and a Leader in Online Education, Dies,” NYTimes.com, December 16, 2013, https: // www.nytimes .com/2013/12/16/us/charles-m-vest-72-president-of-mit-and-a-leader-in-online -education-dies.html?_r=0.
8. Tamar Lewin, “The Evolution of Higher Education,” NYTimes.com, November 6, 2011, https: //www.nytimes.com/2011/11/06/education/edlife/the-evolution-of -higher-education.html.

9. David Price, *Open* (Great Britain: Crux Publishing, 2013), 280–81, https: //itunes .apple.com/us/book/open/id871218678?mt=11.

10. "Vinod Khosla," Crunchbase.com, accessed December 20, 2018, https: // www.crunchbase.com/person/vinod-khosla.

11. Buckminster Fuller, *Critical Path* (New York: St. Martins Press, 1981).

第 13 章　政府

1. Carole Cadwalladr, "'I Made Steve Bannon's Psychological Warfare Tool': Meet the Data War Whistleblower," TheGuardian.com, March 17, 2018, https: // www.theguardian.com/news/2018/mar/17/data-war-whistleblower-christopher -wylie-faceook-nix-bannon-trump.

2. Christopher Wylie, "Christopher Wylie: Why I Broke the Facebook Data Story – And What Should Happen Now," TheGuardian.com, April 7, 2018, https: // www.theguardian.com/uk-news/2018/apr/07/christopher-wylie-why-i-broke-the -facebook-data-story-and-what-should-happen-now.

3. Carole Cadwalladr, "'I Made Steve Bannon's Psychological Warfare Tool': Meet the Data War Whistleblower," TheGuardian.com, March 17, 2018, https: // www.theguardian.com/news/2018/mar/17/data-war-whistleblower-christopher -wylie-faceook-nix-bannon-trump.

4. Christopher Wylie, "Christopher Wylie: Why I Broke the Facebook Data Story–And What Should Happen Now," TheGuardian.com, April 7, 2018, https: // www.theguardian.com/uk-news/2018/apr/07/christopher-wylie-why-i-broke-the -facebook-data-story-and-what-should-happen-now.

5. "Full Wylie Interview: 'Very difficult to verify' whether Facebook data has been purged," NBCnews.com, accessed December 20, 2018,

https: //www.nbcnews.com /meet-the-press/video/full-wylie-interview-very-difficult-to-verify-whether -facebook-data-has-been-purged-1205607491661.

6. Stephen Lam, "Facebook to send Cambridge Analytica data-use notices to 87 million users Monday," NBCnews.com, https: //www.nbcnews.com/tech/social -media/facebook-send-cambridge-analytica-data-use-notices-monday-n863811.
7. Ibid.
8. "Cambridge Analytica whistleblower: 'We spent $1m harvesting millions of Facebook profiles,'" YouTube.com, accessed December 20, 2018, https: //www.youtube.com/watch?time_continue=394&v=FXdYSQ6nu-M.
9. Edmund L. Andrews, "The Science Behind Cambridge Analytica: Does Psychological Profiling Work?" Stanford.edu, April 12, 2018, https: //www.gsb .stanford.edu/insights/science-behind-cambridge-analytica-does-psychological -profiling-work.
10. Kristin Houser, "5 Ways That Technology Is Transforming Politics in the Age of Trump," Futurism.com, February 8, 2017, https: //futurism.com/5-ways-that -technology-is-transforming-politics-in-the-age-of-trump/.
11. Andrew James Benson, "Liquid Democracy with Santiago Siri," YouTube.com, April 1, 2017, https: //www.youtube.com/watch?v=nBx-auY1f36A.

第 14 章　创新

1. Alex Wilson, "Kelly Slater's Wave Pool Is the Future. And It's Bleak," Outside .com, May 7, 2018, https: //www.outsideonline.com/2303871/world-surf-league -founders-cup.

2. Ibid.
3. "Jack O'Neill, Surfer Who Made the Wetsuit Famous, Dies at 94," NYTimes.com, June 5, 2017, https: //www.nytimes.com/2017/06/05/business/jack-oneill-dead-popularized-the-wet-suit.html.
4. Alex Wilson, "Obituary: Jack O'Neill (1923–2017)," Outside.com, June 4, 2017,https: //www.outsideonline.com/2190246/obituary-jack-oneill-1923-2017.
5. "Jack O'Neill, Surfer Who Made the Wetsuit Famous, Dies at 94," NYTimes.com, June 5, 2017, https: //www.nytimes.com/2017/06/05/business/jack-oneill-dead -popularized-the-wet-suit.html.
6. Alex Wilson, "Obituary: Jack O'Neill (1923–2017)," Outside.com, June 4, 2017, https: //www.outsideonline.com/2190246/obituary-jack-oneill-1923-2017.
7. Andrew James Benson, "Liquid Democracy with Santiago Siri," YouTube.com, April 1, 2017, https: //www.youtube.com/watch?v=nBxauY1f36A.
8. *Soul Surfer*, directed by Sean McNamara and distributed by FilmDistrict and TriStar Pictures (2011). The film is based on the 2004 autobiography *Soul Surfer*: *A True Story of Faith*, Family, and Fighting to Get Back on the Board by Bethany Hamilton.
9. Chris Burkard, in an interview with Victoria Sambursky for digitaltrends.com, https: //www.digitaltrends.com/outdoors/chris-burkard-interview-under-an-arctic -sky/.
10. Burkard interview.
11. Burkard interview.
12. "Peary's expedition reaches North Pole?" History.com, accessed December 20, 2018, https: //www.history.com/this-day-in-history/pearys-expedi-

tion-reaches-north-pole.

13. Our thanks to author Erik Wahl for bringing this beautiful story to our attention in both personal conversation and in his book *The Spark and the Grind*.
14. Norman Ollestad, *Crazy for the Storm* (New York: Harper Collins, 2009), 101–20.
15. Brené Brown, *Rising Strong* (New York: Spiegel & Grau/Random House, 2015), 7.